1,4-杂环己二烯的合成及光化学研究

何敬宇　著

四川科学技术出版社

图书在版编目（CIP）数据

1,4- 杂环己二烯的合成及光化学研究 / 何敬宇著 .-- 成都 :
四川科学技术出版社 , 2023.6
ISBN 978-7-5727-1019-3

Ⅰ . ① 1… Ⅱ . ①何… Ⅲ . ①杂环化合物—环己二烯—
化学合成—研究②杂环化合物—环己二烯—光化学反应—
研究 Ⅳ . ① O626 ② O624.12

中国国家版本馆 CIP 数据核字 (2023) 第 113948 号

1,4- 杂环己二烯的合成及光化学研究

1,4-ZAHUANJIERXI DE HECHENG JI GUANGHUAXUE YANJIU

著　　者　何敬宇
出 品 人　程佳月
责任编辑　王　娇
助理编辑　张雨欣
责任出版　欧晓春
出版发行　四川科学技术出版社
地　　址　成都市锦江区三色路 238 号　邮政编码 610023
官方微博　http://weibo.com/sckjcbs
官方微信公众号　sckjcbs
传真　028-86361756
成品尺寸　185 mm × 260 mm
印　　张　15
字　　数　300
印　　刷　天津市天玺印务有限公司
版　　次　2024 年 1 月第 1 版
印　　次　2024 年 1 月第 1 次印刷
定　　价　58.00 元

ISBN 978-7-5727-1019-3

邮　购　成都市锦江区三色路 238 号新华之星 A 座 25 层　邮政编码：610023
电　话　028-86361770

前　言

1,4- 杂环己二烯类化合物在医药、生物制剂、电子材料等领域具有良好的应用前景。此类具有 8π 电子的化合物，合成简便、生物利用度高、药理作用广泛，近年来已经引起国内外科研工作者的广泛关注。设计、合成新型 1,4- 杂环己二烯类化合物并进行相应光化学研究，是研发新型氮杂、氮氧杂化合物的重要途径。作者自 2011 年开始从事 1,4- 杂环己二烯类化合物的合成及应用研究工作，先后在国家自然科学基金（20872009）、北京市自然科学基金（200710005002）和河北省自然科学基金（B2014106034）的支持下，合成了一系列 1,4- 二氢吡嗪和 4H-1,4- 噁嗪，并对 1,4- 二氢吡嗪与 4H-1,4- 噁嗪的光化学性质进行了研究，相关研究内容在本书中进行了总结。

本书共 6 章：第一章为绪论，综述杂环 1,4- 杂环己二烯类化合物在各个领域的应用研究情况，化合物合成方法，以及相应化合物的光化学性质研究；第 2 章为课题的方案设计，主要介绍 1,4- 二氢吡嗪化合物、4H-1,4- 噁嗪化合物的拟合成路线与相应化合物的光化学性质研究拟订方案；第 3 章为 1,4- 二氢吡嗪化合物的合成，主要介绍 1,4- 二氢吡嗪化合物的合成方法、结构鉴定、图谱解析；第 4 章为 4H-1,4- 噁嗪化合物的合成，主要介绍 4H-1,4- 噁嗪化合物的合成方法、结构鉴定、图谱解析；第 5 章为 1,4- 二氢吡嗪化合物的光化学性质研究，主要介绍紫外 - 可见光分光光度法的化合物光谱性质研究、光化学稳定研究和光化学反应研究；第 6 章为 4H-1,4- 噁嗪化合物的光化学性质研究，主要介绍紫外 - 可见光分光光度法的化合物光谱性质研究、光化学稳定研究和光化学反应研究。

本书所述实验主要由辛红兴、钟启迪、张鑫、邓洪波等参与完成，2011—2021 届本科毕业生也参与了部分研究工作。本书实验项目的开展得到了国家自然科学基金、北京市自然科学基金、河北省自然科学基金、河北省核苷类抗病毒药物技术创新中心、石家庄市靶点药物研究与药效学评价重点实验室，以及作者所在单位石家庄学院基金项目的支持，在此一并表示感谢!

由于作者水平有限，书中不足之处在所难免，敬请读者批评指正。

何敬宇

2022 年 11 月

目　录

第 1 章　绪　论

杂环化合物是一类重要的有机化合物，凭借其良好的生物及药理活性，广泛应用于天然产物、有机材料、农药和医药等领域，杂环化合物合成与应用研究具有重要理论和实践意义。

1,4- 杂环己二烯是一类具有 8π 电子结构单元的有机化合物。该类化合物具有反芳香性，化学性质较为活泼，表现出构象易变的特点。其常见化合物包括 1,4- 二氢吡嗪、4H-1,4- 噁嗪、4H-1,4- 噻嗪、1,4- 二噁英、1,4- 二噁英、1,4- 氧硫辛等不饱和六元杂环衍生物

1.1　1,4- 杂环己二烯应用概况

1,4- 杂环己二烯是具备 1,4- 双杂原子的有机不饱和杂环化合物。本书重点讲述 1,4- 二氢吡嗪和 4H-1,4- 噁嗪化合物的相关性质的研究。

1.1.1　1,4- 二氢吡嗪在医药中的应用

1,4- 二氢吡嗪作为一种 1,4- 杂环己二烯类化合物，凭借其良好的药理活性，广泛应用于医药领域。

1985 年，Wehinger 等人报道了一系列 1- 芳基 -3,5- 二甲基 -1,4- 二氢吡嗪 -2,6- 二甲酸二酯的合成和药理活性，该类化合物具有多种显著疗效，在治疗高血压和冠心病等方面具有潜在应用价值（图 1-1）。

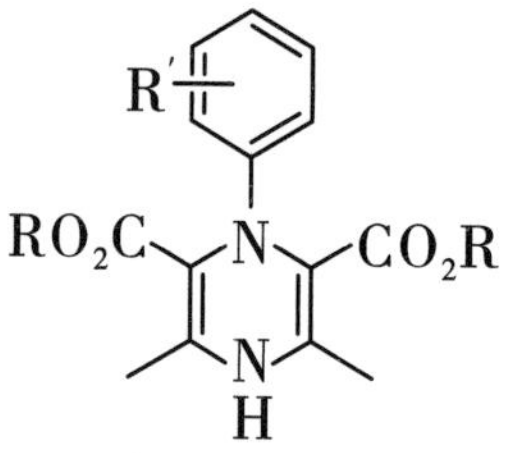

图 1-1　1- 芳基 -3,5- 二甲基 -1,4- 二氢吡嗪 -2,6- 二甲酸二酯

2006 年，Tandon 等人报道了 1,4- 二氢 -2- 羟基 -1- 苯基吡嗪 - 苯并［g］喹喔啉 -5,10 - 二酮的合成和应用，该类 1,4- 二氢吡嗪化合物是一种较为广谱的抗菌剂，对于肺炎克雷白杆菌和大肠杆菌有显著的抑制活性（图 1-2）。

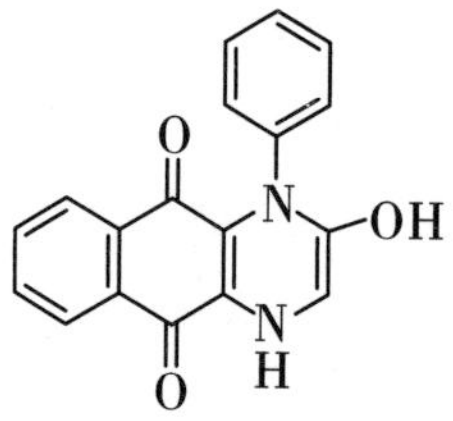

图 1-2　1,4- 二氢 -2- 羟基 -1- 苯基吡嗪 - 苯并［g］喹喔啉 -5,10 - 二酮

2007 年，Zhang 团队报道了一种新型的三环 1,4- 二氢吡嗪的合成工艺，该类化合物是一种新型钾通道开放药，在治疗各种功能性紊乱疾病方面有着良好的疗效（图 1-3）。

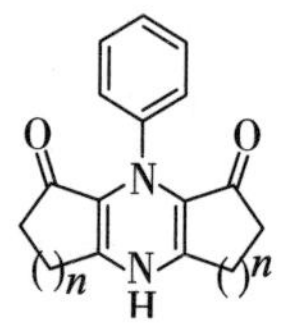

图 1-3　三环 1,4- 二氢吡嗪

2014 年，Lavoie 团队报道了 3 - 羟基吡嗪 - 2（1H）- 酮的合成和药理活性，该 1,4- 二氢吡嗪衍生物具有明显的甲型流感内切酶抑制活性（图 1-4）。

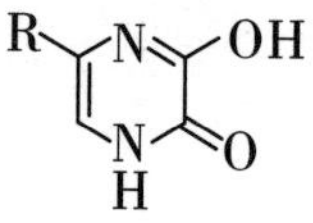

图 1-4　3 - 羟基吡嗪 - 2（1H）- 酮

2015 年，Xu 等通过酯键的方式将吡嗪修饰在齐墩果酸官能团上，并测试了其对人肝癌细胞（Bel-7402、HepG2）、人结肠癌细胞（HT-29）、人宫颈癌细胞（Hela）、人乳腺癌细胞（MCF-7），以及犬肾细胞（MDCK）的细胞毒性。结果表明，引入一个吡嗪结构的抗肿瘤活性总体要优于引入两个，C3 位引入川吡嗪结构的总体抗肿瘤活性优于 C28 位，其中化合物 **27** 对五种肿瘤细胞的 IC_{50}（半抑制浓度）值均小于 10 μmol/L，对 Hela 细胞的 IC_{50} 值为 4.37 μmol/L，优于阳性药物顺铂。一系列研究表明，川芎嗪片段的引入有利于提高齐墩果酸类化合物的抗肿瘤活性，是比较有潜力的结构修饰手段之一（图 1-5）。

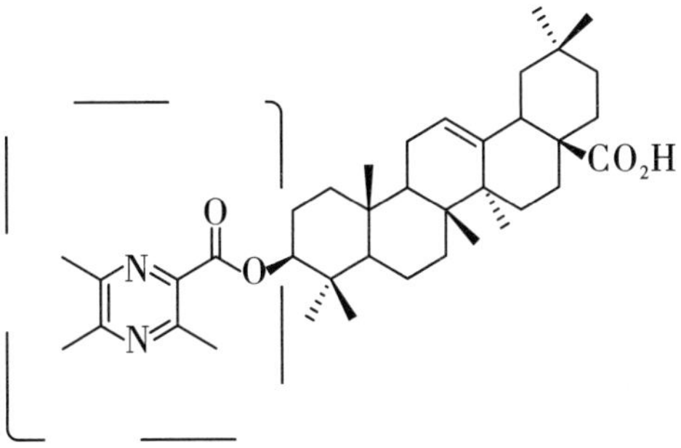

CO_2H

吡嗪官能团修饰　化合物**27**

图 1-5　吡嗪修饰齐墩果酸官能团

2016 年，Zeng 等报道了吡嗪新型衍生物钌（Ⅱ）多吡啶配合物［Ru（N-N）$_2$（dhbn）］(ClO_4)$_2$（N-N 为 dmb: 4,4′- 二甲基 – 2,2′- 联吡啶 **1**; bpy 为 2,2′- 联吡啶 **2**; phen 为 1,10- 邻菲罗啉 **3**; dmp 为 2,9- 二甲基 -1,10 – 菲罗啉 **4**）。采用噻唑蓝比色法（MTT 法）检测配体及配合物对人肝癌细胞 HepG-2、人宫颈癌细胞 HeLa、人骨肉瘤细胞 MG-63 和人肺癌细胞 A549 的体外细胞毒性。配合物对上述细胞的 IC_{50} 值为（17.7 ± 1.1）～（45.1 ± 2.8）μmol/L。配合物对 HepG-2 细胞的细胞毒活性顺序为 **4** > **2** > **3** > **1**。配体对所选细胞系无细胞毒活性。为了研究化合物作用机制，考察了配合物诱导的细胞摄取、细胞凋亡、彗星实验、活性氧、线粒体膜电位、细胞周期阻滞，以及凋亡通路相关蛋白的表达。结果表明，配合物 **1** ~ **4** 通过内源性活性氧（reactive oxygen species, ROS）介导的线粒体功能障碍途径诱导 HepG-2 细胞凋亡（图 1-6）。

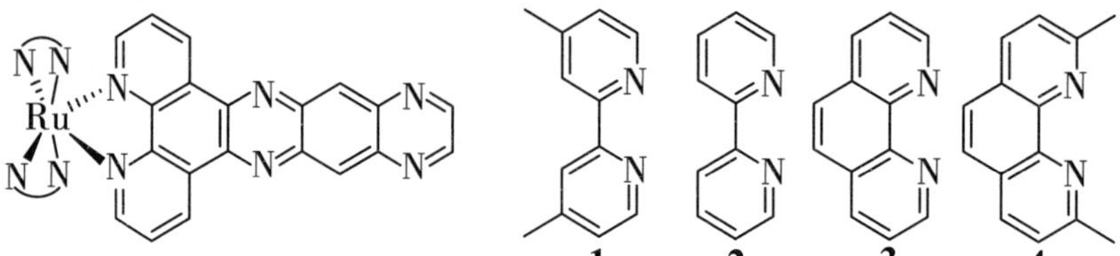

图 1-6　新型吡嗪衍生物 - 钌（Ⅱ）多吡啶配合物

2009 年，Hartz 团队报道了一类 1,4- 二氢吡嗪衍生物——吡嗪酮，该系列化合物具备促肾上腺皮质素释放因子 1（corticotropin releasing factor, CRF1）受体拮抗剂的活性。当 R 为 Cl，Y 为 H，Ar 为 2,5- 二甲基 -4- 甲氧基苯基时，化合物选择性促肾上腺皮质素释放因子 1（CRF1）抑制活性 IC_{50}=0.26 nmol/L，该类化合物在大鼠防御性戒断实验中具有显著效果（图 1-7）。

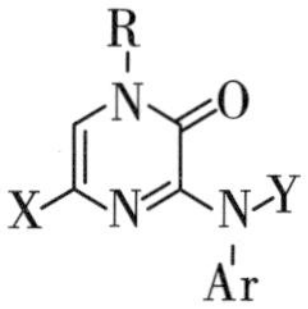

图 1-7　吡嗪酮

2002 年，Furuta 等人报道了一类 6- 氟 -2- 羟基 - 吡嗪甲酰胺（T705）化合物。T705 作为新型 RNA 聚合酶选择性抑制剂，其作用机制是在体内转化为相应的核苷三磷酸的形式，通过模拟三磷酸鸟苷竞争性地抑制病毒 RNA 聚合酶而发挥抗病毒作用。2014 年，T705 已经在日本批准上市，用于新发或再发型流感病毒感染，商品名为法匹拉韦，其具有广谱抗 RNA 病毒活性，抗甲型、乙型和丙型流感病毒的半抑制浓度 IC_{50} 为（0.013 ~ 0.48）$\times 10^{-6}$ mol/L，表现出强烈的抑制活性（图 1-8）。

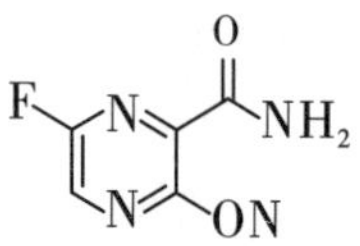

图 1-8　6- 氟 -2- 羟基 - 吡嗪甲酰胺（T705）

2012 年，Barlind 等人报道了一系列具备吡嗪酰胺结构类的二酰甘油酰基转移酶 1（diacylglycerol acyltransferase 1, DGAT1）抑制剂，以满足具有良好的效价、选择性、物理，以及药物代谢与药代动力学（drug metabolism and pharmacokinetics, DMPK）特性的候选药物的需求，并具有较低的人体可预测剂量。通过对该系列的合理设计和优化，发现了化合物 AZD7687，该化合物在效价、选择性，特别是在乙酰辅酶 A 乙酰转移酶 1（Acyl-CoA: cholesterol acyltransferase 1, ACAT1）、溶解度和临床前亲脂性方面满足项目目标。该化合物在人体志愿者中显示出预期的优异的药代动力学性质（图 1-9）。

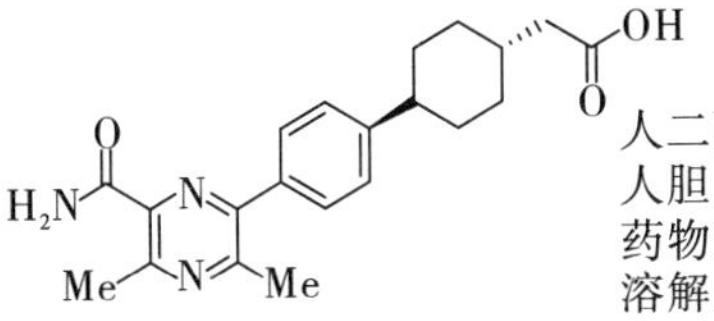

AZD7687

人二酰甘油酰基转移酶1抑制IC_{50}：0.08 μmol/L
人胆固醇酰基转移酶1抑制 IC_{50}：34 μmol/L
药物亲脂性LogD：0.9
溶解度：700 μmol/L
志愿者的药物半衰期：9~14 h

图 1-9 吡嗪酰胺药物

2014 年，任青云等公布了含有环丁烷取代基的吡嗪类化合物及其组合物及用途的发明专利。该专利说明了环丁基取代吡嗪类化合物的制备及应用于预防和治疗各种流感病毒的药物用途（图 1-10）。

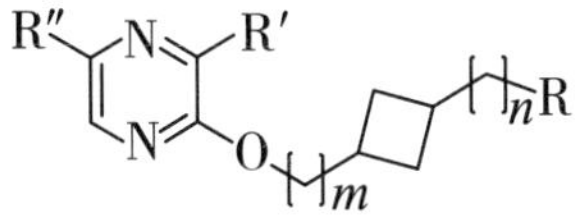

图 1-10 环丁基取代吡嗪药物

2019 年，Guo 等人对吡嗪核苷作为新型抗丙型肝炎病毒（hepatitis C virus, HCV）药物进行了报道。以抗 HCV 阳性药物索非布韦（Sofosbuvir）的半最大效应浓度 EC_{50}= 0.18 μmol/L 做参比，该类化合物 **25e** 和 S-29b 的 EC_{50} 分别为 7.3 μmol/L 和 19.5 μmol/L, 说明该类化合物具有良好的抗 HCV 的药物活性应用价值（图 1-11）。

2021 年，蒋晟等首次公布了吡嗪甲酰胺核苷类衍生物对 RNA 聚合酶具有显著的抑制活性，能够有效抑制 RNA 病毒的复制和转录，对 RNA 病毒感染性疾病具有良好的治疗作用（图 1-12）。

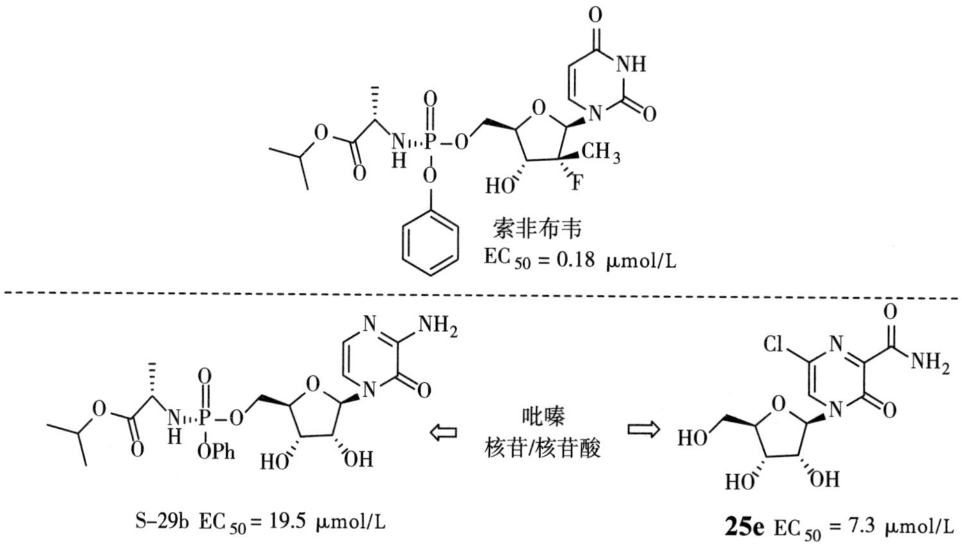

索非布韦
EC_{50} = 0.18 μmol/L

吡嗪
核苷/核苷酸

S-29b EC_{50} = 19.5 μmol/L

25e EC_{50} = 7.3 μmol/L

图 1-11　吡嗪核苷类药物

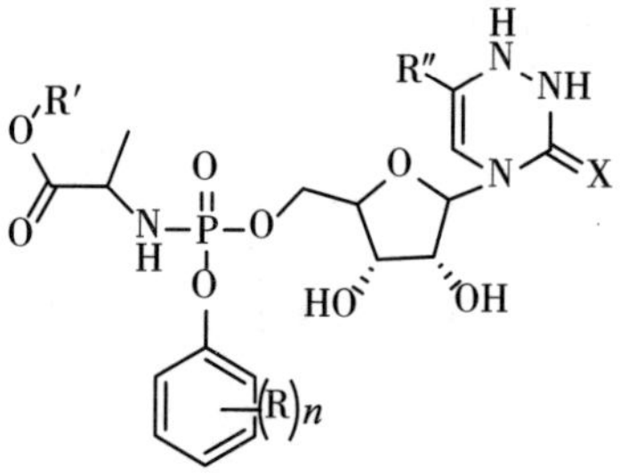

图 1-12　吡嗪甲酰胺核苷类药物

1.1.2　1,4- 二氢吡嗪在生物试剂中的应用

1,4- 二氢吡嗪是具有 8π 电子结构单元的反芳香性化合物，其构象灵活易变，性质不稳定，但作为结构单元广泛存在于生物活性物质、食品香料等。

1,5- 二氢黄素辅酶（1,5-dihydroflavins）是一类重要的酶催化剂，在生物氧化还原化学过程中起着重要的作用。2001 年，Fitzpatrick 报道了 1,5- 二氢黄素辅酶作为酶，催化多种基材（如醇、氨基和羟基酸、胺和硝基烷烃等）的氧化反应。作者通过仿生催化的手段，证明了 1,5- 二氢黄素辅酶催化氧化有机物的化学多样性，并试图整合出该系列氧化反应的共同的作用机制（图 1-13）。

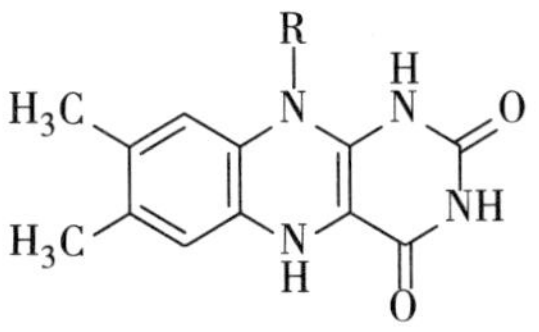

图 1-13 1,5- 二氢黄素辅酶

荧光素（luciferin）是一类具有生物发光特性的有机化合物，1,4- 二氢吡嗪化合物担当了重要的角色。2016 年，Yampolsk 等人系统报道了 1,4- 二氢吡嗪类荧光素系列生物发光物质（C1、C2 和 B1），并对其生物发光作用机制进行了较为详细的阐述（图 1-14）。

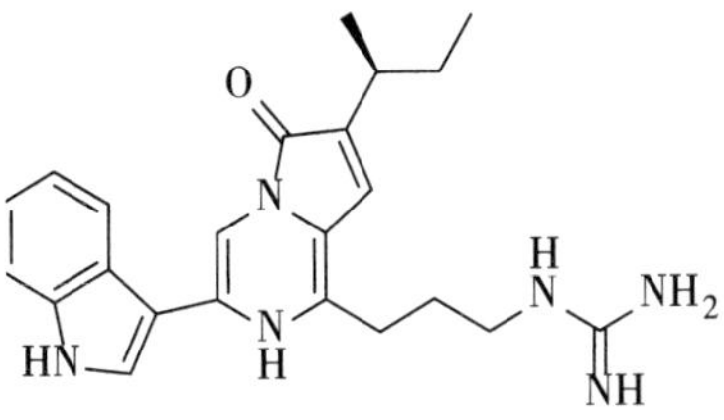

图 1-14 1,4- 二氢吡嗪荧光素

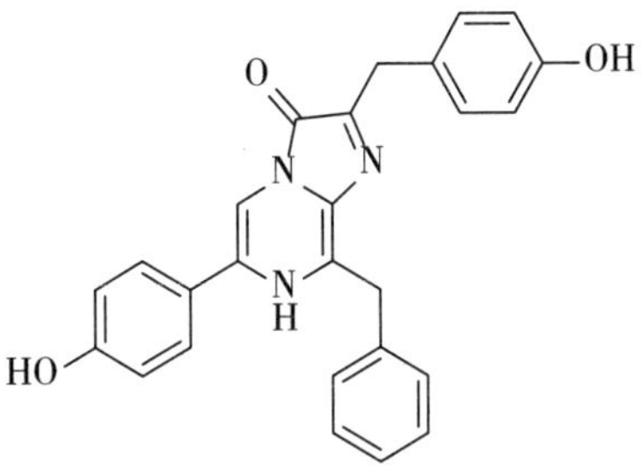

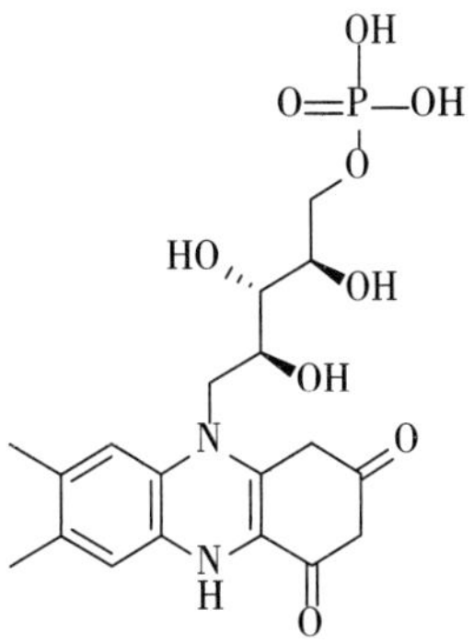

1.1.3 1,4- 二氢吡嗪在应用化学中的应用

近年来，基于 1,4- 二氢吡嗪的含氮原子杂环的结构和氧化还原活性，1,4- 二氢吡嗪已经成为应用化学研究关注的热点。目前相关报道主要集中于原子层沉积（atomic layer deposition，ALD）制备金属模、金属配合物制备、手型催化等方面。

近年来，微电子技术飞速发展，电子元器件不断小型化，对材料在原子尺度上进行加工的需求增大，使得 ALD 技术日益引起人们的关注。ALD 是一种广泛应用于各种纳米薄膜材料的生长技术，其特点是能进行连续的自限制表面半反应，因而可以在高深宽比的基底上沉积厚度均匀且精确可控的共形薄膜。集成电路中关键器件尺寸不断缩小，人们更加希望在集成电路制造过程中采用可靠的 ALD 技术沉积纯金属薄膜。

2015 年，Winter 研究团队报道了采用 1,4- 双三甲基硅基 -1,4- 二氢吡嗪和四氯化钛作为前驱体，通过热原子层沉积法制备钛金属膜的工艺。实验结果表明，1,4- 双三甲基硅基 -1,4- 二氢吡嗪作为共反应物，可以将金属离子良好还原为金属，通过与离子 ALD 工艺相比，生成的纳米级金属膜具有更加稳定、工艺更加简单等特点（图 1-15）。

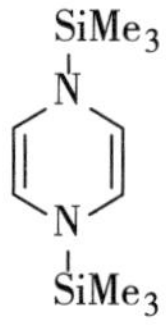

图 1–15　1,4– 二（三甲基硅基）–1,4– 二氢吡嗪

2015 年，Mashima 研究团队报道了 2,3,5,6- 四取代 -1,4- 双（三甲基硅烷基）-1,4- 二氢吡嗪作为还原剂，通过改变溶剂和反应温度等反应条件，可以实现以高价态金属配合物合成低价态金属配合物的方法，也可以实现 1,4- 二氢吡嗪的金属配合物的方法（图 1-16）。

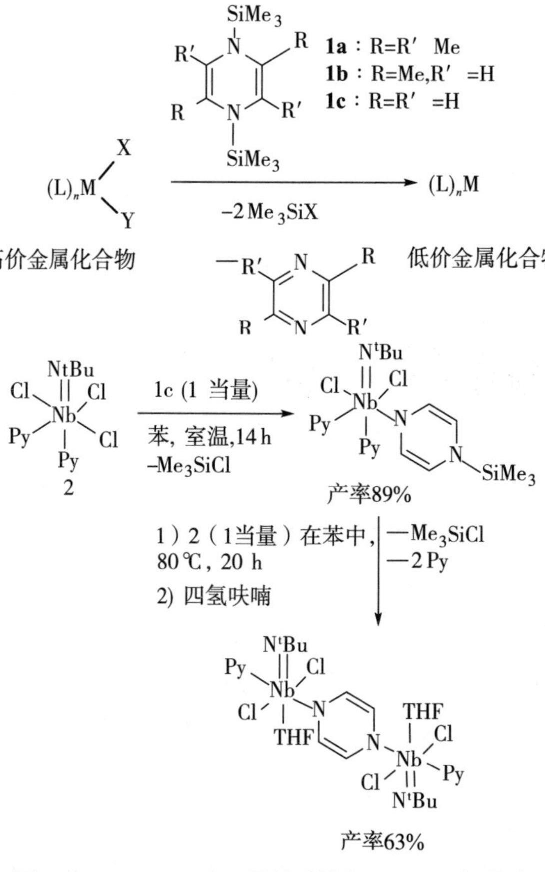

图 1–16　1,4– 二（三甲基硅基）–1,4– 二氢吡嗪

2018年，Tsurugi研究团队报道了1,4-二（三甲基硅基）-1,4-二氢吡嗪作为有机硅还原剂，选择性还原σ-卤代羰基化合物制备得到烯醇硅醚衍生物。该合成方法采用一锅法制备工艺，具有操作简单、产率高（95%~99%）等特点，在烯醇硅醚合成工艺上具备潜在的工业生成推广价值（图1-17）。

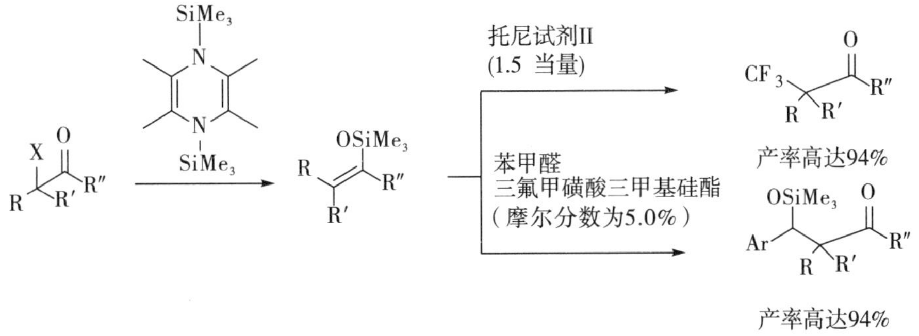

图1-17 1,4-二（三甲基硅基）-1,4-二氢吡嗪应用于烯醇硅醚合成

手性哌嗪为1,4-二氢吡嗪的衍生物，可以作为手性催化剂应用于不对称合成反应中。2007年,Barros等人报道了手性哌嗪作为催化剂应用于醛和σ-硝基烯烃、烯酮、二乙烯砜、偶氮二羧酸酯等的不对称麦氏加成反应，生成手性γ-硝基醛化合物，产率为88%，对映体过量百分数ee值为85%左右（图1-18）。

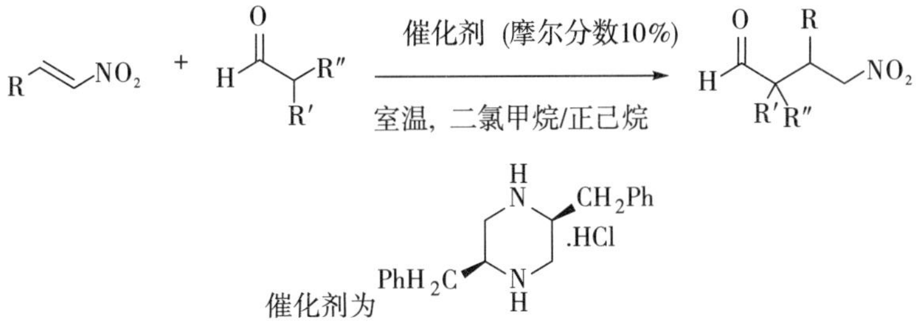

图1-18 哌嗪应用于不对成麦氏加成反应

原子转移自由基聚合（atom transfer radical polymerization, ATRP）法可显著控制聚合物组成和相关性能，已成为最有效的聚合物合成方法之一。然而，金属催化剂对聚合物的污染仍然是一个主要限制。有机ATRP光氧化还原催化剂一直在寻求解决这一难题的方法，但没有实现金属催化剂的精准性能。2016年，Therio在国际顶级期刊科学（*Science*）上介绍了通过计算定向发现的二芳基二氢吩嗪，可作为一类强还原性的光氧化还原催化剂，此类催化剂通过可见光活化合成分子量可调、低分散性的聚合物，实现了高引发效率（图1-19）。

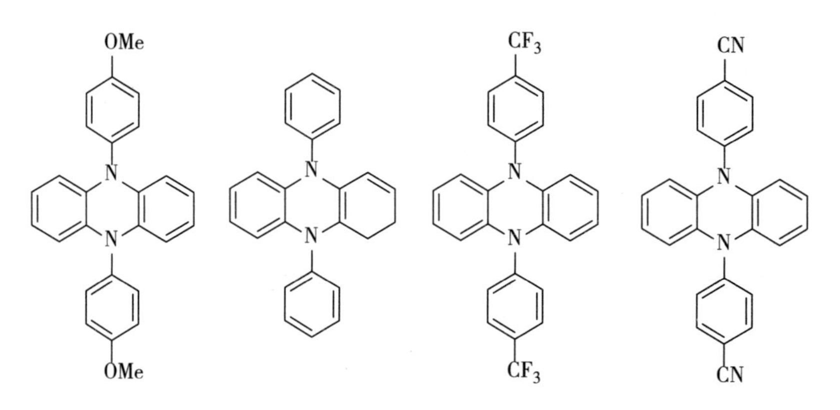

图 1-19　二芳基二氢吩嗪作为有机 ATRP 光氧化还原催化剂

2009 年，Richards 等合成一系列并苯的共边缩合寡聚吡嗪类似物——吡嗪并苯化合物。X射线晶体学测定揭示了分子间相互作用影响分子的 π - π 堆积作用。氮原子较低的范德瓦耳斯半径可能是增加并苯骨架的杂原子取代，分子间 π-π 堆积距离（短于石墨）变短的原因。

在含有还原吡嗪环的化合物中，氢键也是一个决定因素。电化学、电子吸收和计算研究表明，由稠合吡嗪环组成的化合物存在严重的缺电子现象，吡嗪并苯类化合物有望成为有机薄膜晶体管的良好候选材料（图 1-20）。

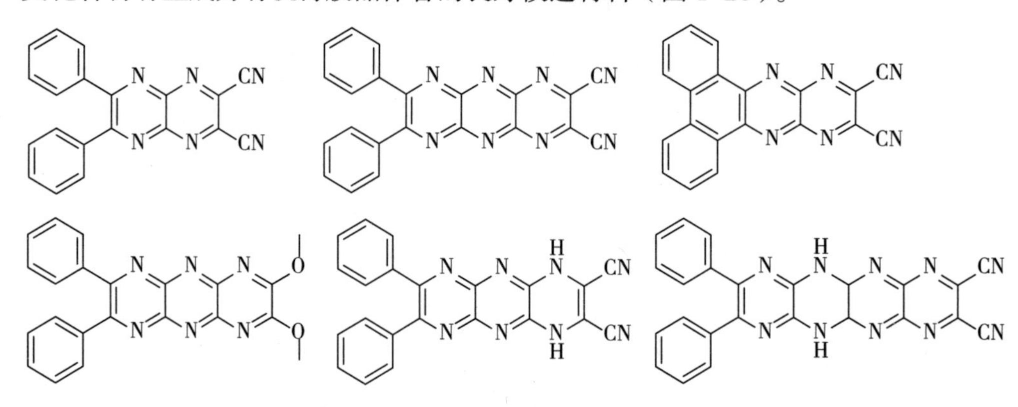

图 1-20　吡嗪并苯类化合物

1.1.4　4H-1,4- 噁嗪在医药中的应用

通常，4H-1,4- 噁嗪类化合物因其反芳香性的结构特点，化合物性质不稳定且具有抗氧化性。该类化合物通过吸电基团或不饱和基团（如磷酰基、炔烃、烯烃、芳环等）与自身共轭，可产生结构稳定的 4H-1,4- 噁嗪，在医药上广泛应用

于抗肿瘤、消炎、镇静、解痉、抗结核、驱虫、治疗糖尿病等方面。

2007 年，Abdou 等人报道了取代 4H-1,4- 嗯嗪可以用作抗癌药物，如 3- 磷酸酯基 -4- 乙基 -4H-1,4- 嗯嗪是治疗结肠癌和黑色素瘤的特效药物（图 1-21）。

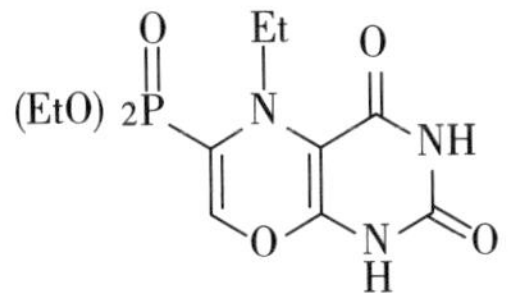

图 1-21 3- 磷酸酯基 -4- 乙基 -4H-1,4- 嗯嗪

1999 年，Charushin 等人报道了苯并 4H-1,4- 嗯嗪（S）-（-）手性异构体，商品名称左氧氟沙星，是具有抑制革兰氏阴性和阳性菌的特效药物（图 1-22）。

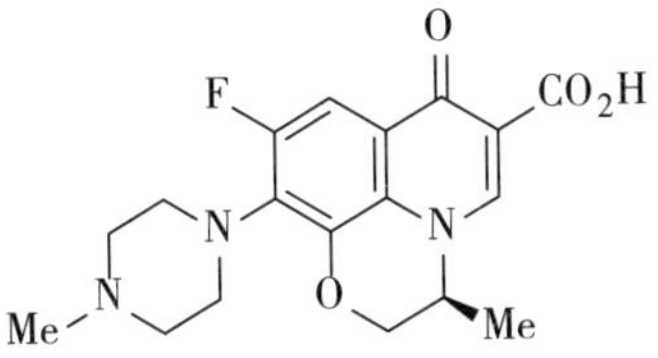

图 1-22 左氧氟沙星

血管生成对实体肿瘤生长至关重要，预防是对抗该类癌症的有效策略。通过阻断血管内皮生长因子（vascular endothelial growth factor，VEGF）通路小分子可以作为内皮增殖和迁移的抑制剂。上述过程的关键是在其配体 VEGF 刺激下通过 VEGFR-2 或激酶插入结构域受体（kinase domain receptor，KDR）进行信号传导。2008 年，La 等报道了 2,3 - 二氢 -1,4- 苯并嗯嗪作为内在 KDR 活性的抑制剂（$IC_{50} < 0.1$ μmol/L）和人脐静脉内皮细胞（human umbilical vein endothelial cell，HUVEC）增殖 $IC_{50} < 0.1$ μmol/L。化合物 **16** 被鉴定为有效的（KDR : $<$ 1 nmol/L，HUVEC : 4 nmol/L）和选择性抑制剂，在体内血管生成模型中表现出有效性。此外，该系列分子通常口服吸收良好，进一步证明了 2,3 - 二氢 -1,4- 苯并嗯嗪作为激酶的抗血管生成治疗剂具有良好的应用前景（图 1-23）。

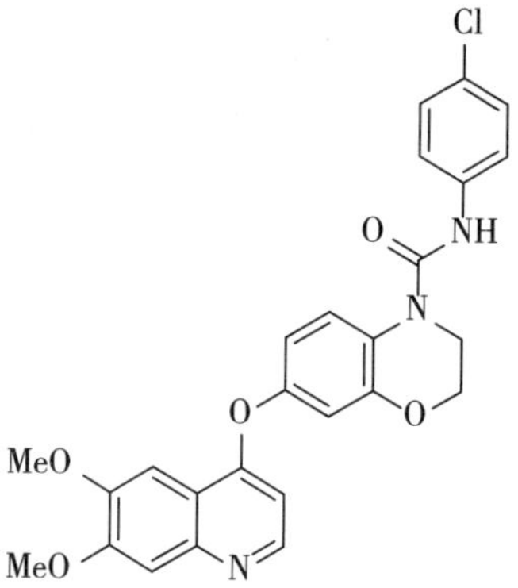

图 1-23　2,3 - 二氢 -1,4- 苯并噁嗪

2012 年，Müller 研究团队报道了 10H 苯并噁嗪衍生物具有有效的选择性 P2X4 受体拮抗剂的药理作用。研究发现，N- 取代基为对甲基苯酰基时，对于蛋白受体 P2X4 拮抗作用明显。其中，大鼠 IC_{50}=0.98 μ mol/L，小鼠 IC_{50}=1.76 μ mol/L，人类 IC_{50}=1.38 μ mol/L；N- 取代基为苯基甲酸酯时，对于人类蛋白受体 P2X4 选择性拮抗作用明显，IC_{50}=0.189 μ mol/L（图 1-24）。

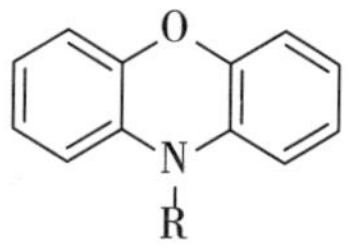

R为对甲基苯磺酰基　IC_{50}=大鼠，0.928 μmol/L；小鼠，17.6 μmol/L；人，1.38 μmol/L，P2X4

R为苯酰氧基　IC_{50}=0.189 μmol/L　人 P2X4

图 1-24　10H 苯并噁嗪

2008 年，Hirata 等人报道了 4- 芳甲酰基 -6- 甲基 -4H-1,4- 苯并噁嗪具有抑制尿酸转运子 1 的活性，可以治疗和预防与高尿酸相关的疾病（图 1-25）。

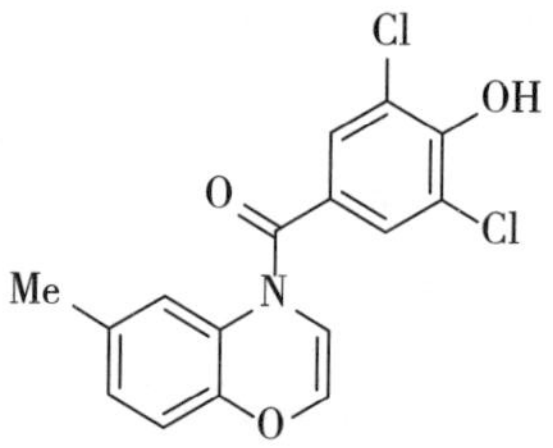

图 1-25　4- 芳甲酰基 -6- 甲基 -4H-1,4- 苯并噁嗪

二苯并噁嗪也称 10H- 吩噁嗪，是一种在医药上有着广泛用途的化合物。早在 1987 年，Muchowski 等人报道了 4- 羧酸 -10- 取代 -10H- 吩嗪具有良好的消炎效果，可以治疗风湿性关节炎、哮喘、牛皮癣等病症（图 1-26）。

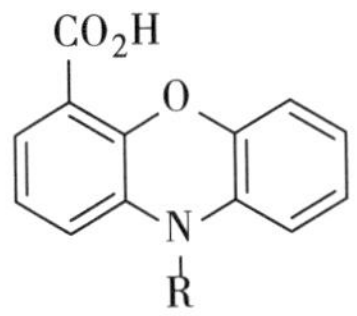

图 1-26 4- 羧酸 -10- 取代 -10H- 吩嗪

2003 年，Kristensen 等人经过研究发现，10H- 吩噁嗪 (ragalitazar) 是一类同时对过氧化物增殖激活 α- 和 γ- 型受体有抑制作用的 10H- 吩噁嗪类药物分子，其有望成为治疗 2 型糖尿病的潜力药物分子（图 1-27）。

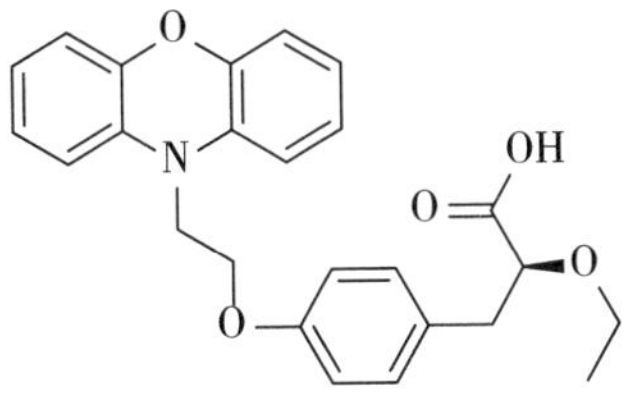

图 1-27 10H- 吩噁嗪

2017 年，Prinz 研究团队报道了 10H- 吩噁嗪衍生物具有有效抑制癌细胞生长和微管蛋白聚合的功能。研究结果表明，该系列化合物显示出优异的抗增殖性能，对抗大量癌细胞系，具有较低的半抑制浓度 GI_{50} 值（GI_{50} 平均值为 3.3 nmol/L）（图 1-28）。

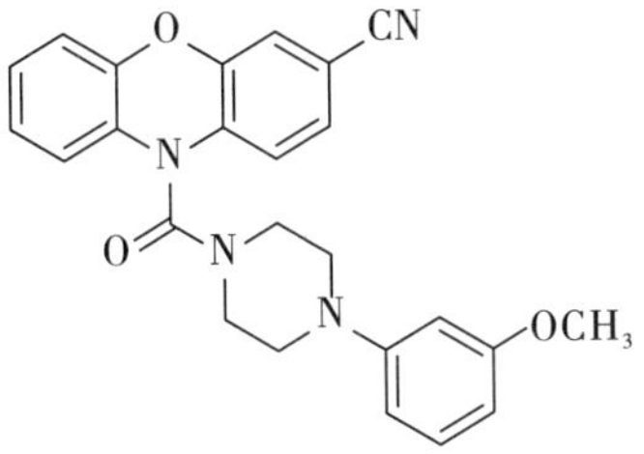

图 1-28 10H- 吩噁嗪衍生物

结核病的病原体结核分枝杆菌仍然是全球主要的传染病杀手，迫切需要开发具有新作用机制的快速作用药物。2019 年，Tanner 等人测定了一系列结构相关的苯噁嗪在小鼠体内的药代动力学，以及体外抗结核活性、吸收、分布、代谢和排泄特性。其中，PhX1 显示了有前景的药物样特性和有效的体外功效（图 1-29）。

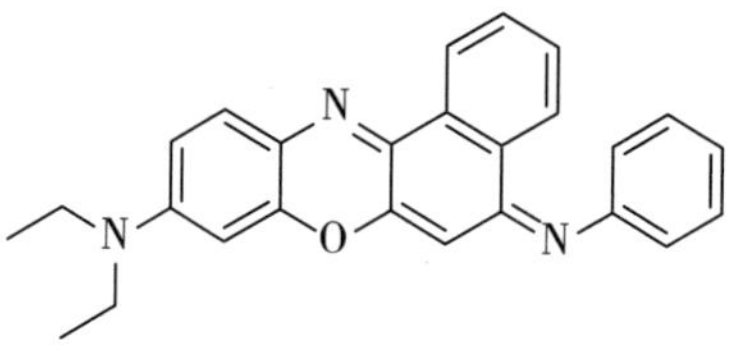

图 1-29 苯噁嗪 PhX1

2021 年，Jana 等研究人员研发出新型苯并 1,4- 噁嗪衍生物作为抗乳腺癌药物。构效关系研究表明，OMe、CF_3 和 F 在 R 和 R′ 位置上耐受良好，增加了物质的活性。化合物 **13d** 作为先导化合物［IC50:（0.20 ～ 0.65）μ mol/L］诱导乳腺癌细胞凋亡、细胞周期停滞和线粒体膜电位丧失。使用环糊精将化合物 **13d** 配制成化合物 **13d** ～ **13f**，以提高其溶解度，用于药代动力学和体内药效研究。在大鼠同源性乳腺肿瘤模型中，化合物 **13d** 和化合物 **13d** ～ **13f** 在 5 mg/kg 和 20 mg/kg 下均比抗肿瘤药他莫昔芬更好地抑制肿瘤生长，且无任何死亡率。数据表明，（化合物 **13d**）是治疗乳腺癌的潜在药物（图 1-30）。

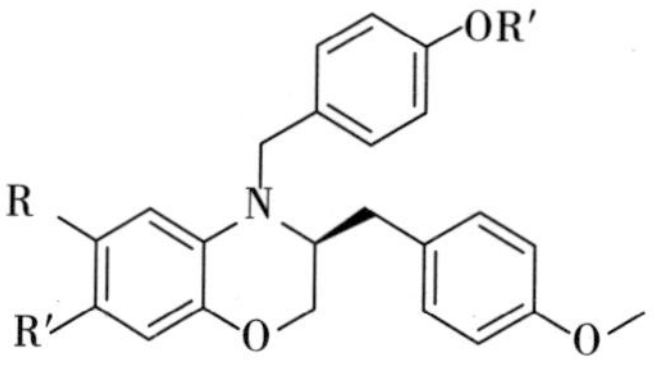

R 为 OMe，R′ 为 CF_3

图 1-30 苯并噁嗪 13d

2014 年，Fox 等科研人员发现了吡啶基［4，5-b］［1,4］噁嗪衍生物可以作为二酰基甘油酰基转移酶 1（DGAT1）抑制剂。其构效关系表明，苯基环己基乙酸 1 具有良好的 DGAT1 抑制活性、选择性和亲脂性质。在临床前毒性研究中观察到，DEAT1 的代谢物负责升高丙氨酸氨基转移酶（alanine aminotransferase, ALT）和谷草转氨酶（glutamic-oxaloacetic transaminase, GOT）的水平。随后，团队合成了类似物以防止有毒代谢物的形成，这一努力导致了螺环茚烷 **42** 的发现。与螺环茚烷 1 相比，螺环茚烷 **42** 显示出显著改善的 DGAT1 抑制。螺环茚烷 **42** 在啮齿类动物体内耐受性良好，在小鼠口服甘油三酯摄取研究中显示出有效性，在临床前毒性研究中具有可接受的安全性（图 1-31）。

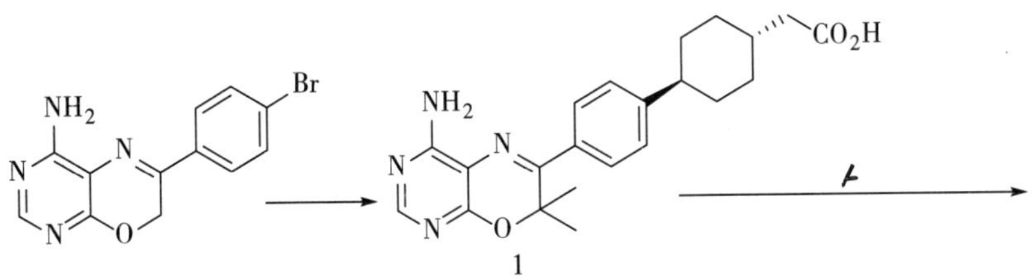

二酰基甘油酰基转移酶抑制率 IC_{50}：40 nmol/L

图 1-31 吡啶基［4,5-b］［1,4］噁嗪衍生物

视黄酸受体的相关孤儿受体 γ（RORc、ROR γ 或 $NR1F_3$）是核受体主转录因子，驱动产生 IL-17 辅助性 T 细胞（Th17）、细胞毒性 T 细胞（Tc17）和固有淋巴细胞亚群的功能和发育。研究认为，肿瘤微环境中 ROR γ + T 细胞的激活使免疫浸润更有效地对抗肿瘤生长。2021 年，Aicher 等研究者发现，苯并噁嗪家族的 LYC - 55716 是一种强效、选择性、口服生物利用的小分子视黄酸受体激动剂，在临床前肿瘤模型中，LYC-55716 可降低肿瘤生长和提高生存率，并被提名为实体瘤患者的临床发展候选药物（图 1-32）。

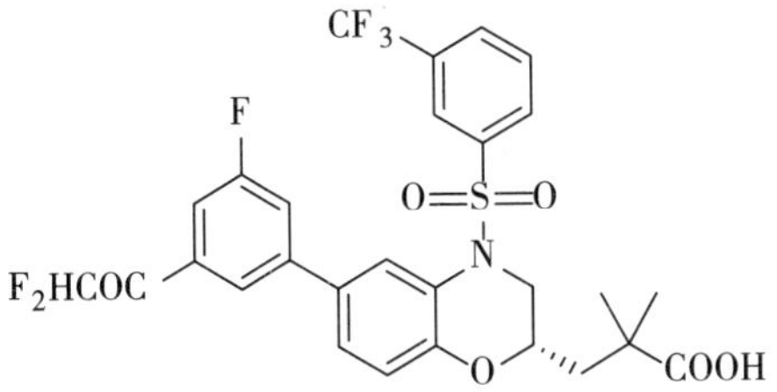

图 1-32 苯并噁嗪 LYC - 55716

二吡咯甲烷二氟化硼（dipyrromethene boron difluoride, BODIPY）化合物具有良好的光化学性质，近年来作为光敏剂用于肿瘤光动力治疗 (photodynamie therapy,PDT) 引起了众多学者的注意。2021 年，Nguyen 等开发了新型 BODIPY - 吩恶嗪三联体（BDP8 / BDP-9），用于荧光图像引导 PDT。在光照条件下，BDP-8/BDP-9 表现出高的摩尔吸光系数，突出的聚集诱导发光和优异的单线态氧产生能力。实验结果表明：BODIPY 纳米粒子（BDP-8 / BDP-9 纳米粒）具有明亮的红色发射、相当的光毒性和优异的肿瘤靶向能力，体外和体内实验结果皆证明 BDP-8 纳米粒子在图像引导的光动力癌症治疗中的巨大潜力。该项研究表明 BODIPY 纳米试剂用于癌症诊疗是有潜在的应用价值（图 1-33）。

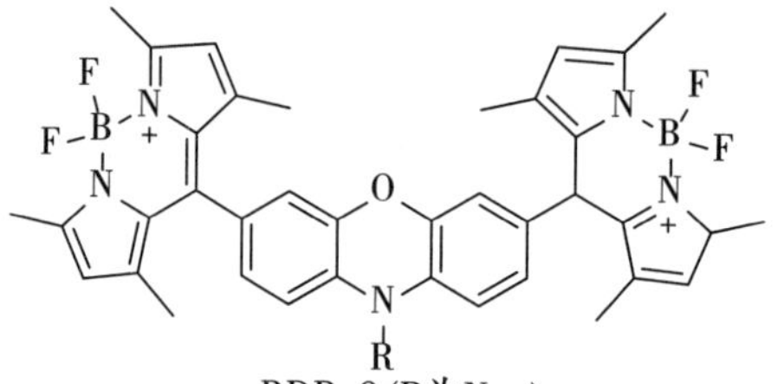

BDP-8 (R为Nap)
BDP-9 (R为Ph)

图 1–33　二吡咯甲烷二氟化硼（BODIPY）– 吩恶嗪三联体（BDP8 / BDP–9）

1.1.5　4H–1,4– 噁嗪在生物试剂中的应用

4H-1,4- 苯并噁嗪是一类含有氮和氧两种杂原子的杂环己二烯与芳环稠合的化合物，许多天然产物和合成药物中都含有该结构单元。例如，卡帕那美新是从灌木山柑根部提取出的具有抗癌活性的物质（图 1-34）。

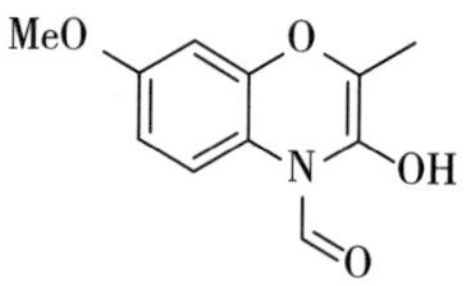

图 1–34　卡帕那美新

10H- 苯噁嗪是一类含有氮和氧两种杂原子的杂环己二烯芳稠环化合物，该类化合物在生物荧光探针等方面有着重要的应用。2007 年，Sasaki 团队报道了 10H- 苯噁嗪衍生物 G-clamp 是一种高效的荧光探针，可利用其选择性检测鸟嘌呤核苷的氧化代谢产物（图 1-35）。

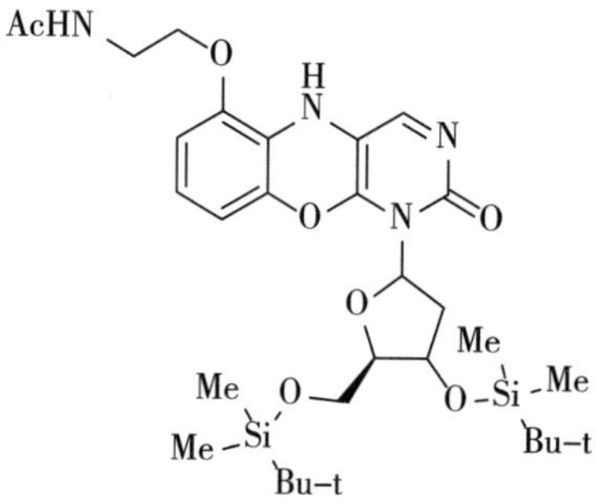

G–clamp

图 1–35　4H–1,4– 苯并噁嗪化合物 G–clamp

1.1.6 4H-1,4-噁嗪在应用化学中的应用

由于二苯并噁嗪具有 8π 电子结构特点和荧光性能，在化学分析和光电子材料方面也有着重要的应用价值。

2-硝基-10H-吩噁嗪是一种有机溶剂中滴定酸性物质的酸碱指示剂；4-乙酰基-10H-吩噁嗪是一种用于化学分析的特定发光指示剂，可检测过氧化物或过氧化酶；H5,8-二（10H-吩嗪-10 基）苯并菲是有机电子发光器件的理想材料，可用于有机太阳能电池和有机半导体的材料（图 1-36）。

2-硝基-10H-吩噁嗪　　4-乙酰基-10H-吩噁嗪　　5,8-二(10H-吩嗪-10基)苯并菲

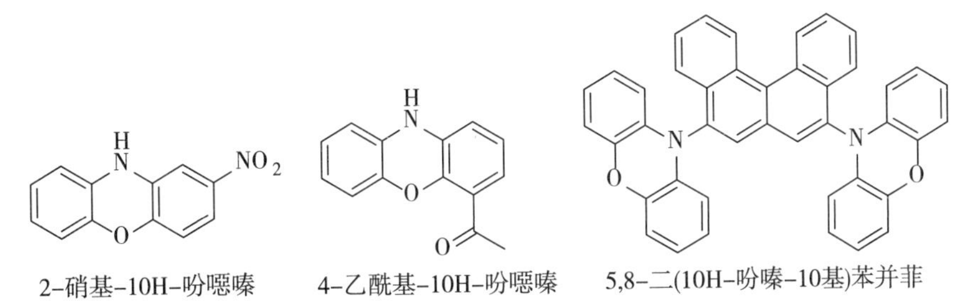

图 1-36 4H-1,4-噁嗪化合物

2021 年，Cheng 等报道了喹啉并 4H-苯并［b］1,4-噁嗪表现出高摩尔吸产率、优异的稳定性和氧化还原可逆性。上述吩噁嗪化合物可以作为有效的催化剂，参与光氧化还原催化的杂芳烃全氟烷基化和光促进自由基聚合等反应（图 1-37）。

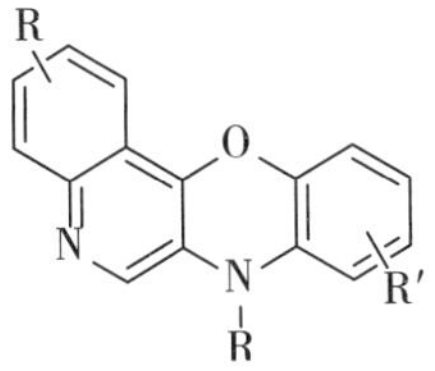

图 1-37 喹啉并 4H-苯并［b］1,4-噁嗪

1.2 1,4-杂环己二烯化合物的合成方法概述

1.2.1 1,4-二氢吡嗪的合成方法

1970 年，Padwa 和 Eisenhar 研究发现，1,4-二苯基-1,3-丁二烯-1-基苯甲酸酯在室温条件下，经甲醇钠（MeONa）催化，以甲醇（MeOH）为反应溶剂，

反应 4 h，得到 1,4- 二氢吡嗪衍生物（图 1-38）。

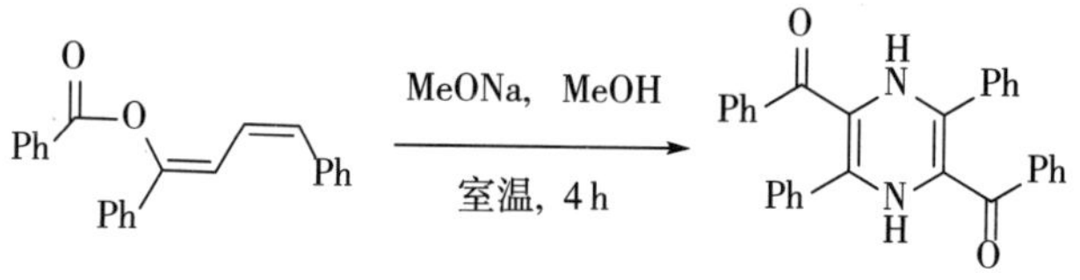

图 1-38　1,4- 二氢吡嗪衍生物的合成

1988 年，Chorvat 研究团队进一步完善 1,4- 二氢吡嗪的合成工艺。以芳胺（R 为 H, *m*—NO_2）为原料，在醋酸铑的催化下，重氮乙酸酯（R′ 为—CH_3, —C_2H_5）作为烷基化试剂，得到 N,N- 二烷基芳胺中间体，再经与醋酸铵环化缩合反应生成 1- 芳基 -1,4- 二氢吡嗪（图 1-39）。

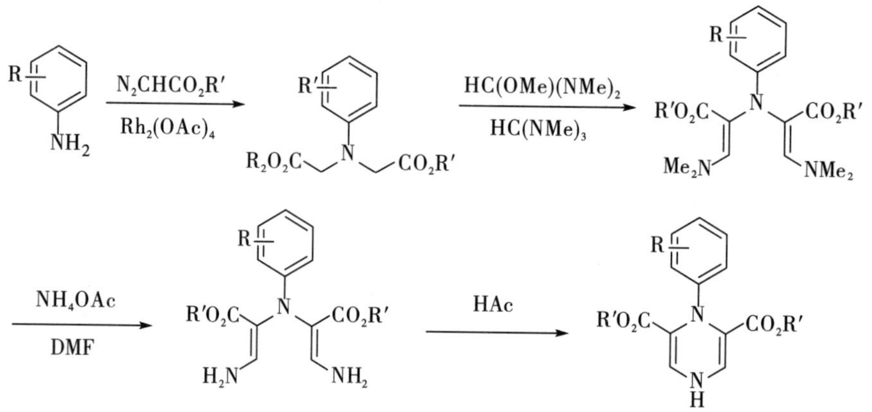

图 1-39　1- 芳基 -1,4- 二氢吡嗪的合成

Sit 等也报道了应用类似的方法，合成了 3,5- 二甲基 -1- 芳基 -1,4- 二氢吡嗪 -2,6- 二甲酸二甲酯（R 为—H, —F）。苏虎和谭芝琳以此方法，合成了一系列 1- 芳基 -3,5- 二甲基 -1,4- 二氢吡嗪 -2,6- 二甲酸酯衍生物（R 为 3—NO_2, 2,5—F_2, —$CO_2C_2H_5$, 4—Cl, 3—Cl）（图 1-40）。

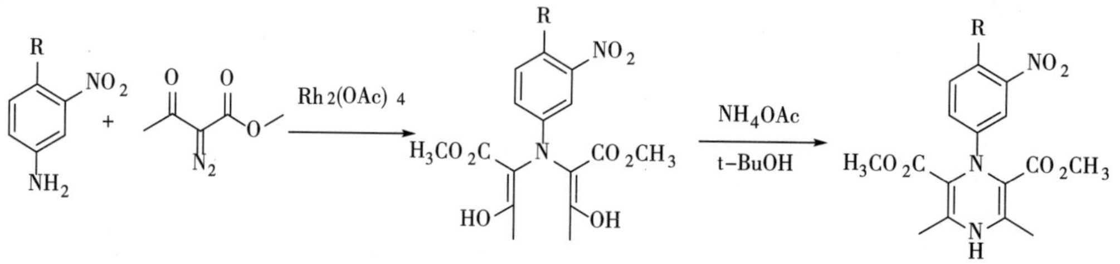

图 1-40　3,5- 二甲基 -1- 芳基 -1,4- 二氢吡嗪 -2,6- 二甲酸二甲酯的合成

Zhang 等报道了以 2- 重氮 -1,3- 环戊二酮或 2- 重氮 -1,3- 环己二酮为反应原料，以醋酸铑［Rh_2（OAc）$_4$］为催化剂，通过形成铑卡宾，再与芳胺或酰胺反应制备得到 N,N- 二酰乙基芳胺；以此为中间体，在以醋酸铵（NH_4OAc）为氮源，氨基钠（$NaNH_2$）为催化剂的作用下，最终制备得到三环 1- 芳基 -1,4- 二氢吡嗪（图 1-41）。

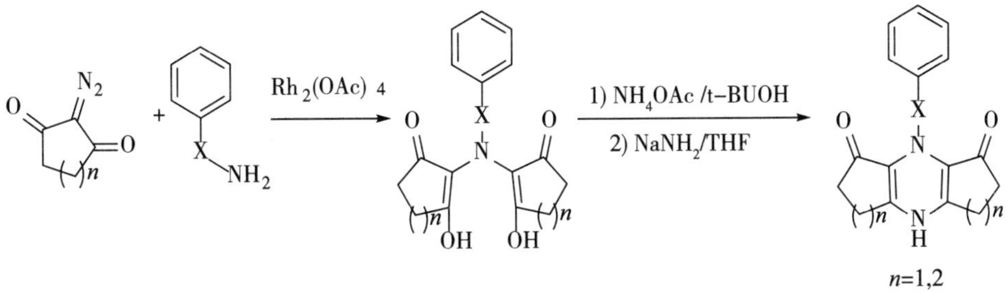

图 1-41　三环 1- 芳基 -1,4- 二氢吡嗪的合成

Wehinger 和 Kazda 报道了以 α- 芳胺基 -β-（2- 甲氧羰基联胺基）亚胺丁酸甲酯和 β-（2- 甲氧羰基）二氮烯基 -2- 丁烯酸甲酯为原料，在回流条件下，脱除两分子联胺化合物，缩合得到 3,5- 二甲基 -1- 苯基 -1,4- 二氢吡嗪 -2,6- 二甲酸二甲酯（图 1-42）。

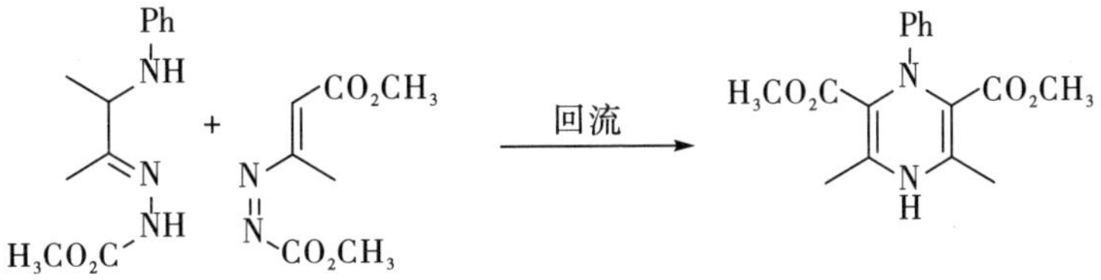

图 1-42　3,5- 二甲基 -1- 苯基 -1,4- 二氢吡嗪 -2,6- 二甲酸二甲酯的合成

Tandon 等人报道了 1,4- 二氢吡嗪衍生物 1,4 - 二氢 -2- 羟基 -1- 苯基 - 苯并［g］喹喔啉 -5,10 - 二酮的合成方法。该制备方法以 2,3 - 二氯萘 - 1,4- 二酮和氨基酸酯为起始原料，碳酸钾（K_2CO_3）为缚酸剂和催化剂，乙醇（EtOH）为溶剂，反应回流 3 ～ 5 h，生成中间体；然后以中间体为原料，乙醇为溶剂，继续加入脂肪或者芳香胺（R^2/$ArNH_2$），制备得到目标化合物（图 1-43）。

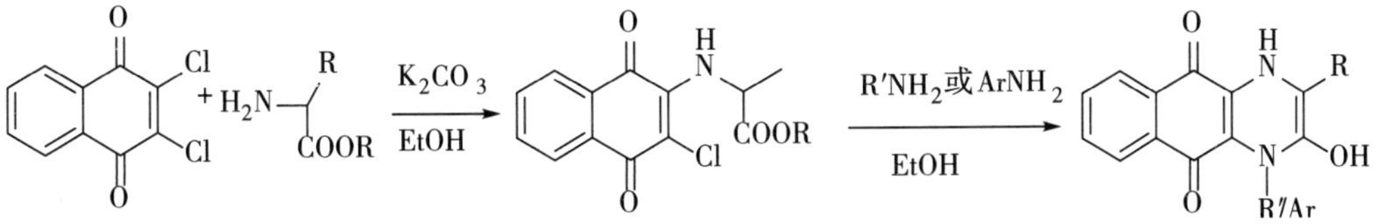

图 1-43　1,4- 二氢吡嗪衍生物 1,4 - 二氢 -2- 羟基 -1- 苯基 - 苯并［g］喹喔啉 -5,10 - 二酮的合成

Popov 等人报道了 2- 胺乙基苯并 -1H- 咪唑、亚硝酸盐（$NaNO_2$）和磷酸（H_3PO_4）在相转移催化剂作用下，二甲基亚砜（DMSO）与水（H_2O）的混合溶剂中，得到产率为 76 % 的 1,4- 二芳基 -1,4- 二氢吡嗪化合物（图 1-44）。

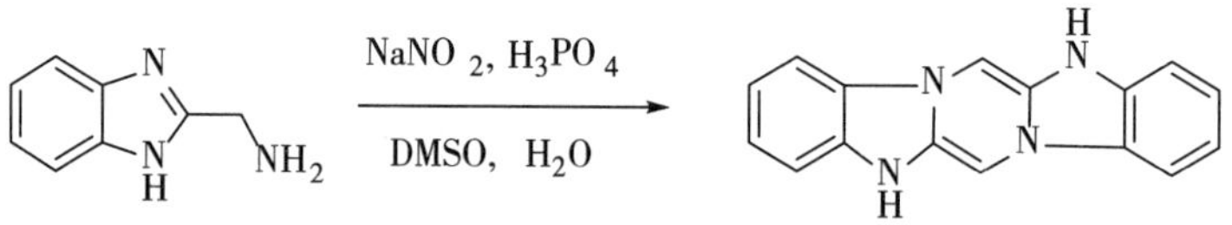

$NaNO_2$, H_3PO_4
DMSO, H_2O

图 1-44　1,4- 二芳基 -1,4- 二氢吡嗪化合物的合成

Therio 等报道了二芳基二氢吩嗪的制备方法。首先，采用吩嗪为起始原料，水和乙醇（体积比 4 ： 1）为溶剂，在氮气保护条件下，连二亚硫酸钠（$Na_2S_2O_4$）作为还原剂，制备得到 5,10- 二氢吩嗪。然后以 5,10- 二氢吩嗪为原料，采用布赫瓦尔德 - 哈维特西偶联制备方法，即在烘箱干燥的真空管中加入 5,10 - 二氢吩嗪、叔丁醇钠（NaOtBu）、2- 双环已基膦 -2',6'- 二异丙氧基联苯（RuPhos）、RuPhos 预催化剂（precatalyst）、碘苯（iodobenezene），二氧六环（dioane）作溶剂，氮气保护反应瓶密封，110 ℃，反应 10 h，制备得到 5,10 - 二苯基 - 5,10 - 二氢吩嗪（图 1-45）。

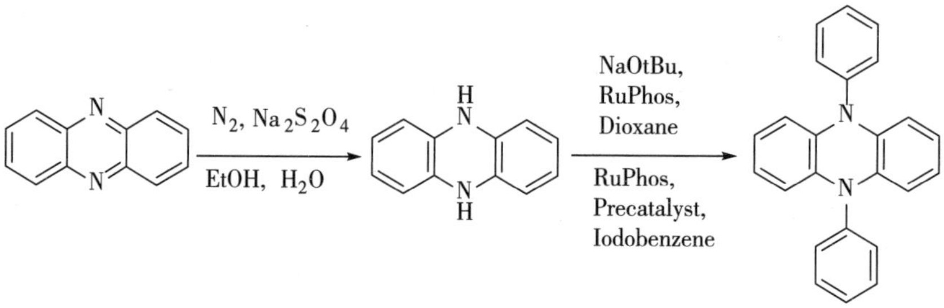

N_2, $Na_2S_2O_4$
EtOH, H_2O
NaOtBu, RuPhos, Dioxane
RuPhos, Precatalyst, Iodobenzene

图 1-45　5,10 - 二苯基 - 5,10 - 二氢吩嗪的合成

Fourrey 研究团队报道了以 4- 取代芳胺（R ═ H,—CH3）和 α- 溴代苯乙酮为原料，在相转移催化剂四丁基氢硫酸铵（$BuNHSO_4$）作用下，生成芳胺双 N- 烷基化中间体；中间体在对甲苯磺酸（TsOH）催化作用下，与对甲苯胺（$4\text{-}MeC_6H_4NH_2$）反应，得到 2,6- 二苯 -1- 对甲苯基 -1- 芳基 -1,4- 二氢吡嗪；王必琴等人对此工艺进行了改进，采用一锅合成法合成了上述化合物（图 1-46）。

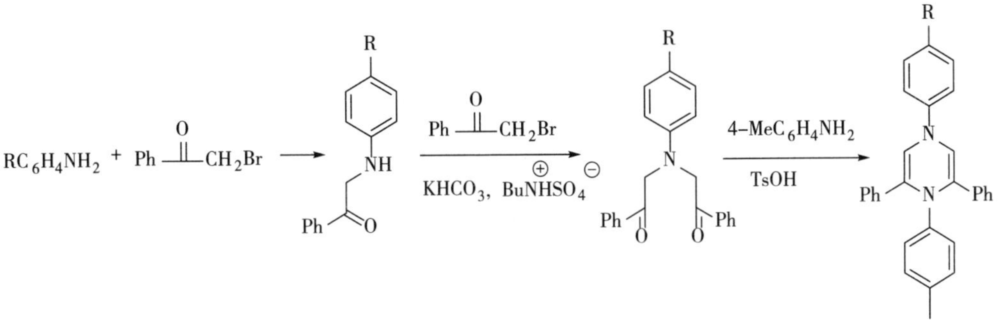

图 1-46 2,6- 二苯 -1- 对甲苯基 -4- 芳基 -1,4- 二氢吡嗪

Chen 和 Frank 将 2,3- 二苯基 -5,6- 二氢吡嗪、酰氯（CH_3COCl）、嘧啶（pyridine）在苯（benzene）中加热回流生成 2,3- 二苯基 -1,4- 二乙酰基 - 二氢吡嗪（图 1-47）。

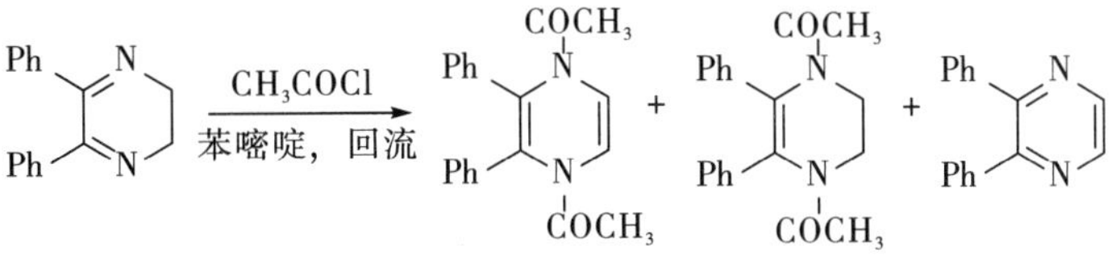

图 1-47 2,3- 二苯基 -1,4- 二乙酰基 - 二氢吡嗪

Li 等报道了采用锰催化脱氢制备 1,4- 二氢吡嗪的方法。该制备工艺以 N,N′- 二叔丁氧基哌嗪为原料，采用 meso - 四（五氟苯基）卟啉氯化锰作［Mn（TPFPP）Cl］催化剂，碘代苯二醋酸［Ph（OAc）$_2$］作为氧化剂，乙腈（MeCN）作溶剂，50 ℃反应制备得到 N,N′- 二叔丁氧基 1,4- 二氢吡嗪（图 1-48）。

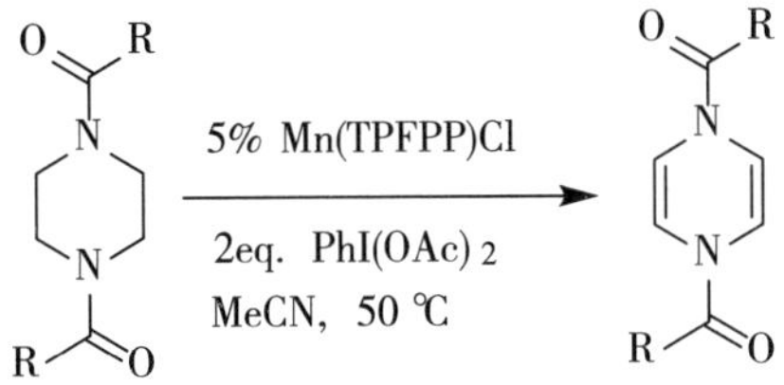

图 1-48 N,N- 二（叔丁氧基）-1,4- 二氢吡嗪的合成

Becker 和 Neumann 以吡嗪和三甲基硅烷化汞［Hg（$SiMe_3$）$_3$］为原料，环己烷作溶剂，得到 N,N- 二（三甲基硅）-1,4- 二氢吡嗪，产率达到 62 %。Bessenbache 等人在此基础上将 N,N- 二（三甲基硅）-1,4- 二氢吡嗪与二氧化碳（CO_2）反应，得到 N,N- 二（三甲基硅氧羰基）-1,4- 二氢吡嗪，产率达 33 %（图

1-49）。

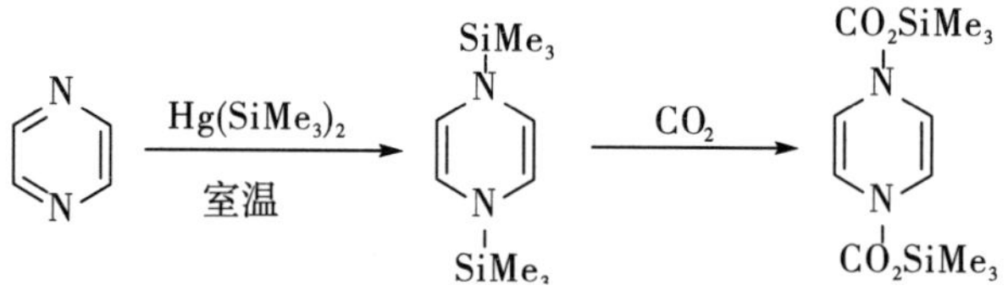

图 1-49 N,N- 二（三甲基硅氧羰基）-1,4- 二氢吡嗪的合成

宋秀庆等报道了 N,N- 二（酰基）- 1,4- 二氢吡嗪的制备方法。该合成工艺以吡嗪为原料，酸酐为酰化剂，锌（Zn）粉作为还原剂，采用微波辅助加热的方式，获得一系列 1,4- 二氢吡嗪化合物（图 1-50）。

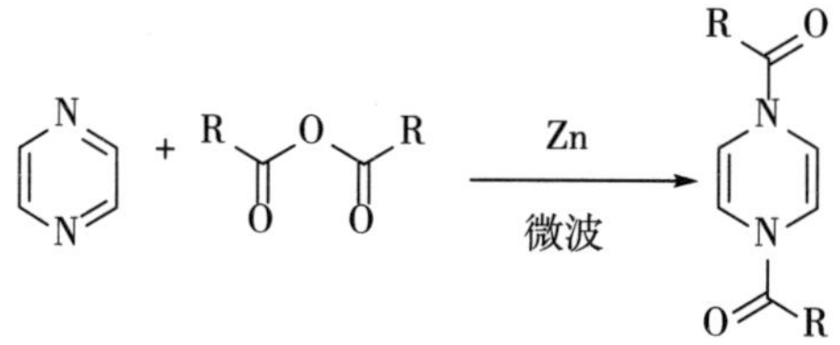

图 1-50 N,N- 二（酰基）-1,4- 二氢吡嗪的制备

Wolibeis 等利用 α- 硝基 -β- 乙氧基丙烯酸乙酯和肼发生氨取代反应，两分子氨化产物脱去两分子亚硝酸得 1,4- 二氢吡嗪，产率为 31 % ～ 58 %（图 1-51）。

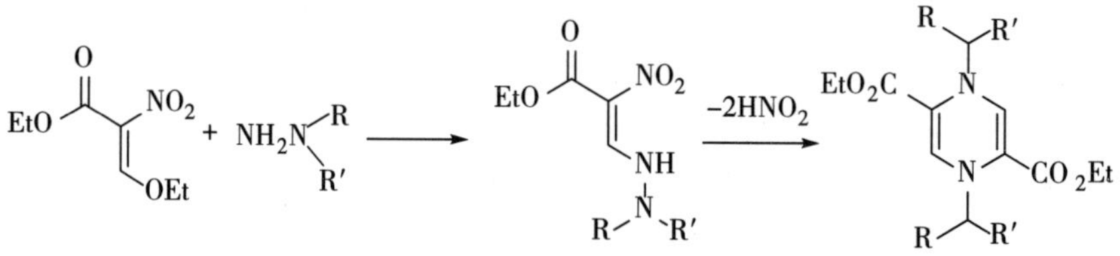

图 1-51 1,4- 二氢吡嗪的合成

Rodrigues 等人将 2-（N- 对甲苯磺酰，N- 甲酸叔丁酯）丙烯酸甲酯，在乙腈（CH_3CN）的碳酸钾（K_2CO_3）溶液里，经过重排反应和麦氏加成反应，合成吡嗪中间体后，在 4- 二甲氨基吡啶（DMAP）存在的条件下，脱去对甲苯磺酸，合成了 N,N′- 二叔丁氧羰基 -1,4- 二氢吡嗪化合物（图 1-52）。

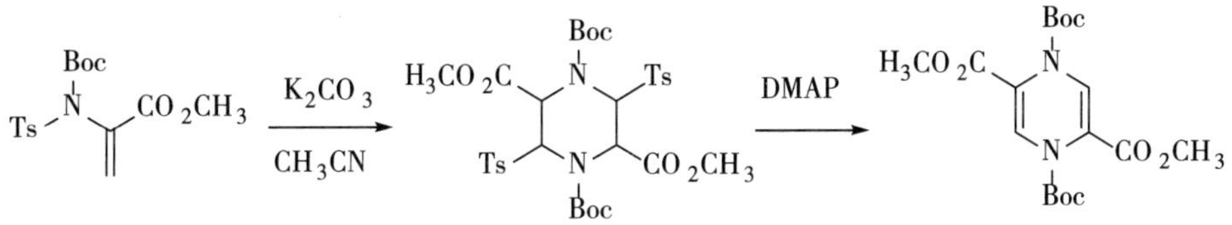

图 1-52 N,N′- 二叔丁氧羰基 -1,4- 二氢吡嗪的合成

2016 年，Zhang 等对吡嗪的合成工艺进行了报道。该方法是通过以乙烯基叠氮化合物与 N - 磺酰基 -1,2,3 - 三唑的环化反应实现的。证明 Rh/Ag 二元金属催化体系是成功环化必需的。通过改变乙烯基叠氮化合物的结构，该反应可以分别生成吡咯和 2H - 吡嗪。该环化反应具有底物适用范围广、官能团耐受性好、反应效率高、产物产率高等特点（图 1-53）。

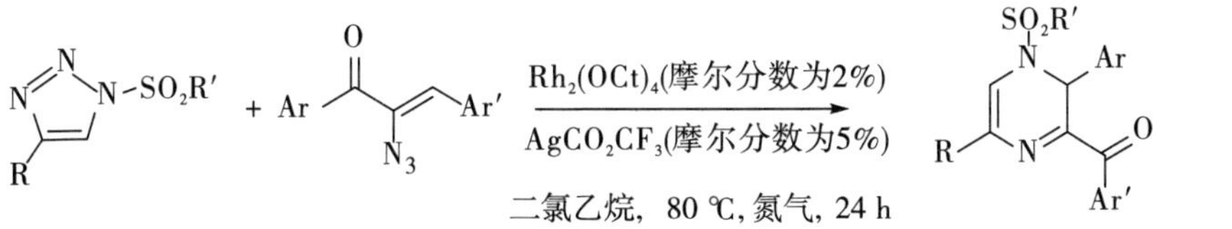

图 1-53 2H- 吡嗪的合成

Chaignaud 等报道了以哌嗪 -2,5- 二酮为原料，在六甲基二硅基胺基锂（LiHMDS）以及六甲基磷酰三胺（HMPA）的作用下，发生烯醇互变后，与磷酰氯反应生成稳定的 N,N′- 二叔丁氧羰基 -2,5- 二磷酸酯 -1,4- 二氢吡嗪，产率为 86%（图 1-54）。

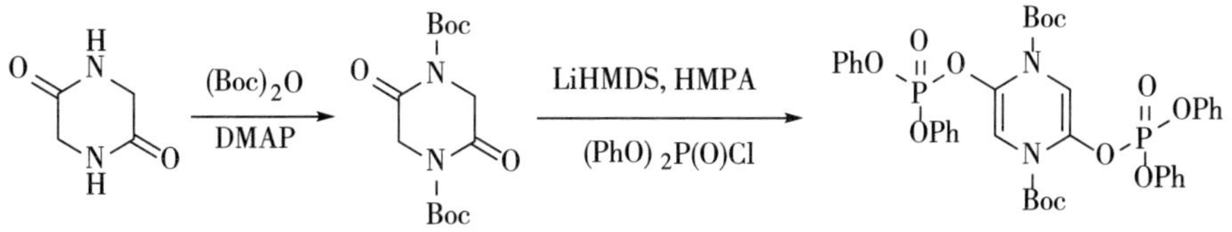

图 1-54 N,N′- 二叔丁氧羰基 -2,5- 二磷酸酯 -1,4- 二氢吡嗪的合成

Peytam 等报道了不对称多取代 1,4- 二氢吡嗪的制备工艺。该制备工艺以一锅法高效合成。首先，以苯甲酰溴和苯胺的为原料，制备得到亲核取代中间体，然后继续与 α - 叠氮查尔酮发生迈克尔加成 - 环化反应，以高产率得到目标化合物（图 1-55）。

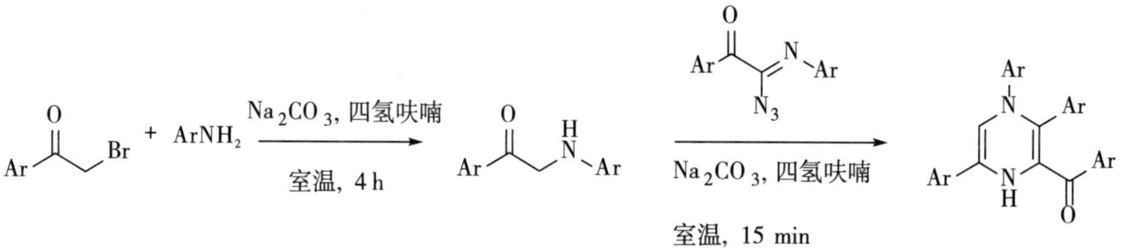

图 1-55　不对称 1,4- 二氢吡嗪的合成

Richards 等报道了一系列新型吡嗪并苯类化合物的合成工艺。该合成方法以苯偶酰与 5,6- 二氨基 -2,3- 二氰基吡嗪为起始反应底物，醋酸和四氢呋喃混合溶剂作溶媒，加热回流 4 h，得 6,7- 二苯基吡嗪［2,3-b］吡嗪 - 2,3- 二腈；以此中间体为原料，DMSO 为溶剂，碳酸钠为催化剂，加入 2,3- 二氨基马来腈，100 ℃进行反应，得最终目标产物吡嗪并苯化合物（图 1-56）。

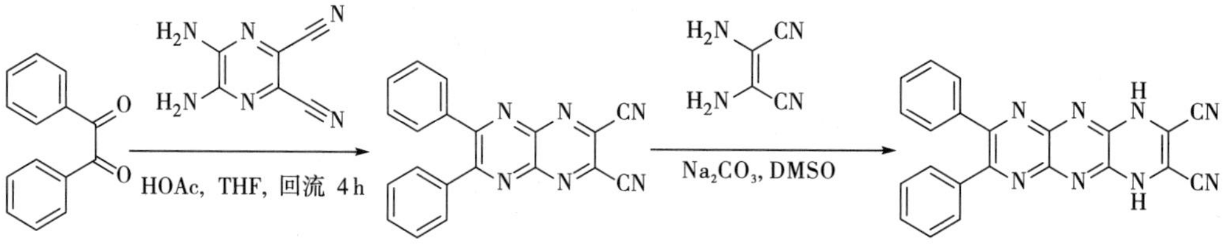

图 1-56　吡嗪并苯类化合物的合成

1.2.2　4H-1,4- 噁嗪的合成方法

1961 年，Paterson 等以两分子苯乙二酮的烯胺为原料，钯碳（Pb-C）作催化剂，在酸性条件下，发生二聚反应，以 95 % 的产率合成了 2- 苯胺基 -3,4,6- 三苯基 -4H-1,4- 噁嗪（图 1-57）。

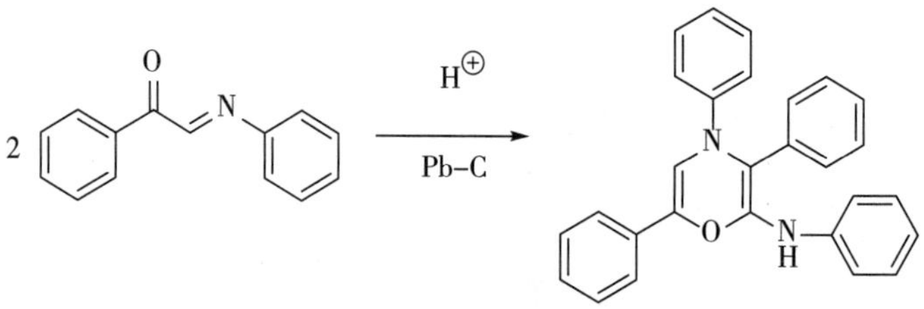

图 1-57　2- 苯胺基 -3,4,6- 三苯基 -4H-1,4- 噁嗪的合成

1973 年，Correia 等以 N,N- 二苯酰乙基苯胺为原料，三氯氧磷（$POCl_3$）作为脱水剂，吡啶（Py）作为溶剂和缚酸剂的条件下，经过环缩合反应，以 55% 的

产率得到 2,4,6- 三苯基 -4H-1,4- 噁嗪（图 1-58）。

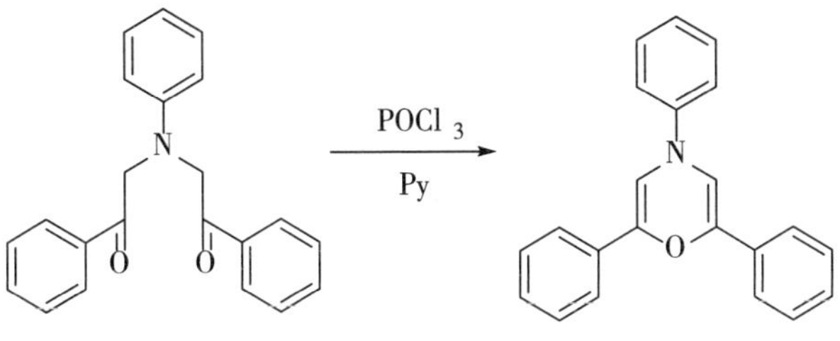

图 1-58 2,4,6- 三苯基 -4H-1,4- 噁嗪的合成

2007 年，Abodou 等以紫尿酸和烯烃的膦酸盐或者氰甲基膦酸二乙酯为反应原料，在碱性条件下，令其发生加成消除、重排，以及环缩合反应，以 68% 的产率得到的 3- 磷酸酯基 -4- 乙基 -4H-1,4- 噁嗪（图 1-59）。

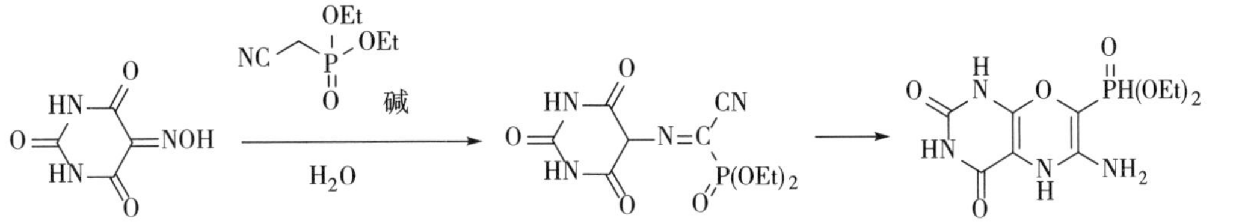

图 1-59 3- 磷酸酯基 -4- 乙基 -4H-1,4- 噁嗪的制备

1982 年，Bartsch 等报道了 4- 乙酰基 -1,4- 噁嗪的制备方法。该工艺以二苯酰乙基醚与氨水［NH_3（aq）］为原料，首先发生缩合反应，得到中间体；再以吡咯（C_5H_5N）为催化剂和缚酸剂，与醋酸酐（Ac_2O）继续反应，得到目标产物（图 1-60）。

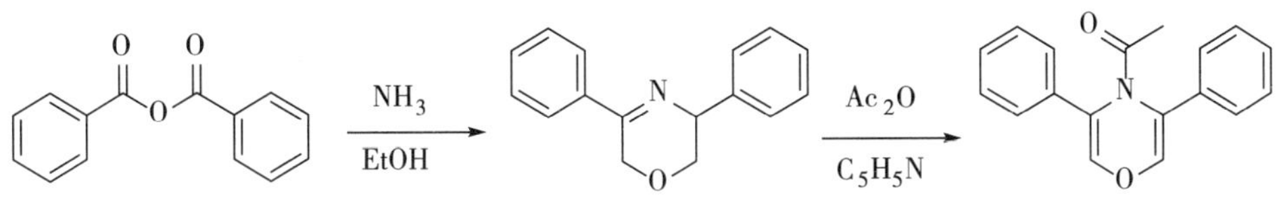

图 1-60 4- 乙酰基 -1,4- 噁嗪的制备

2007 年，Claveau 等报道了在六甲基二硅基胺基钾（KHMDS）作用下，将马菲林 -3,5- 二酮与二苯氧基磷酰氯［$(PhO)_2P(O)Cl$］反应，可得到 3,5- 二磷酸酰氧基 -4H-1,4- 噁嗪，产率为 64 %；该 4H-1,4- 噁嗪在钯 Pb［0］的催化作用下，再与锡烷基金属化合物（$RSnMe_3$）或者硼酸盐［$RB(OH)_2$］反应，得到 50 %~96 % 的 3,5- 二取代的 4H-1,4- 噁嗪；而该 4H-1,4- 噁嗪在醋酸

钯［Pb（OAc）$_2$］、三苯基膦（PPh_3）的催化作用下，以甲酸（HCOOH）和三乙胺（Et_3N）为反应底物，在乙二醇二甲醚（DEM）进行加热回流反应，以70 % 的产率得到 N-Boc 取代的 4H-1,4- 噁嗪（图 1-61）。

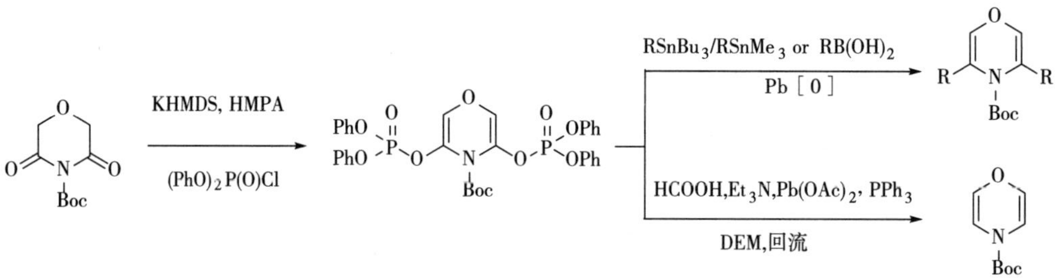

图 1-61　N-Boc 取代的 4H-1,4- 噁嗪的合成

2010 年，Claveau 等报道了 2- 位或 3- 位羟烷基化 N-Boc 取代 4H-1,4- 噁嗪合成方法。该过程以 N-Boc 取代 4H-1,4- 噁嗪为原料，四氢呋喃为溶剂，在 -78 ℃反应温度下，加入 HMPA, 正丁基锂（n-BuLi），反应约 40 min；然后在此温度下加入醛，生成目标产物（图 1-62）。

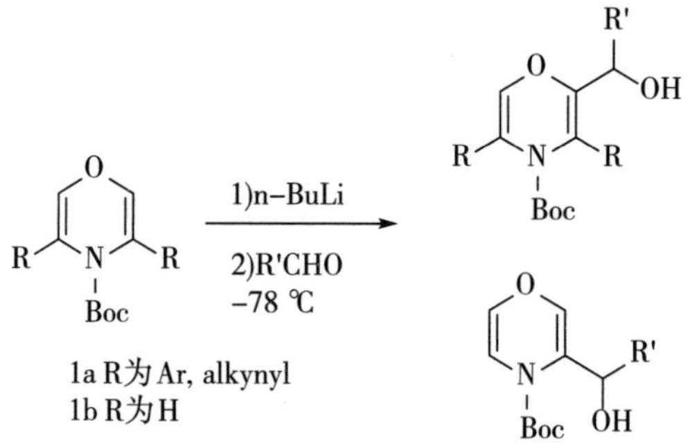

图 1-62　2- 或 3- 羟烷基化 N-Boc 取代的 4H-1,4- 噁嗪

Guillaumet 等报道了 2,3- 二氢 -4H-1,4- 苯并噁嗪与 N- 溴代琥珀酰亚胺发生取代，再经消除反应，以 65 % ～ 95 % 的产率得到 4H-1,4- 苯并噁嗪（图 1-63）。

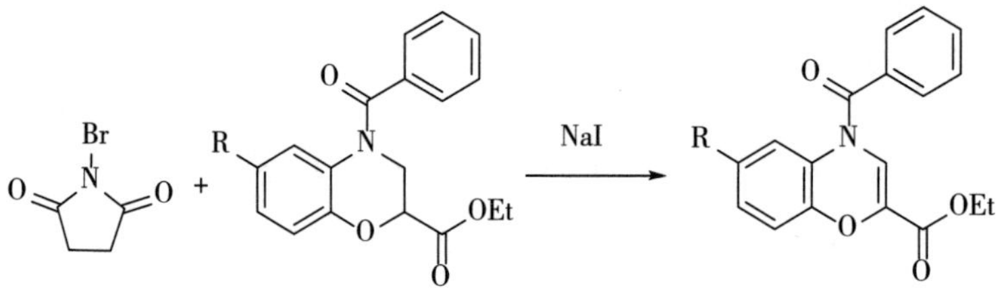

图 1-63　4H-1,4- 苯并噁嗪的合成

1982 年，Bartsch 等报道了利用邻酰胺苯酚作为反应起始原料，在对甲苯磺酸（TsOH）或三乙胺的催化作用下，发生化合物的烯醇互变及脱水关环反应，制备得到 4- 乙酰基 -1,4- 苯并噁嗪（图 1-64）。

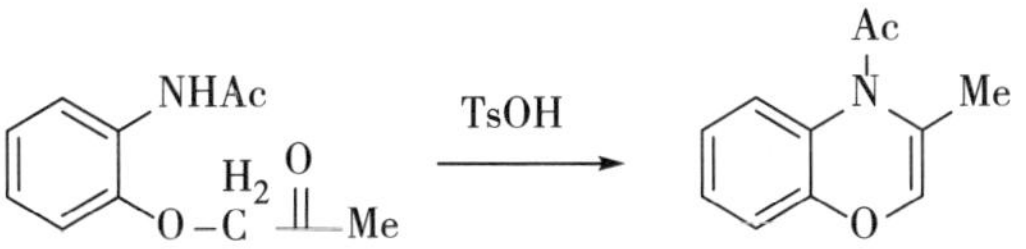

NHAc
$O-CH_2-C(=O)-Me$
TsOH
Ac
N
Me
O

图 1-64　4- 乙酰基 -1,4- 苯并噁嗪的合成

2000 年，Buon 等采用邻氨基苯酚为反应底物，使用油浴加热或者微波辐射的方式，经过 Boc 酸酐酰化得到 N-Boc 取代的邻氨基苯酚 **1**，再在碳酸钾作用下和极性溶剂中与 1,2 二溴乙烷反应，得到苯并吗啉 **2**，最后经过 NBS 和过氧化物 Bz_2O_2 的回流反应，以及 NaI 室温反应，可以 76% 的产率得到苯并噁嗪 **3**（图 1-65）。

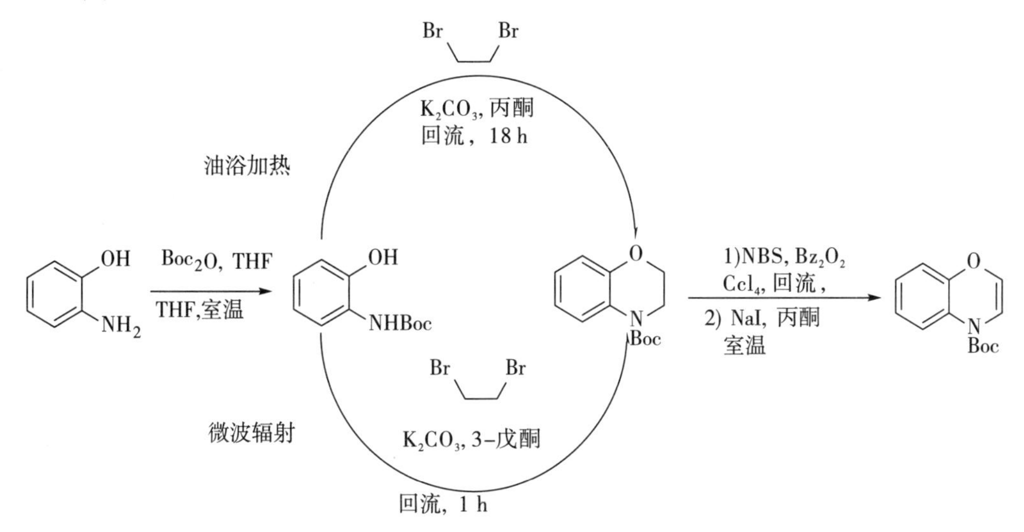

图 1-65　1,4- 苯并噁嗪 3 的合成

1984 年，Heine 等报道了邻苯醌酰亚胺与炔烃发生第尔斯 – 阿尔德反应，以 50 % ～ 80 % 的产率得到 4H-1,4- 苯并噁嗪化合物（图 1-66）。

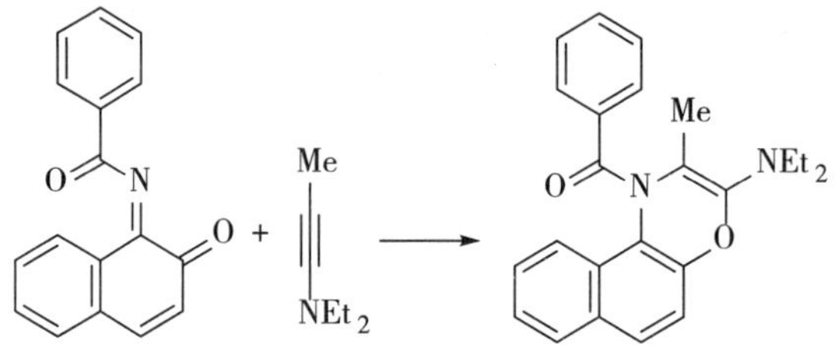

图 1-66　4H-1,4- 苯并噁嗪化合物的合成

2016 年，Wang 等报道了 N- 芳磺酰基吩噻嗪和 N- 芳磺酰基吩恶嗪类化合物的 1,3- 以及 1,5- 磺酰基的热迁移。该反应以 N- 芳磺酰基吩噻嗪或 N- 芳磺酰基吩噁嗪为起始原料，干燥溶剂如甲苯、二甲苯等作反应溶媒，氮气保护条件下，160 ℃加热反应约 4 h，得到 3-和 5-磺酰基吩噻嗪或 3-和 5-磺酰基吩噁嗪（图 1-67）。

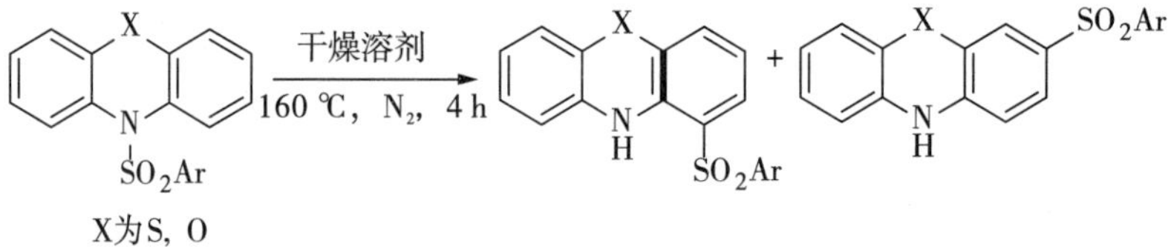

图 1-67　3- 和 5- 磺酰基吩噁嗪的制备

2018 年，Grande 等对含有桥头氮原子的苯并吡咯噁嗪类化合物的合成方法进行了综述。该制备方法以 10H - 吩噁嗪为起始原料，首先在四氢呋喃（THF）溶剂中，与草酰氯［$(COCl)_2$］发生弗里德 - 克拉夫茨反应；然后以二硫化碳（CS_2）为溶剂，经三氯化铝（$AlCl_3$）催化，制备得到吩噁嗪 1,2- 酮衍生物；以此为反应中间体，经硼烷（BH_3）还原制备得到吡咯并［ 3，2，1-kl］吩噁嗪；经 4- 甲基吡啶（4-picoline）、醋酐（Ac_2O）、醋酸（AcOH），100 ℃反应；再经 5 - 溴代戊腈（5-bromovaleronitrile）、氢化钠（NaH），以四氢呋喃（THF）为溶剂，室温反应 3 d，等不同后续反应，可以分别得到含有桥头氮原子的苯并吡咯噁嗪类衍生物（图 1-68）。

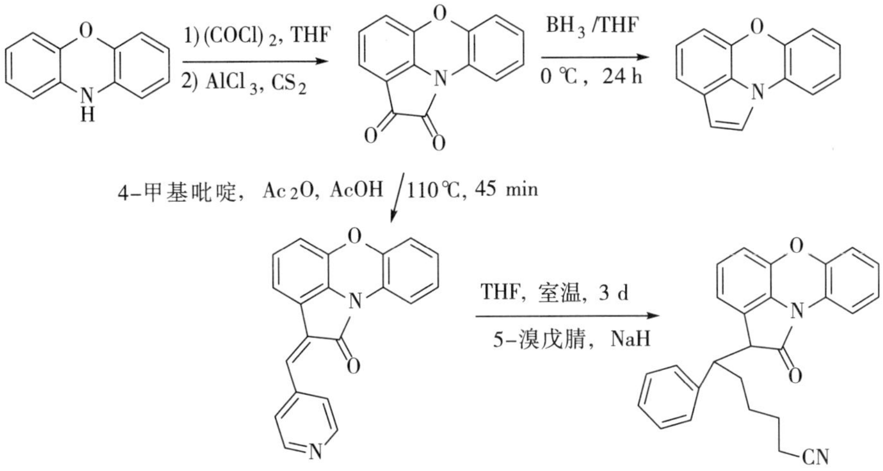

图 1-68 含有桥头氮原子的苯并吡咯噁嗪的合成

二苯并噁嗪化合物的合成是以邻氨基苯酚和 1- 卤 -2- 硝基芳烃或者 1,2- 二卤代芳烃为原料，在碱性条件下，经过亲核取代反应和关环反应而得到目标产物。Turpin 首先发现，以邻氨基苯酚和 1- 氯 -2- 硝基苯为原料，可制备得到的 2- 硝基 -2′- 羟基二苯胺中间体，在碱的作用下，经过分子内亲核取代反应，可得到 10H- 吩噁嗪。后人对该方法进行了改进，得到了取代的二苯并噁嗪（图 1-69）。

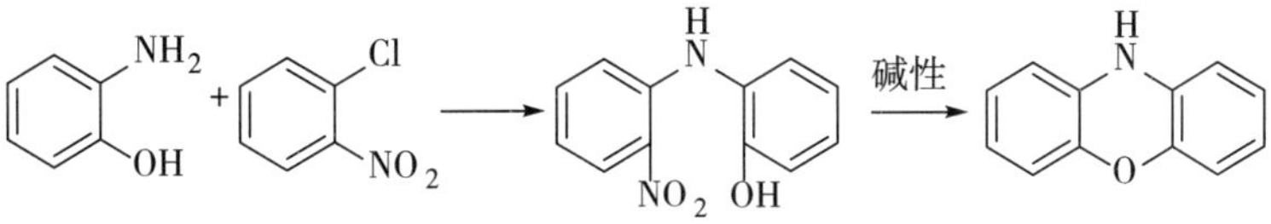

图 1-69 二苯并噁嗪的合成

2021 年，Cheng 等通过氧化 O- 芳基化、Pd 催化 4- 羟基喹啉衍生物和三价芳基碘化物的双 N- 芳基化反应，成功制备了一种简单高效的喹啉并 4H- 苯并 [b] 1,4- 噁嗪。多样化的稠杂环易以高分离产率和大的底物范围构建，得到杂原子掺杂吩噁嗪（图 1-70）。

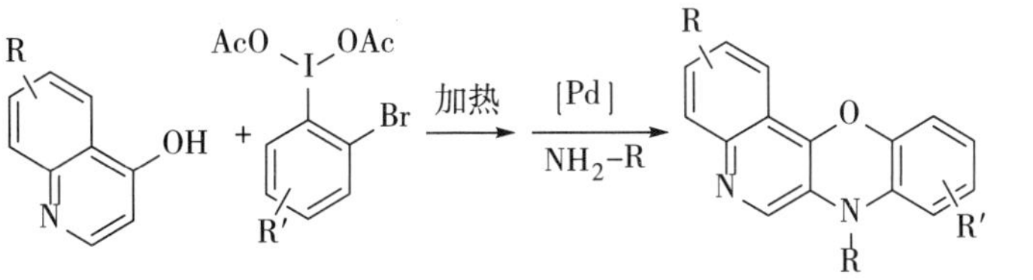

图 1-70 杂原子掺杂吩噁嗪

1.3 氮杂环己烯的新合成方法研究

1.3.1 氮杂环己烯的第尔斯 – 阿尔德合成研究

1928 年，德国化学家 Diels 和 Alder 研究了苯醌与双烯生成环己烯衍生物的反应，并将此反应命名为第尔斯 – 阿尔德反应。因为它是两原子的不饱和化合物的亲双烯体和四原子的双烯体间发生的反应，故又称［4+2］环加成反应。

人们对第尔斯 – 阿尔德反应进行了深入的研究，尤其是利用含氮杂双烯体的第尔斯 – 阿尔德反应，合成了很多重要的或具有生理活性的氮杂环己烯化合物。

1.3.1.1 1- 氮杂丁二烯的第尔斯 – 阿尔德反应研究

1981 年，Cheng 等采用 1- 氮杂丁二烯的分子内第尔斯 – 阿尔德反应，合成了 α – 苹蓬定的关键中间体（图 1–71）。

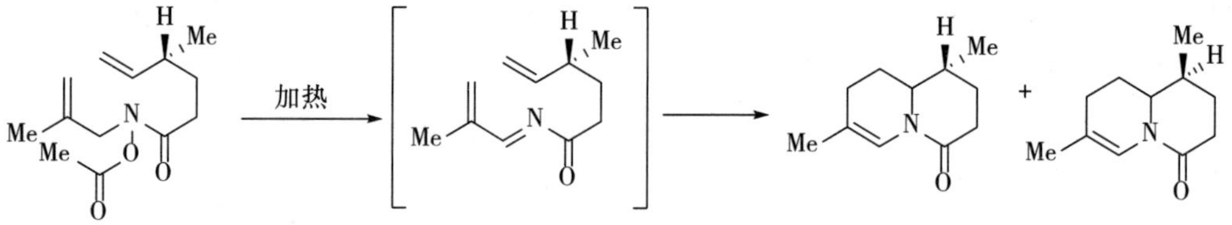

加热

图 1–71 α – 苹蓬定的关键中间体的合成

Weinreb 等研究了 1- 氮杂丁二烯与典型的亲双烯体反应，发现反应底物具有较好的区域选择性，可生成具有特定结构的第尔斯 – 阿尔德环加成产物（图 1–72）。

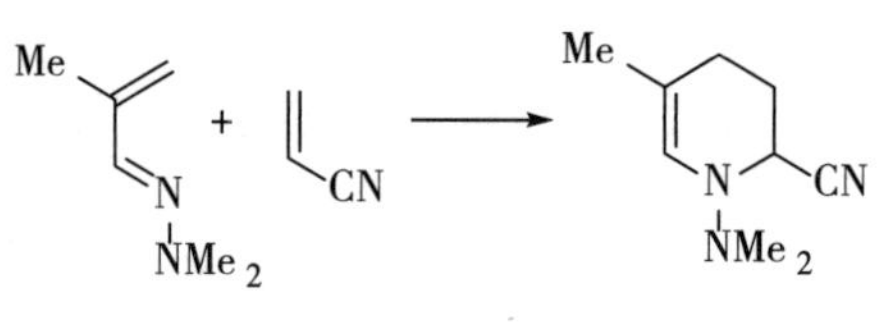

图 1–72 1- 氮杂丁二烯与典型的亲双烯体第尔斯 – 阿尔德环加成

Fishwick 研究了以 1- 氮杂丁二烯的邻亚胺基苯为双烯体的第尔斯 – 阿尔德反应，发现该类 1- 氮杂丁二烯化合物的反应活性高，可以在温和条件下与多数亲二烯体进行反应（图 1–73）。

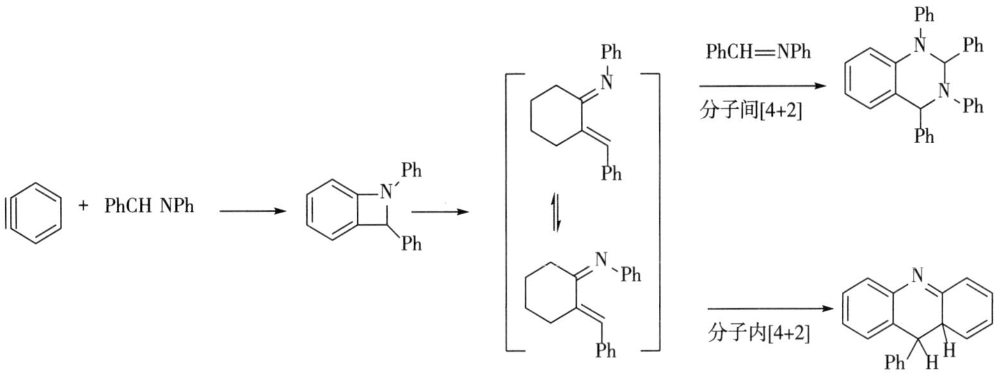

+ PhCH NPh

N Ph

Ph

Ph

N

Ph

N Ph

Ph

PhCH═NPh

分子间[4+2]

Ph N Ph N Ph Ph

分子内[4+2]

N

Ph H H

图 1-73 1- 氮杂丁二烯化合物的第尔斯 - 阿尔德环加成

Sugita 等研究了 1,2,3- 连三嗪与烯胺的反应。反应中先生成二环第尔斯 - 阿尔德加成产物，再脱去一分子氮和吡咯烷，得到 2,3- 二取代吡啶（图 1-74）。

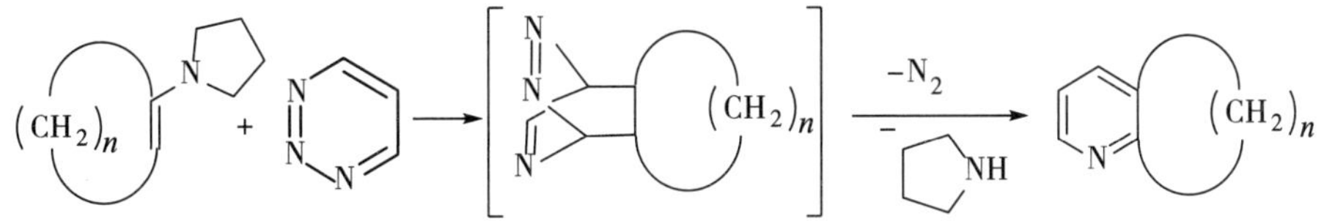

$(CH_2)_n$ N + N N N

N N N $(CH_2)_n$

$-N_2$

− NH

N $(CH_2)_n$

图 1-74 1,2,3- 连三嗪与烯胺的第尔斯 - 阿尔德环加成

1.3.1.2 2- 氮杂丁二烯的第尔斯 - 阿尔德反应研究

2- 氮杂丁二烯的第尔斯 - 阿尔德反应是由 Kondrat 发现的，利用该反应可方便的合成 VB 类似物。以烯或者炔作为亲双烯体时，2- 氮杂丁二烯易与之生成环加成产物，经过脱水或者脱腈后，可以形成吡啶或者呋喃(图 1-75)。

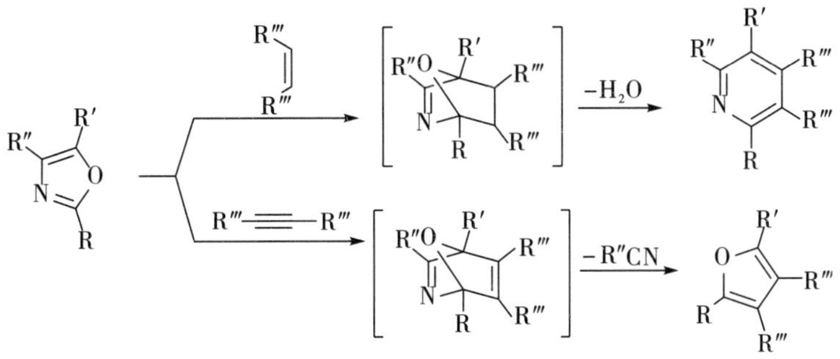

R″ R′ N O R

R‴ R‴

R″O R′ R‴ N R R‴

$-H_2O$

R″ R′ R‴ N R‴ R

R‴——R‴

R″O R′ R‴ N R R‴

−R″CN

O R′ R‴ R R‴

图 1-75 2- 氮杂丁二烯的第尔斯 - 阿尔德反应

1.3.1.3 2,3- 二氮杂丁二烯的第尔斯 – 阿尔德反应研究

2,3- 二氮杂丁二烯（如 1,2,4,5- 四嗪）可与亲双烯体发生第尔斯 – 阿尔德反应（图 1–76）。

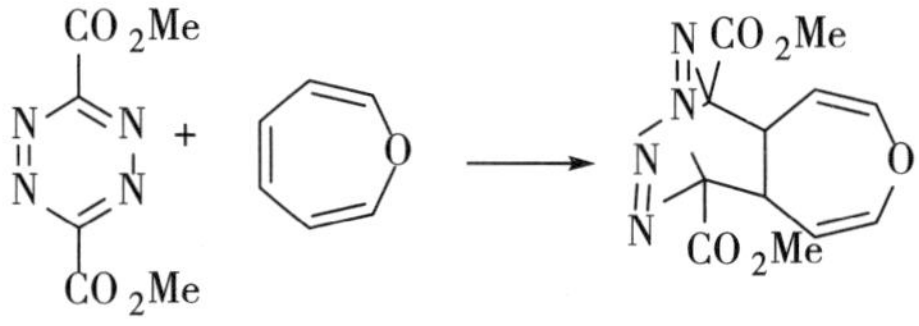

图 1–76 1,2,4,5- 四嗪与亲双烯体发生第尔斯 – 阿尔德反应

炔基取代的 2,3- 二氮杂丁二烯（如 1,2,4- 三嗪）可发生分子内第尔斯 – 阿尔德反应，生成双环吡啶体系（图 1–77）。

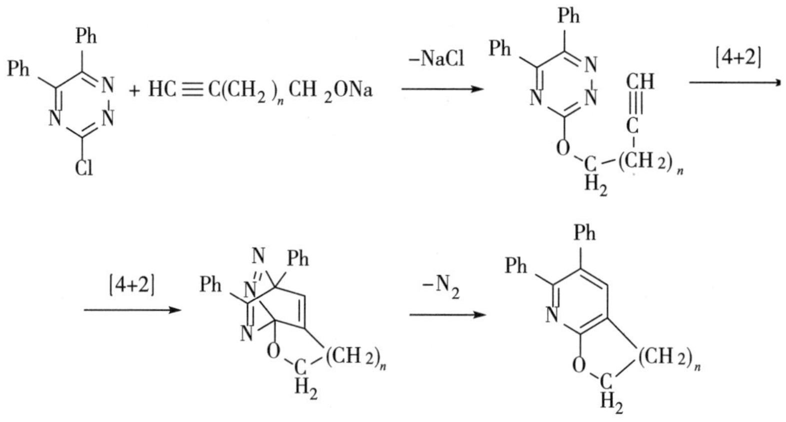

图 1–77 1,2,4- 三嗪分子内第尔斯 – 阿尔德反应

1.3.2 无溶剂研磨法和超声波辅助在有机合成中的应用

1.3.2.1 无溶剂研磨法在有机合成中的应用

由于无溶剂合成反应没有溶剂分子的介入，反应体系的微环境不同于溶液，反应部位局部浓度较高，提高了反应效率。同时，在固体状态下，反应分子有序排列可实现定向反应，提高了反应的选择性。无溶剂反应以其操作简单、节约成本、污染少等特点，已经成为绿色化学研究的焦点。研磨作为一种无溶剂合成方法，已经应用于很多类型的有机合成反应。

（1）氧化反应。酚的氧化偶联反应通常是将酚溶解甲醇水溶液后，加入至少

等物质的量的金属盐（如三氯化铁）进行反应，回流 2 h，产率仅为 60 %，此反应在无溶剂研磨条件下进行，反应 1 h，产率达 95%（图 1-78）。

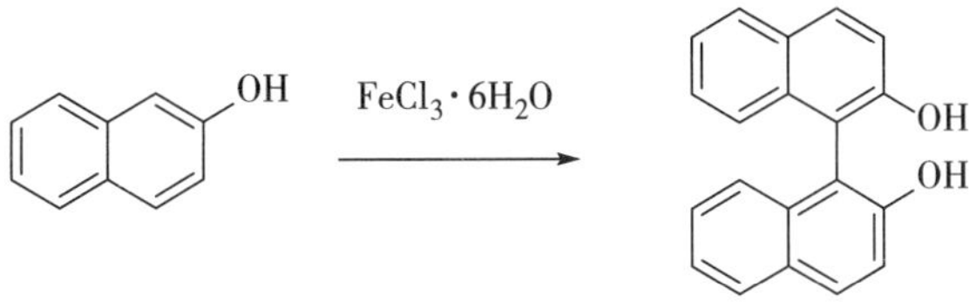

$FeCl_3 \cdot 6H_2O$

图 1-78 无溶剂氧化反应

酮的拜耳－维立格氧化反应，在无溶剂条件下比在氯仿溶液中反应速度快，产率高出 39 % ～ 95 %（图 1-79）。

$$RCORR' \xrightarrow[\text{无溶剂}]{m\text{-}ClC_6H_4CO_3H} RCO_2RR'$$

图 1-79 无溶剂拜耳－维立格氧化反应

（2）还原反应。对苯醌与还原剂连二亚硫酸钠共同研磨 10 min，迅速发生颜色变化，室温放置后，醌被还原，得到相应的氢醌（图 1-80），产率接近 100%。

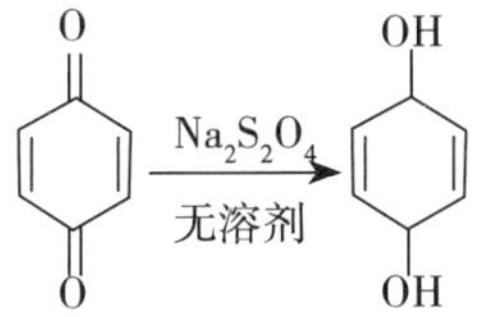

$Na_2S_2O_4$，无溶剂

图 1-80 无溶剂还原反应制备氢醌

将芳酮与 2,4- 己二炔衍生物形成的 1 ∶ 1 包合物，与仔细研磨后的 1.5 倍物质的量的 BH_3- 乙二胺（EDA）混合，在氮气保护下室温放置，得到光学活性产物，实现了由非手性化合物到手性化合物的对映选择性还原反应（图 1-81）。

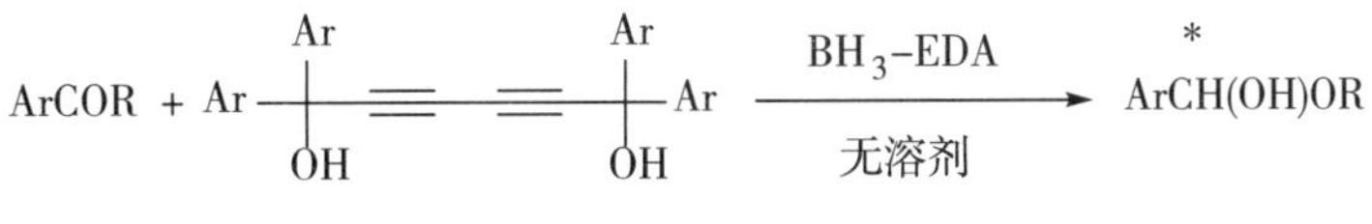

$$ArCOR + Ar\text{-}C(Ar)(OH)\text{-}C{\equiv}C\text{-}C{\equiv}C\text{-}C(Ar)(OH)\text{-}Ar \xrightarrow[\text{无溶剂}]{BH_3\text{-}EDA} Ar\overset{*}{C}H(OH)OR$$

图 1-81 无溶剂还原反应制备手性化合物

（3）缩合反应。在无溶剂的条件下，某些醇醛缩合反应较溶液中更有效，表现出较高的立体专一性。在室温下研磨苯乙酮、对甲基苯甲醛和 50%（体积分数）NaOH 的糊状混合物 5 min，得到 97 %（体积分数）的 4- 甲基查尔酮，若缩合反应在 50 %（体积分数）乙醇溶液中进行，产率仅为 11 %（图 1-82）。

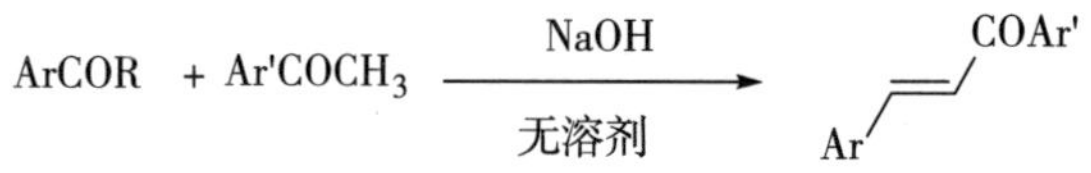

$$ArCOR + Ar'COCH_3 \xrightarrow[\text{无溶剂}]{NaOH} ArCH{=}CHCOAr'$$

图 1–82　无溶剂缩合反应

（4）迈克尔加成反应。在室温下，研磨 4- 芳亚甲基 -3- 甲基 -1- 苯基 -5- 吡唑啉酮与过量的吡唑啉酮的固体混合物，然后室温放置，可得到 50 % 产率的迈克尔加成产物，而在溶液中，不能得到任何迈克尔加成产物（图 1–83）。

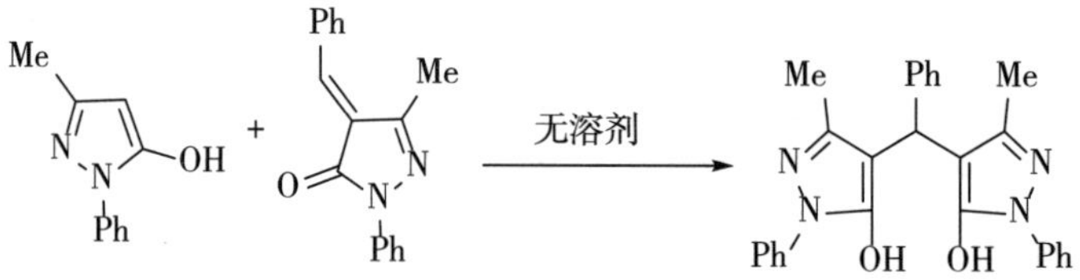

图 1–83　无溶剂迈克尔加成反应

（5）雷福尔马茨基反应。无溶剂研磨法也可应用于雷福尔马茨基反应，其产率较高，为 80 % ～ 94 %（图 1–84）。

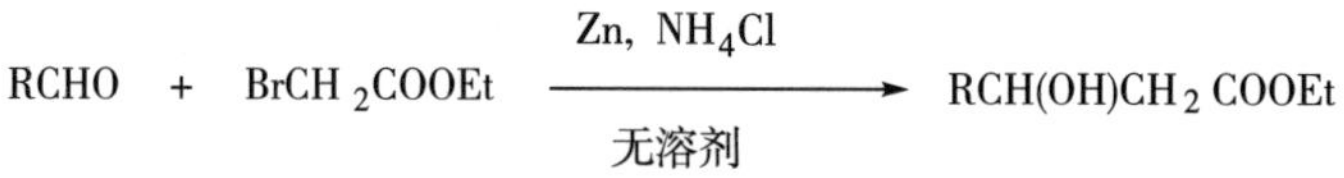

$$RCHO + BrCH_2COOEt \xrightarrow[\text{无溶剂}]{Zn,\ NH_4Cl} RCH(OH)CH_2COOEt$$

图 1–84　无溶剂雷福尔马茨基反应

1.3.2.2　超声波辅助在有机合成中的应用

超声波作为一种新的能量形式用于有机化学反应，不仅使很多以往不能进行的反应得以进行，而且作为一种方便快捷、迅速有效、合成技术安全、大大优越于传统的搅拌和加热方法，广泛应用于医学、材料改进，以及化学的各个领域。

超声波对于有机化学有促进作用，一个普遍接受的理论是空穴现象，即存在于液体中的微小气泡在超声场的作用下被激活，泡核的形成、振荡、生长、收缩乃至崩溃等一系列的动力学过程产生短暂的高能环境，由此产生局部高温和高压，为在一般条件下难以实现的或者不可能实现的化学反应提供了一个非常特殊的环境。

（1）氧化反应。超声波辅助应用于氧化反应的研究较多，应用范围也比较广，具有产率高和时间短等优点。例如，以 1,3- 二苯基 -2- 丙烯 -1- 酮为原料，过氧化氢为氧化剂，在碱以及相转移催化剂的作用下，超声 1.5 h，产率为 89 %；而在常规条件下，达到相似的产率需加热回流反应 100 h（图 1–85）。

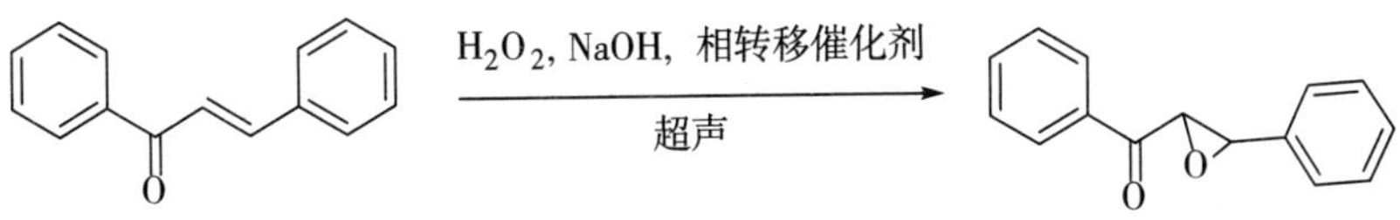

$$\text{PhCOCH=CHPh} \xrightarrow[\text{超声}]{H_2O_2,\ \text{NaOH, 相转移催化剂}} \text{PhCO-环氧-Ph}$$

图 1-85 超声辅助氧化反应

在醇的氧化反应中，采用传统的加热回流时，$KMnO_4$ 作氧化剂，己烷作溶剂，搅拌 5 h，异辛醇的氧化反应产率为 2 %；改用超声辐射 5 h，产率高达 92%。

（2）还原反应。很多有机还原反应中采用金属或其他固体催化剂，超声波对其具有明显的促进作用。在环己烷的硼烷基化的还原反应中，采用 $BH_3 \cdot SMe_2$ 作为还原剂，在四氢呋喃中室温超声条件 1 h，产率可达 98 %；而采用室温搅拌的方法，达到相似的产率，反应时间为 24 h（图 1-86）。

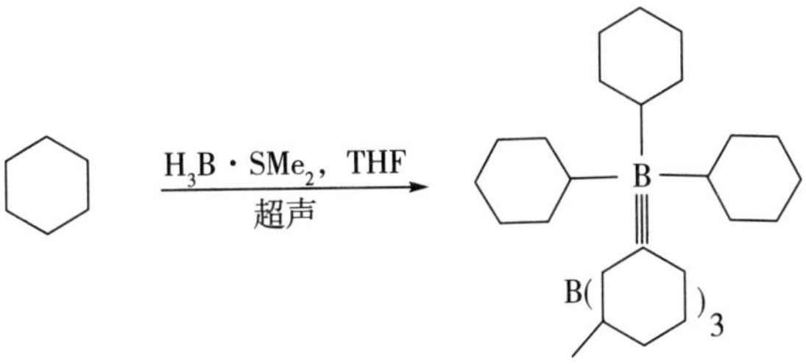

$$\text{环己烷} \xrightarrow[\text{超声}]{H_3B \cdot SMe_2,\ \text{THF}} B(\text{C}_6\text{H}_{11})_3$$

B( )$_3$

图 1-86 超声辅助还原反应

将硝基芳烃转化为芳胺的还原反应中，超声辅助合成也显示出明显的作用。以铝粉为还原剂，在氯化铵的甲醇反应溶液中，室温反应 24 h，还原产率为 75%；而在超声作用下，仅需 2 h，便可达到同样的产率（图 1-87）。

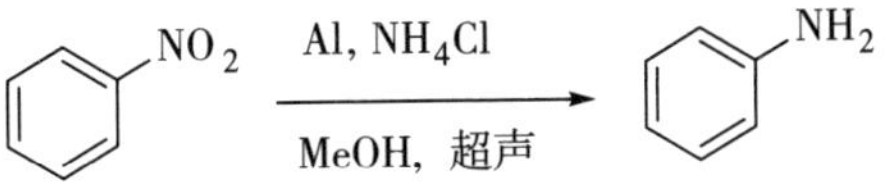

$$PhNO_2 \xrightarrow[\text{MeOH, 超声}]{Al,\ NH_4Cl} PhNH_2$$

图 1-87 超声辅助还原制备芳胺

（3）加成反应。超声波在加成反应中的应用也十分广泛。在苯乙烯与四乙酸铅［Pb（OAc）$_4$］的反应中，超声波辐射 1 h，自由基反应产物的产率为 39 %，而常规搅拌 15 h，只能得到 33 % 的产率（图 1-88）。

$$PhCH{=}CH_2 \xrightarrow[AcOH]{Pb(OAc)_4} Ph-\underset{OAc}{CH}CH_2CH_3 + Ph-\underset{OAc}{CH}CH_2OAc + PhCH_2CH(OAc)_2$$

自由基反应产物　　　　离子反应产物

图 1-88 超声辅助加成反应

在烯烃分子中直接引入 F 原子的报道很少，这一反应通常要用到一些危险试剂，如 F_2、HF 和 HF- 吡啶络合物等。但采用超声波辐射的方法进行工艺改进，则可很方便地在分子中引入 F 原子（图 1-89）。

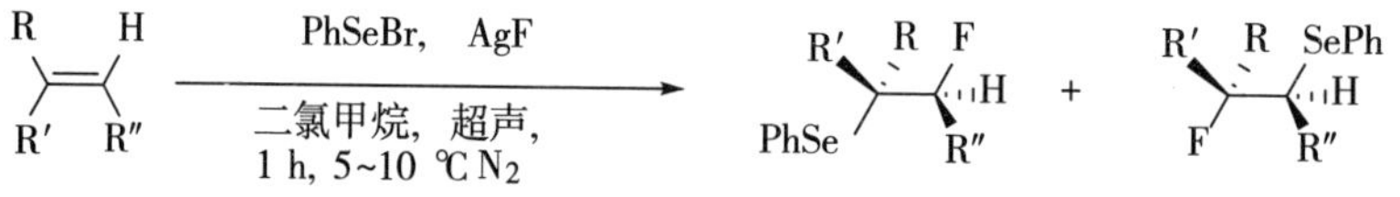

图 1-89　超声辅助氟加成反应

在西蒙斯 - 史密斯反应中，如果没有活化的锌，反应很难进行，经典的方法是用碘或锂作活化试剂，使锌和二碘甲烷与烯烃反应，由于反应放热量大，很难控制。Repic 等使用超声波避免了活化过程，产率可达 91 %，而通常的方法则只有 51% 。类似的方法还可用于二磷环丙烷环的制备（图 1-90）。

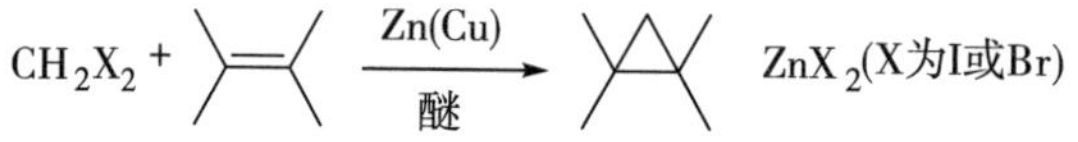

图 1-90　超声辅助制备环丙烷环

超声波能促进第尔斯 - 阿尔德反应的进行，并且提高其区域选择性。例如，在苯中回流 8 h，化合物 a、b 比例（物质的量之比）1 ∶ 1，产率为 15 %，而用超声波辐射 1 h，化合物 a ∶ b 比例（物质的量之比）5 ∶ 1，产率为 76 % 。Thibaud 等也报道了超声波可以加速环戊二烯与甲基乙烯基酮的第尔斯 - 阿尔德反应（图 1-91）。

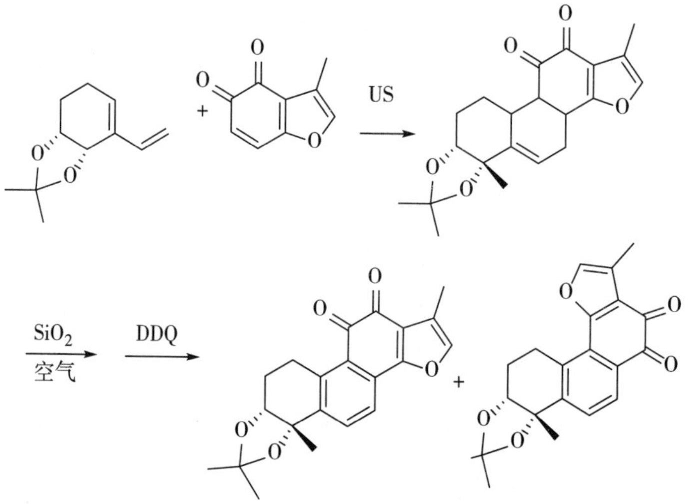

图 1-91　超声辅助环戊二烯与甲基乙烯基酮的第尔斯 - 阿尔德反应

同样，超声波对 1,3- 偶极环加成反应也有类似的作用。例如，下列 1,3- 偶极环加成反应在传统的加热反应条件下，反应 34 h，产率为 80 %；而超声波辐射只需 1 h，产率可达 81 %（图 1-92）。

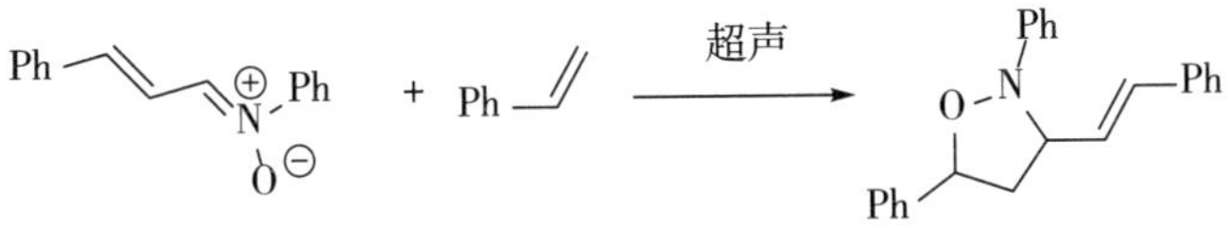

图 1-92　超声辅助 1,3- 偶极环加成反应

（4）取代反应。超声波的应用可以使取代反应的区域选择性增加和产率增高。苄溴与甲苯和 KCN 在 Al_2O_3 作用下的反应，如用机械搅拌得到的是 83 % 的二苯甲烷，而用超声波辐射则得到 76 % 的苯乙腈。（图 1-93）。

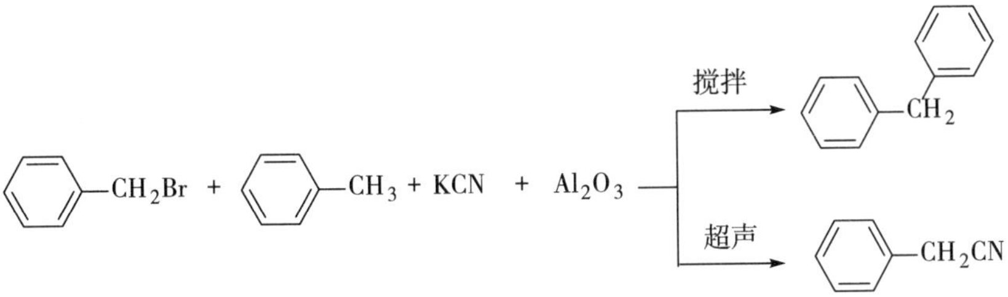

图 1-93　超声辅助制备氰基取代产物

（5）偶合反应。超声波在偶合反应中的应用研究也比较普遍，尤其是在乌尔曼型偶合反应中，如在没有超声波辅助的情况下，反应很少发生或根本不发生（图 1-94）。

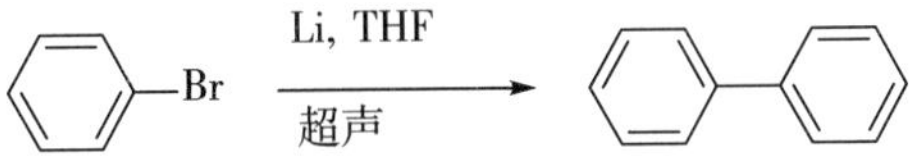

图 1-94　超声辅助乌尔曼型偶合反应

超声波也能促进碘对活泼亚甲基化合物在 Al_2O_3-KF 催化下的氧化偶合，产率可从常规回流条件的 65 % 提高至 86 %（图 1-95）。

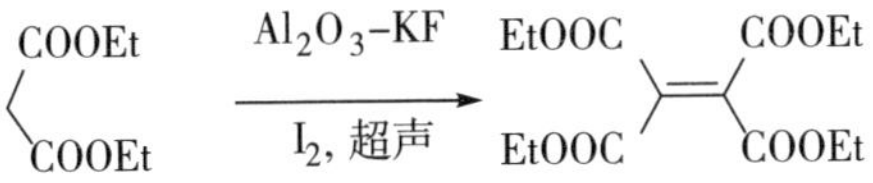

图 1-95　超声辅助氧化偶合反应

另外，如氯硅烷的偶合在没有超声波的情况下不能发生反应（图 1-96）。

$$Me_2SiCl_2 \xrightarrow[\text{超声, 20 min}]{\text{Li, THF}} Mes_2Si为SiMes_2 \quad \text{Mes为2,4,6-三甲基苯基}$$

图 1-96 超声辅助氧化偶合反应

（6）缩合反应。在克莱森－施密特缩合反应中，采用超声辅助合成方法，可使催化剂 C-200 的用量减少，反应时间缩短（图 1-97）。

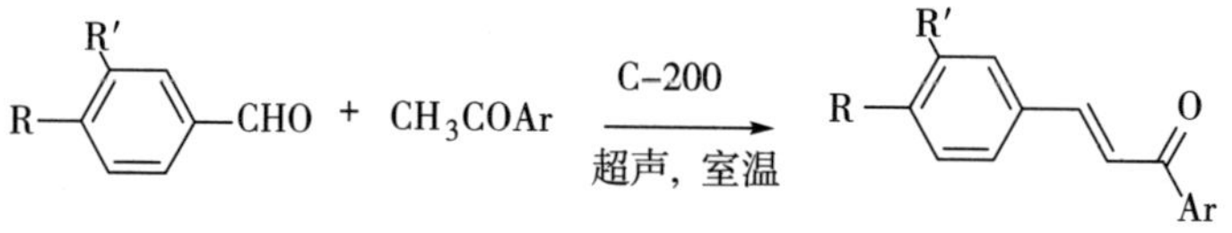

R′, R-C₆H₃-CHO + CH_3COAr —C-200 / 超声，室温→ R′, R-C₆H₃-CH=CH-C(=O)-Ar

图 1-97 超声辅助克莱森－施密特缩合反应

在典型的阿瑟顿－托德反应中，胺、亚胺及肟都易被磷酰化，而醇不能被磷酰化。但在超声波作用下，醇也能顺利地磷酰化，且产率可达 92 %（图 1-98）。

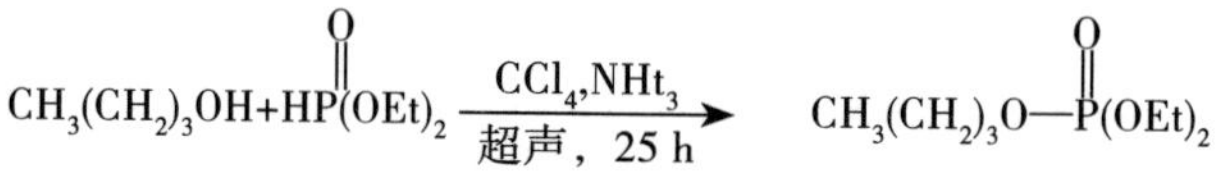

$$CH_3(CH_2)_3OH + HP(O)(OEt)_2 \xrightarrow[\text{超声，25 h}]{CCl_4, NHt_3} CH_3(CH_2)_3O{-}P(O)(OEt)_2$$

图 1-98 超声辅助阿瑟顿－托德反应

1.4 光化学研究

光化学是研究被光激发的化学反应。有机光化学反应一般是指有机化合物在可见光或紫外光诱导下所发生的化学转换。有机化合物的键能一般在 200 ～ 500 kJ/mol，因此分子吸收波长在 239 ～ 600 nm 的光受到激发，由基态跃迁到激发态，成为活化分子，处于激发态的分子都是不稳定的，激发态的能量越高，其稳定性越差，通过辐射放出荧光 / 磷光或引发化学反应释放出激发能而转变为更稳定的电子状态。分子由基态跃迁到激发态可能的方式有 σ-σ *、n-σ *、π-π *、n-π * 等，通常有机光化学反应是由后两种跃迁方式引起的。

1.4.1 光化学合成的概述

光化学合成法作为一种技术手段，凭借其绿色环保、条件温和、低能高效、操作简单、选择性好、重现性好等优势，逐渐成为现代合成工业和科学研究最基本也是最重要的物理化学方法之一。光化学合成法在化学化工、医药、高分子材料、生命科学、环境保护、助剂、感光材料、新能源和信息技术等领域使用较多。

1.4.1.1　光的定义及分类

在学习光化学前首先要了解光。光一般可以认为是一种电磁波，每一份光量子的能量 E 等于普朗克常量 h（6.626×10^{-34} J·s）与光的频率 v 的乘积，光的频率 v 为光速 c（2.998×10^{10} cm/s）与波长 λ 之比。因此，一个光量子具有的能量为 1.986×10^{-23} J·cm 与 λ 之比，该值乘以阿伏伽德罗常量（$6.022\,5\times10^{23}$ mol^{-1}），即 1 mol 光量子的能量［11.96（J·cm）/mol 与 λ 之比］，称为 1 N_A。波长 400 nm 的光的能量约 300 kJ/mol，与键能（120~840 kJ/mol）相当，大于一般反应的活化能，即光化学反应的理论依据。

光的分类方法很多，一般可以根据光源发光原理、波长等进行分类。

第一种分类：根据光源发光机理分类。①热效应发光，如太阳光等；②原子发光，如霓虹灯光，具有独特的基本色彩；③同步加速器发光，该类光在生活中很少见到。

第二种分类：根据波长区间进行分类。①无线电波（频率大约为 30 000 000 kHz（30 GHz）以下，或波长大于 1 mm 的电磁波），如电视、无线电广播、手机等使用的波段；②微波（300 MHz~300 GHz 的电磁波，波长为 1 mm~1 m），如雷达等通信系统中使用的波段；③红外线（频率为 0.3 THz ~ 400 THz，对应真空中波长为 750 nm~1 mm），主要应用此波段产生的热效应；④可见光（频率为 380 THz ～ 750 THz，波长为 400 ~ 780 nm），是人眼的感光波段；⑤紫外线（频率为 750 THz ~ 30 PHz，对应真空中波长为 10 ~ 400 nm），该波段有显著的化学效应和荧光效应；⑥伦琴射线（频率范围为 30 PHz ～ 300 EHz，对应波长为 0.01 ～ 10 nm）；⑦伽马射线［波长短于 1 nm，频率超过 30 EHz（3×10^{19} Hz）］。

1.4.1.2　光化学反应特点及分类

一般而言，有机光化学反应研究波长为紫外光 200 nm 到可见光 700 nm 之间的化合物的化学反应。光化学反应过程中产生的高能量激发态分子，从而能够生成基态难以形成的高内能产物，即可取得热化学合成方法不能或很难完成的合成工作。

光化学的特点如下：①光在生态学上是一种十分干净的“试剂”；②光化学反应一般在较温和的条件下进行，使工业生产环境安全、操作过程简单易行；③光化学合成法有时可以取代几步热化学反应，减少合成步骤；④光化学反应因高能量激发态可得到与热化学不同的产物。

光化学反应可以根据光源和引发方式等进行分类。据光源分类可分为避光反应、可见光反应、紫外光反应等；根据引发方式可以分为光直接引发、光引发剂引发和光敏剂间接引发三种。常见的光引发剂包括偶氮二异丁腈（AIBN）、过氧化二苯甲酰（BPO）等；常见的光敏剂有二苯甲酮和荧光素、曙红等。

1.4.1.3 光化学与热化学的适用条件

光化学与热化学在反应原理和适用条件存在较大的差别。①基态和激发态分子的电子排列顺序不同。光化学反应能产生的高能量激发态分子，体系中分子能量的分布属于非平衡分布；热化学反应也产生活化分子，但体系中分子能量的分布服从玻耳兹曼分布。②两者所需活化能不同。光化学需要采用光能引发反应；而热化学需要加热产生分子的剧烈运动与碰撞才能进行反应。③光化学反应只需有可被物质吸收的光，反应就能在较低的温度下完成；而热化学反应一般需要在较高的温度下才能完成。

1.4.2 光化学合成法在有机合成中的应用

光化学反应因其绿色环保、条件温和、低能高效、操作简单、选择性好、重现性好等特点应用前景良好。日常生活中的光化学反应较常见，如感光材料应用于照相术、光合作用生产绿色有机食品、光硝化合成纤维的单体、光化学法合成维生素、光催化反应研究和处理环境污染问题等。 醛、酮等羰基因其具备双键、烯丙基等吸收光波的敏感基团，可作为光化学研究对象进行光化学反应研究。

1.4.2.1 光环化加成、光加成

（1）邻苯二甲酰亚胺（NMP）化合物的内环光加成。2003 年，刘庆俭等报道了 NMP 与烯烃反应光内环反应，其主要反应历程为烯键 C＝C 插入酰亚胺部分 C（O）—N 键之间，发生分子内［2+2］环加成反应而环化，扩环生成苯并氮杂草二酮，该反应具备区域专一性、立体专一性的特点（图 1-99）。

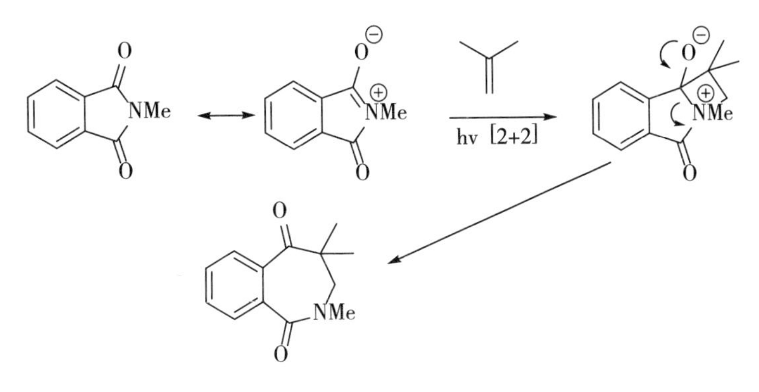

图 1-99 NMP 的分子内光环化加成

（2）硝基光环加成。硝基光环加成反应以硝基苯与环己烯为起始原料，经过光化学环加成反应，生成 1,3- 二氧 -2- 氮杂环戊烷衍生物。此反应需要在较低的温度下进行，以二苯酮作敏化剂，全氟萘作淬灭剂（图 1-100）。

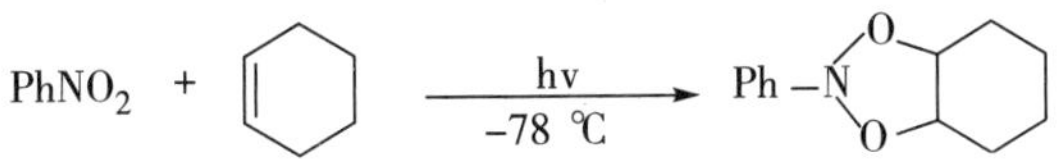

$PhNO_2$ + 环己烯 $\xrightarrow[-78\ ℃]{hv}$ Ph–N(O)(O)

图 1-100 硝基光环加成

（3）共轭二烯的环加成。共轭二烯的环加成反应通过多取代共轭二烯的稀溶液的光照激发，生成相应的环丁烯衍生物，是最重要的环化反应的合成手段之一。例如，以 2,3- 二甲基 -1,3- 丁二烯为原料，惰性溶剂为溶媒，经光照激发，可以得到 1,2- 二甲基环丁烯化合物，该反应产率为 71%（图 1-101）。

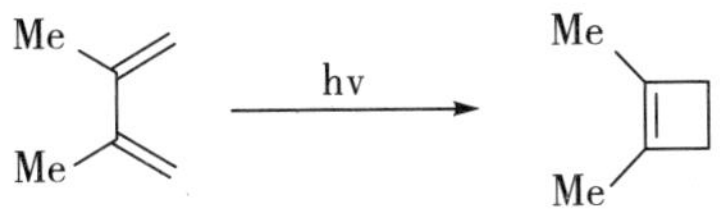

Me, Me $\xrightarrow{hv}$ Me, Me

图 1-101 共轭二烯的分子内环加成

（4）烯烃与甲醇的光加成。在光照引发下，以烯烃为原料，无酸性催化剂，烯烃与醇发生亲核加成，可以得到符合马氏规则的合成产物。例如，采用乙基环己烯与甲醇为起始原料，在紫外光照射下，则生成 1- 乙基 -1- 甲氧基环己烷；而以 1,1- 二苯基乙烯与甲醇为起始原料，采用同样的光化学反应条件，则可以生成 1,1- 二苯基乙基甲基醚（图 1-102）。

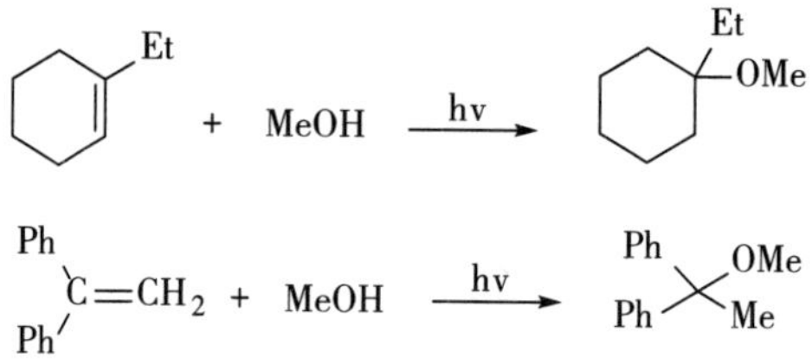

Et + MeOH $\xrightarrow{hv}$ Et OMe

Ph Ph C=CH_2 + MeOH $\xrightarrow{hv}$ Ph Ph OMe Me

图 1-102 烯烃与甲醇的光加成

1.4.2.2 光氧化、还原反应

（1）σ-羰基酮的光氧化反应。Suginome 等报道了光照射下，以苯作为溶剂，在氧化汞（HgO）和碘单质（I_2）作用下，发生氧化五元、六元-羟基环酮的反应，得到对应的环状酸酐（图 1-103）。

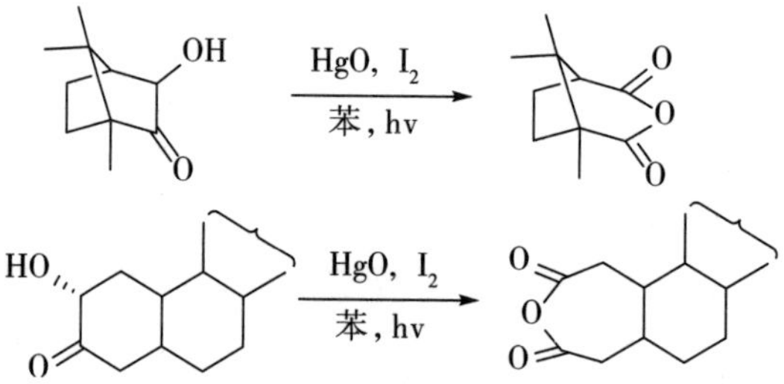

OH O $\xrightarrow[苯, hv]{HgO, I_2}$ O O O

HO O $\xrightarrow[苯, hv]{HgO, I_2}$ O O O

图 1-103 σ-羰基酮的光氧化反应

（2）环酮的光还原反应。在光照射条件下，以环己烷作溶剂，采用不同环大小的环酮为起始原料，因其环的张力和电子效应不同，可以通过光化学还原反应，得到不同类型的羟基环烷烃（图 1-104）。

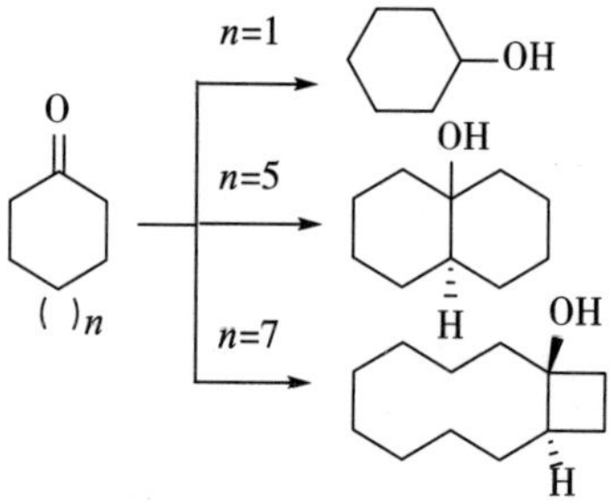

O ( )*n*

n=1 OH

n=5 OH H

n=7 OH H

图 1-104 环酮的光还原反应

1.4.2.3 光取代

（1）β-光取代反应。1999 年，Mikami 等报道了环酮的 β-光取代反应。即

在 λ > 300 nm 高压汞灯照射条件下，以甲醇作溶剂，σ,β- 不饱和环己酮与甲锡烷基醚为原料，反应可得到 β- 光取代的产物产率颇高（图 1-105）。

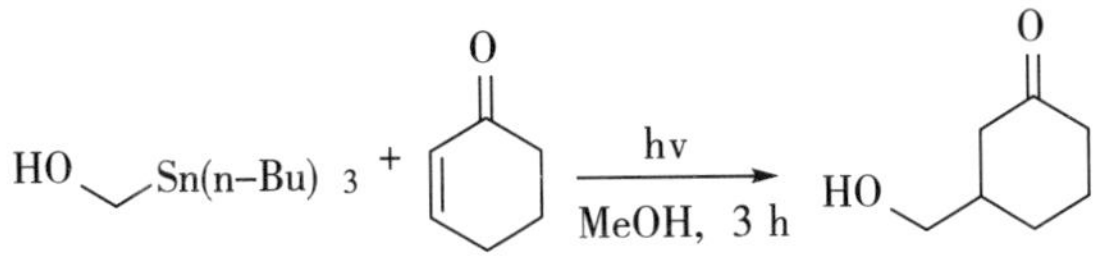

图 1-105 β－光取代反应

（2）σ- 卤代芳烃的合成。在可见光照射下，水作为溶剂，室温条件下，以邻二甲苯与溴为起始原料，可以得到 σ,σ'- 二溴邻二甲苯，产率为 79%；而以苯异丙烷和氯为起始原料，经过类似光化学条件，则可以合成 2－氯－2－苯丙烷，产率接近 98%（图 1-106）。

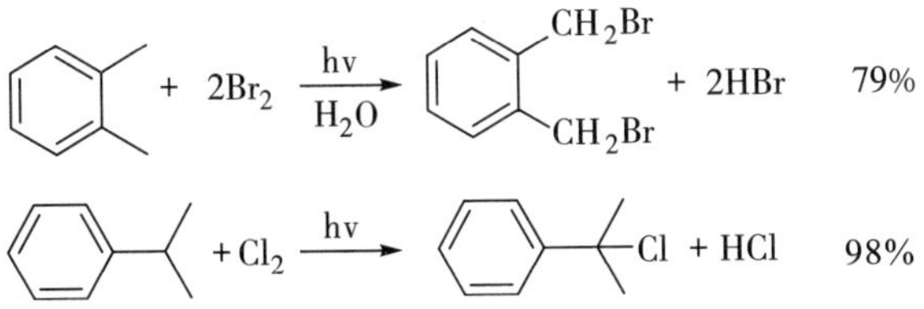

图 1-106 光引发 σ－卤代芳烃的合成

（3）芳香族的亲核取代反应。在光化学条件下，亲核试剂作用的不是吸电子基取代芳香环的邻对位，而是被活化的间位，通过光化学亲核反应可以获得与热化学不同的产物，如间硝基苯甲醚与液氨反应生成间硝基苯胺（图 1-107）。

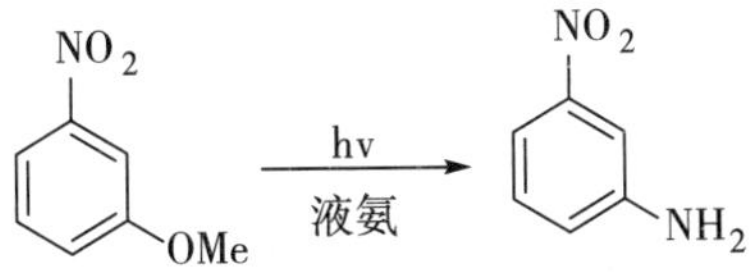

图 1-107 光引发芳香族的亲核取代反应

1.4.2.4 光解、光聚反应

（1）芳香环酮的光解反应。2000 年，Ono 等探索了含硫芳香酮杂环化合物在苯和乙醇溶剂中的光化学反应，发现了含硫芳香酮化合物光化学反应具有选择性，可得到相应不同的光化学产物（图 1-108）。

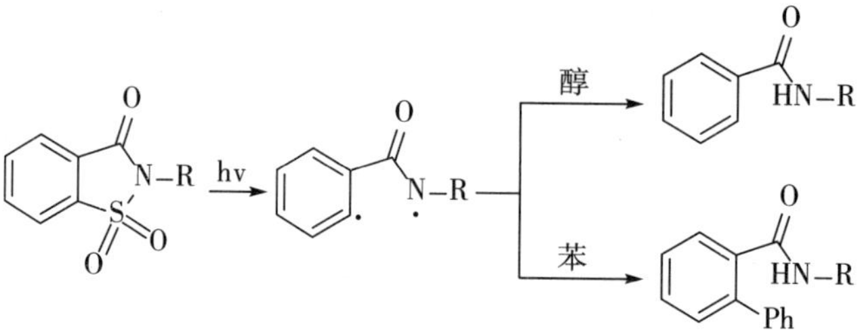

醇
苯
图 1–108　芳香环酮的光解反应

（2）丁二烯的光聚反应。化合物的存在状态不同，光化学反应的产物也不同。例如，光照条件下，丁二烯在溶液状态可以生成环丁烯和双环丁烷；而丁二烯以蒸气状态，经过光化学可以生成丁炔、甲基丙二烯、聚合物、乙炔、乙烯、甲烷、氢气等（图 1–109）。

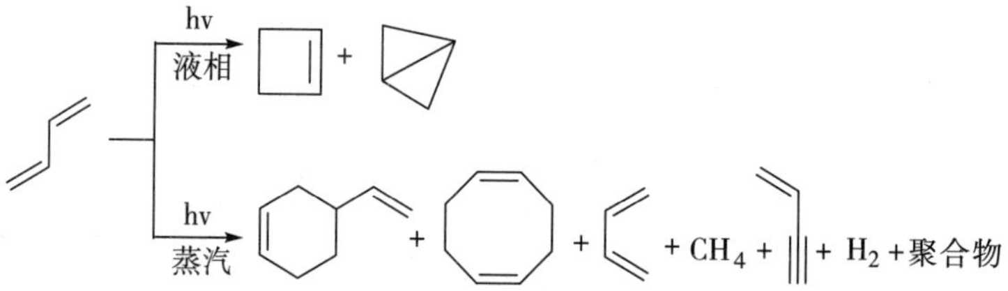

图 1–109　丁二烯的光解反应

1.4.2.5　新型有机光化学反应

1998 年，谭成权报道了以 1-N- 苯甲酸 -4- 氨基 -1- 氮杂丁二烯为起始原料，以甲醇或者四氢呋喃为溶剂，在光照条件下，合成了 3 位氢原子的取代喹啉，上述化合物是抗癌和抗疟药物等方面的重要中间体（图 1–110）。

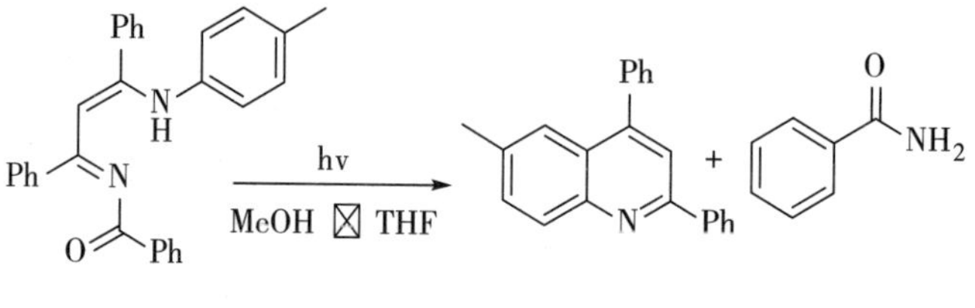

图 1–110　光合成取代喹啉

2004 年，Howard 等报道了以 1- 甲基 -5,5- 二苯基取代 -5,6- 二氢嘧啶 -2(1H)酮为起始原料，在光化学的作用下，产生一个重排二聚体产物，为杂环化学提供了一个新的思路（图 1–111）。

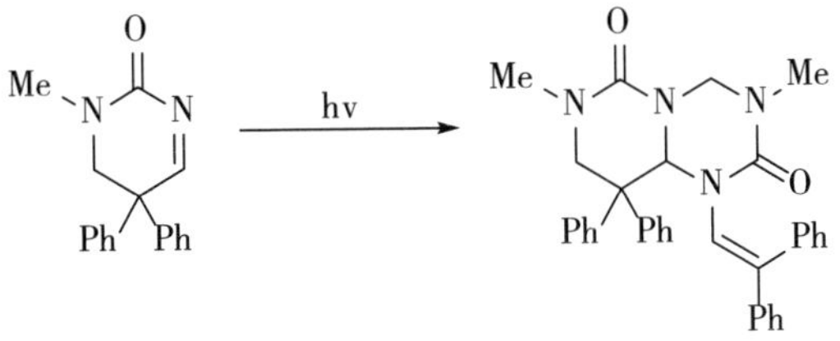

图 1-111 光合成氮杂化合物

2005 年，Benjamin 科研团队报道了紧凑型流动反应器已经被构建和优化，以进行大规模的连续有机光化学反应。反应器由市售或定制的浸井设备结合紫外透明、耐溶剂的氟聚合物（FEP）油管构建。通过 N- 取代马来酰亚胺 1 与 1 - 己炔的［2 + 2］光环加成反应生成环丁烯产物 2 和 3,4 - 二甲基 -1- 戊 -4- 烯基吡咯 -2,5 - 二酮 3 的分子内［5 + 2］光环加成反应生成双环氮杂卓化合物 **4** 来评估反应器。在连续 24 h 的处理周期内，反应器可以生产超过 500 g 的化合物 **2** 和 175 g 的化合物 **4**。由于辐照时间的易于控制，连续流反应器也被证明比间歇反应器更适合在更大尺度上进行光有机化学反应（图 1-112）。

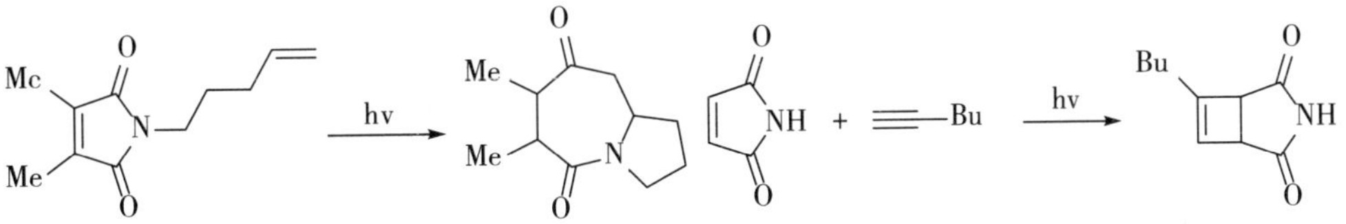

图 1-112 管式［2+2］光加成

2006 年，Lukas 等发现紫外照射 2-（甲氧基甲基）-5- 甲基 -σ- 氯代苯乙酮在含有痕量水的情况下生成环内酯，而不含水的条件下生成戊酮，为选择性有机合成提供了新方法（图 1-113）。

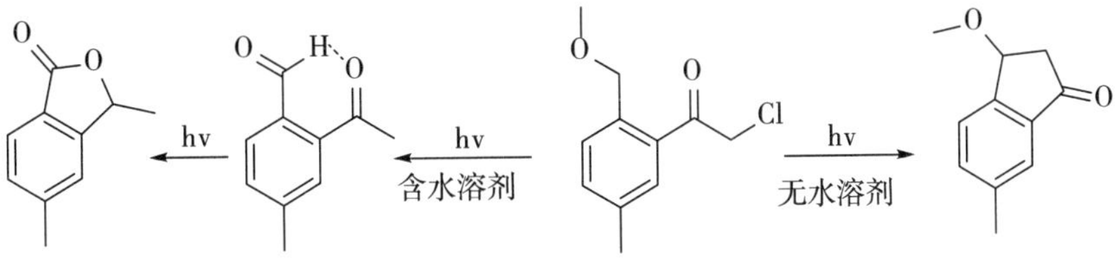

图 1-113 光催化选择性有机合成

2008 年，Takeshi 等研究利用光化学将烃类的硒化物转变成相应的羰基化合物。该项研究表明，芳烃的硒化物是一种潜在的羰基化合物，为有机合成羰基化合物提供了一条温和、简单的新途径（图 1-114）。

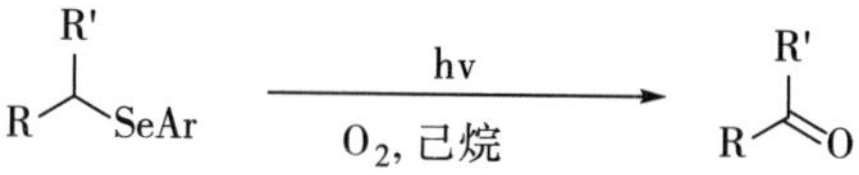

图 1-114 光合成芳烃的硒化物

2009 年，Padwa 报道了利用光反应产生活性中间体。通过［1,3］- 偶极环加成反应、分子内［ 4 + 2］-2- 氨基呋喃环加成反应等，最终得到具有生物活性的生物碱（图 1-115）。

图 1-115 光合成生物碱

1.5 1,4- 二氢吡嗪的光化学性质研究

目前，吡嗪的光化学性质研究的主要相关报道包括吡嗪的光谱特征、光稳定性、光化学反应等。辛红兴等报道了 1,4- 二氢吡嗪的光化学性质研究的方法和手段。光化学性质的研究包括光谱、光稳定性、光化学反应等。光谱的研究主要是研究光谱特征与化合物结构的关系，以及光谱吸收和发射光波的特点等。常用的光谱包括紫外 - 可见光谱、荧光光谱、红外光谱等。光稳定性的研究是指研究化合物在光波照射下抵抗变质、降解的能力，可为物质的存储和应用等提供指导。光化学反应的研究内容是由激发态分子所引发的化学反应，电子激发态分子通常是通过吸收可见光或者紫外光（200 ～ 700 nm）的电磁波辐射产生的。光化学反应可以产生与普通分子性质不同的激发态分子，从而成为制备新化合物的一种特殊途径。

1.5.1 1,4- 二氢吡嗪的光谱特征及光稳定性研究

可以采用采用紫外 - 可见光分光光度法、荧光光谱、傅里叶变换红外光谱法、量化计算等方法来研究化合的光谱特征。

化合物的光稳定性研究可以通过高效液相色谱法、紫外-可见光分光光度法等手段来研究化合物在光不同波段、温度、pH值、溶剂等不同条件下稳定性，确定适合光化学反应的光反应条件。光波范围可以通过滤光液、滤光片等实验室常规手段实现，全波长光波大于或等于200 nm可以通过450 W中压汞灯直接照射；320～540 nm的光波可以凭借450 W中压汞灯通过25%（体积分数）的$CuSO_4 \cdot 5H_2O/NH_3 \cdot H_2O$的滤光液实现；280～320 nm的光波可以借助450 W中压汞灯经过UVB滤光片实现；而200～280 nm的光波可借助450 W中压汞灯经过UVC滤光片实现。

1.5.2　1,4-二氢吡嗪的液相光化学反应研究

吡嗪的光化学反应主要包括吡嗪异构化反应、缩环反应、开环反应和取代反应等。

吡嗪的光化学异构化反应一般是指吡嗪在气体状态下经光照产生六元环同分异构体的反应。Lahmani研究小组报道了2,5-二甲基吡嗪和2,6-二甲基吡嗪的气体在中压汞灯照射下，生成一系列的同分异构体二甲基嘧啶化合物。此光异构化反应的机理是吡嗪的单线态生成一个类似休克尔苯的过度态，再进一步生成其同分异构体（图1-116）。

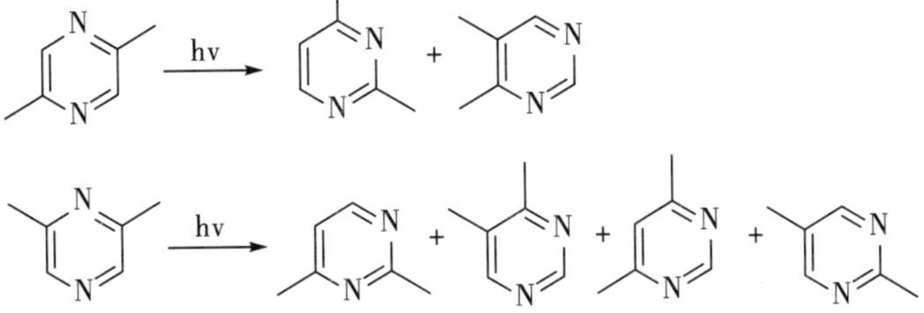

图1-116　吡嗪的光化学异构化反应

Pavlik科研团队以中压汞灯为光源，以标记的2,5-二氘吡嗪和2,6-二氘吡嗪蒸汽为起始原料，经光化学反应得到了不同的二氘代嘧啶和二氘代哒嗪，并用二氮杂棱柱（diazaprismane）机理和二氮杂预富烯（diazaprefulvene）机理对反应过程进行了详细的解释（图1-117）。

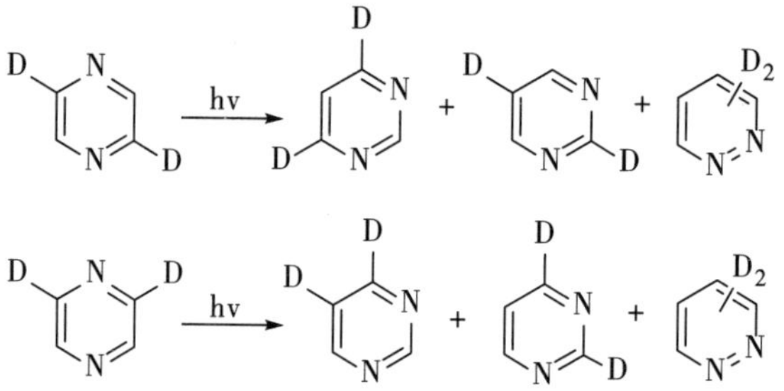

图 1-117　2,5- 二氘吡嗪和 2,6- 二氘吡嗪光化学反应

二氮杂棱柱机理推测如下：在光照的引发下，吡嗪 3-C 和 6-C 成键，生成 2,5- 二氮杂双环［2.2.0］己 -2,5- 二烯；继续反应，4-N 和 2-C，5-C 和 1-N 成键，生成一个立体的三棱柱结构；再异构化生成同分异构体二氮杂双环［2.2.0］己二烯，中间的键断开，生成嘧啶化合物（图 1-118）。

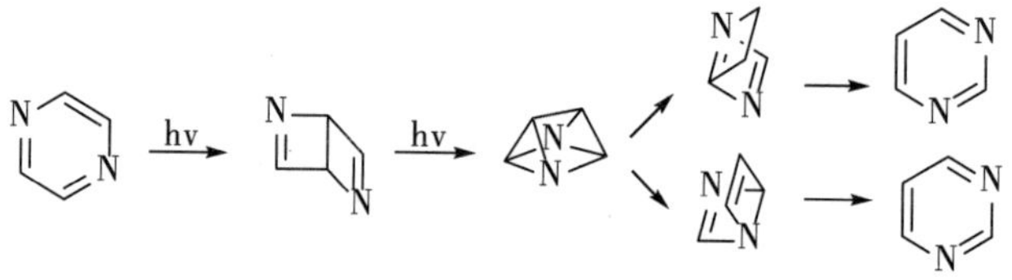

图 1-118　二氮杂棱柱机理

二氮杂预富烯机理推断如下：吡嗪在光照的引发下，2-C 和 6-C 成键生成活性的 3,6- 二氮杂 - 二环［3.1.0］己烯双自由基；然后通过结构互变生成二氮杂 - 二环［3.1.0］己烯双头自由基，再进一步生成稳定的二氮杂六元环化合物（图 1-119）。

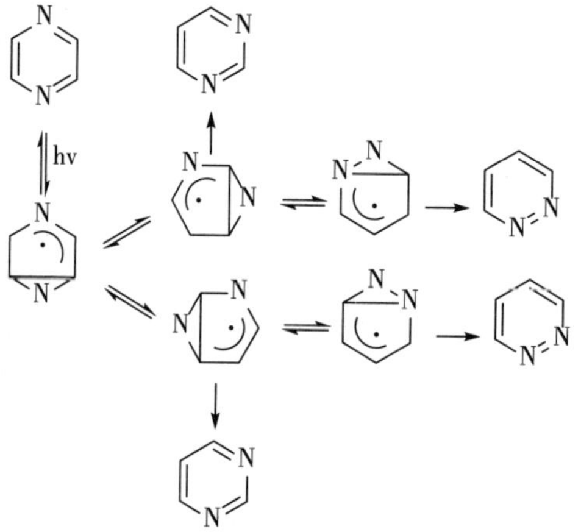

图 1-119　二氮杂预富烯机理

本书中，吡嗪光异构化指吡嗪环上取代基的异构化。Ikekawa 等人研究了 N-氧化吡嗪在极性溶剂中，经光照生成 2- 羟基吡嗪。Kawata 课题组研究了 N,N′-二氧化吡嗪在极性溶剂中，经光照可以生成两个同分异构体 2,3- 二羟基吡嗪和 2,5- 羟基吡嗪（图 1-120）。

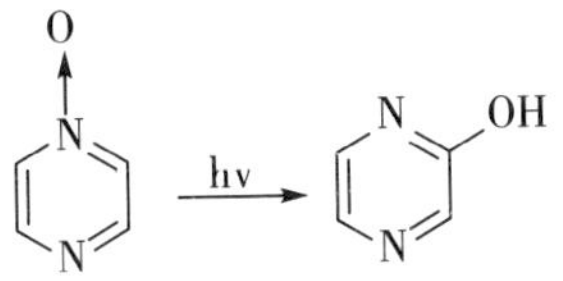

图 1-120　N,N′- 二氧化吡嗪光化学

吡嗪还可以发生光缩环反应，即由六元环的吡嗪经光照产生五元环的吡咯、吡唑、咪唑等化合物的反应。Nagy 等科研人员报道了 2,6- 二苯基 -1,4- 二芳基 -1,4- 二氢吡嗪的异丙醇溶液中，通入 HCl 气体，然后光照得到 2,5- 二苯基 -1-芳基 -1H- 吡咯（图 1-121）。

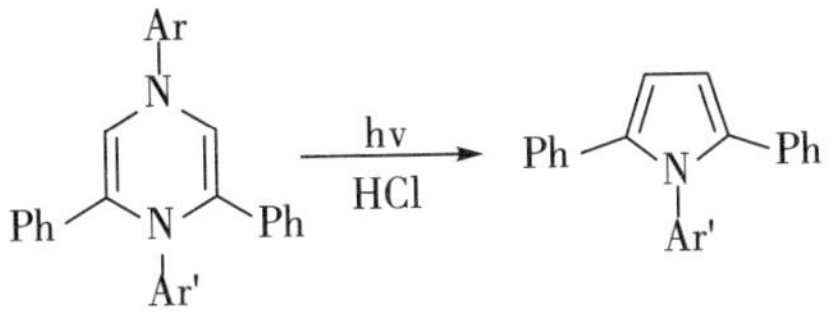

图 1-121　吡嗪的光缩环反应

Tsuchiya 等人报道了以 2,3,5- 三取代基 - 吡嗪 -1- 甲酸乙酯为起始原料，在光照的条件下，经过光环反应可以生成 3,4- 二取代基 -1H- 吡唑 -1- 甲酸乙酯（图 1-122）。

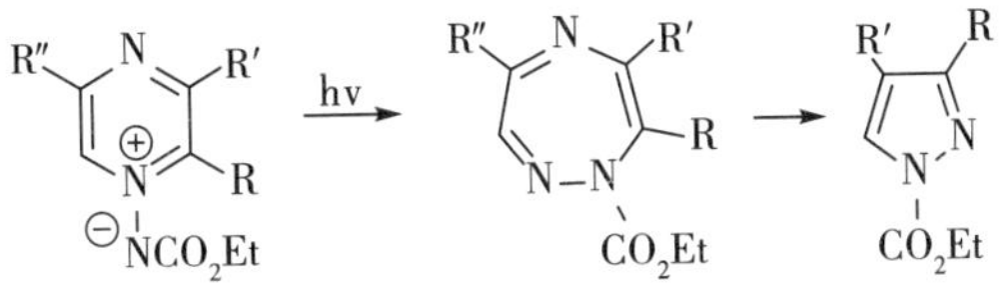

图 1-122　光化学制备 3,4- 二取代基 -1H- 吡唑 -1- 甲酸乙酯

Beak 等人报道了以 2,3- 二氢吡嗪化合物为原料，乙醇为溶剂，光照后可以得到 1,2,4,5- 四取代基 -1H- 咪唑和 1,4,5- 三取代基 -1H- 咪唑。Watanabe 科研团队则报道了 3- 叠氮基 -2,5- 二烷基吡嗪在乙醇溶液中，经过光化学反应，同样得到两种缩环产物，即 2,5- 二烷基 -1H- 咪唑 -1- 甲腈和 2,5- 二烷基 -1H- 咪唑（图 1-123）。

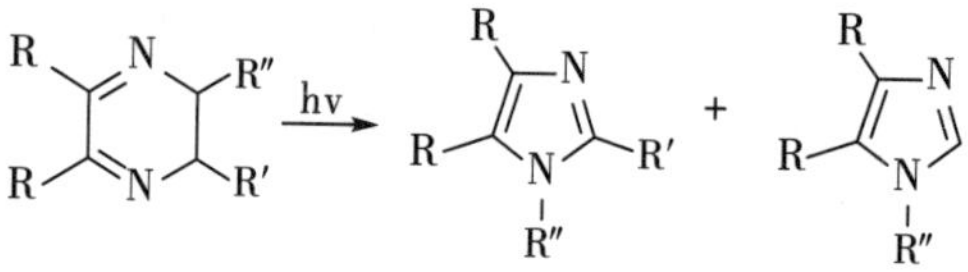

图 1-123 乙醇中 2,3- 二氢吡嗪化合物光化学反应

Matsuura 研究小组发现，以 5,6- 二甲基 -2,3- 二氢吡嗪为起始原料，以丙酮为溶剂，经过光化学可以得到丙酮参与反应的 1H- 咪唑化合物（图 1-124）。

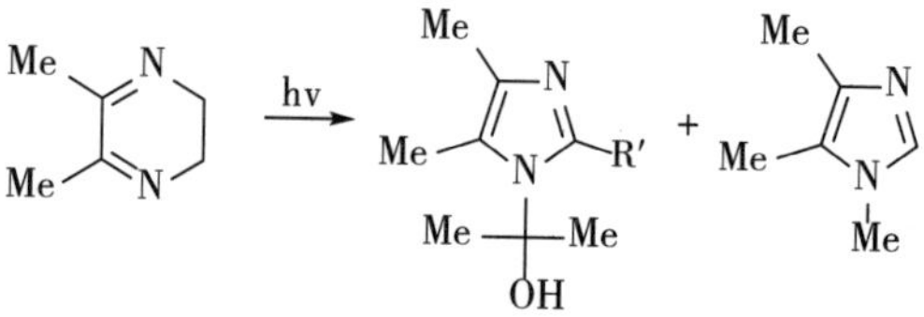

图 1-124 5,6- 二甲基 -2,3- 二氢吡嗪光化学反应生产 1H- 咪唑

吡嗪化合物还可以发生光开环反应，即吡嗪在光的作用下从环状结构变成线性结构的反应。Gollnick 等报道了 5,6- 二甲基 -2,3- 二氢吡嗪和 5- 苯基 -6- 甲基 -2,3- 二氢吡嗪在含氧的溶剂中，光照可以生成 1- 异腈基 -2- 酰胺基 - 乙烷（图 1-125）。

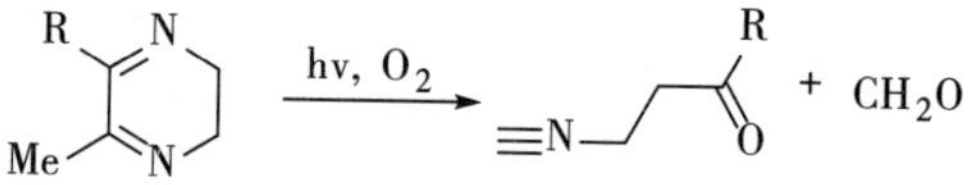

图 1-125 光化学反应制备 1- 异腈基 -2- 酰胺基 - 乙烷

Bhat 等研究人员报道了 5,6- 二苯基 -2,3- 二氢吡嗪在含氧溶剂中经光照可以生成 N,N′- 二苯甲酰基脲。此反应的机理可能是原料先经过光缩环反应生成咪唑化合物中间体，中间体再经过光氧化反应得到产物（图 1-126）。

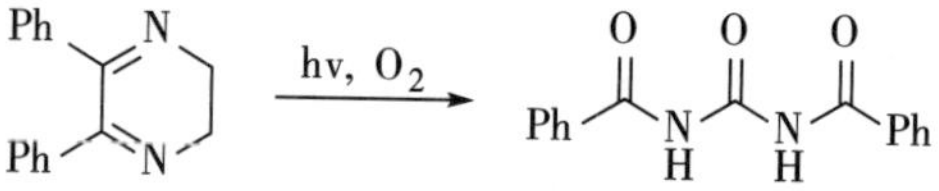

图 1-126 5,6- 二苯基 -2,3- 二氢吡嗪的光化学反应

吡嗪还可以发生光取代反应，即吡嗪及其衍生物在光照条件下被其他基团取代的反应。Yamada 研究团队报道了在乙醚或者四氢呋喃中，以 2,5- 二酰基 -3,6- 二烷基吡嗪为原料，经光照可以生成酰基被羟基取代的 2- 羟基 -5- 酰基 -3,6- 二烷基吡嗪和少量的溶剂加成产物（图 1-127）。

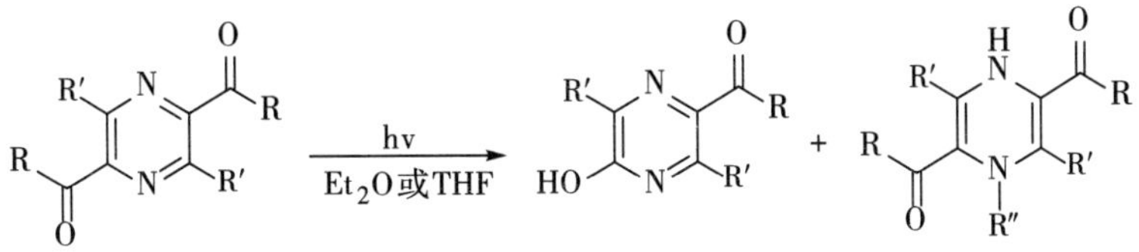

图 1-127　吡嗪的光取代反应

Igarashi 等人报道了以 N- 芳基 -N-［（三甲基硅基）甲基］酰胺为起始原料，乙腈为溶剂，光照 5,6- 二氯 - 吡嗪 -2,3- 二甲腈、2,3- 二氯喹和吡嗪 -2,3- 二甲腈，可以得到吡嗪环上的一个氢原子或者氯原子被 N,N′- 二酰基 -N- 芳基胺甲基取代的产物（图 1-128）。

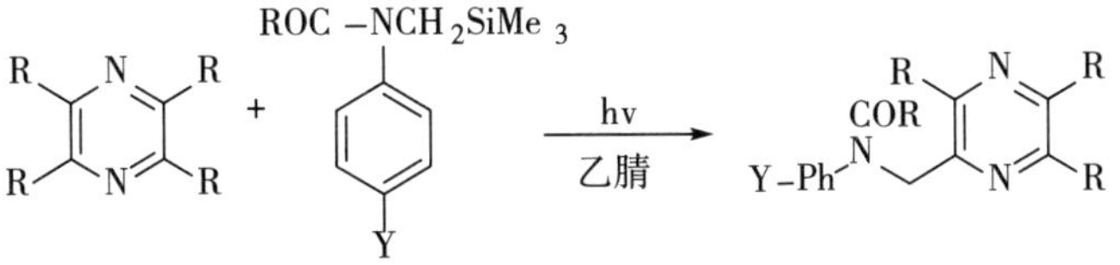

图 1-128　N- 芳基 -N-［（三甲基硅基）甲基］酰胺参与的光化学反应

谭洪波等报道了 N,N- 二酰基 -1,4- 二氢吡嗪的光化学氧化。该反应以中压汞灯为辐射光源，丙酮、THF 等为反应溶剂，分离出光氧化的主要产物。经过核磁氢谱、碳谱和 X 单晶衍射等图谱结构确认，发现 N,N- 二酰基 -1,4- 二氢吡嗪与氧的［2+2］环加成反应的 3 种相应产物（图 1-129）。

近年来，基于反应机理分析检测手段的日益成熟和普遍应用，1,4- 二氢吡嗪的普通液相光化学和固相光化学反应机理的相关报道逐渐增多。闫红教授研究团队采用自旋捕获法和电子共振技术研究了 1,4- 二氢吡嗪液相光化学反应的自由基类型和反应机理。

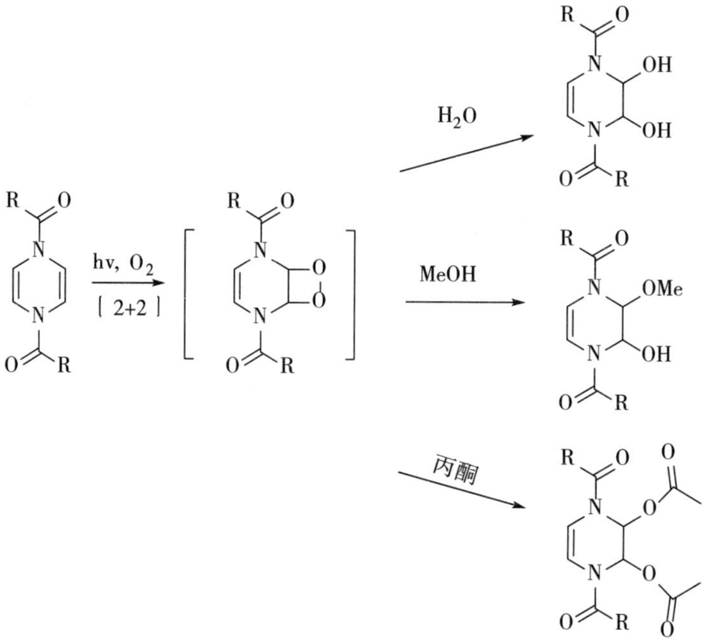

图 1-129　N,N- 二酰基 -1,4- 二氢吡嗪的光化学氧化

电子自旋共振（ESR）技术是常用的检测自由基方法。光化学反应一般都伴随有自由基反应，确认光化学反应中存在自由基的最原始的实验证据就来自电子自旋（顺磁）共振波谱仪方法。电子自旋共振技术的原理是依赖于样品中存在的未配对电子，其基本概念可用一个未配对的电子来描述，即一个带电而且自旋的电子犹如一个小磁铁，具有一个磁偶极矩。根据量子力学理论，未配对电子在外磁场作用下只可能有与外磁矩平行或反平行两种不同取向的磁矩，其相应能量一个为高能级、一个为低能级。当外加一个特定的高频磁场时，则低能级的未配对电子从高频磁场吸收能量跃迁至高能级，产生电子能与辐射能场共振，将该种能量吸收变为电信号进行放大检测，则得到 ESR 信号。

自旋捕获（spin trapping）是利用反磁性的自由基捕获探针（常用硝酮化合物和亚硝基化合物）与短寿命自由基发生加成反应生成更加稳定的顺磁性自旋加合物（氮氧自由基化合物）的技术。自由基的高度反应性使其能与溶液中绝大部分的分子进行快速反应，即决定了自由基在溶液中的浓度很低，存在时间很短，室温下直接利用 ESR 很难检测到寿命短的活泼自由基信号。尽管连续流动或低温冷冻等方法也曾用于某些瞬态自由基的直接检测，但上述方法或需要消耗大量的样品，或者需要改变自由基反应的实验条件，并且操作烦琐，故对检测光化学反应中的自由基不具实用性。自旋捕获即为解决上述问题诞生的一种短寿命自由基分析技术。该技术利用反磁性的自由基捕获探针与短寿命自由基发生加成反应生成更加稳定的顺磁性自旋加合物，然后通过 ESR 波谱检测得到特征性的 ESR 信号，从而实现检测自由基的目的（图 1-130）。

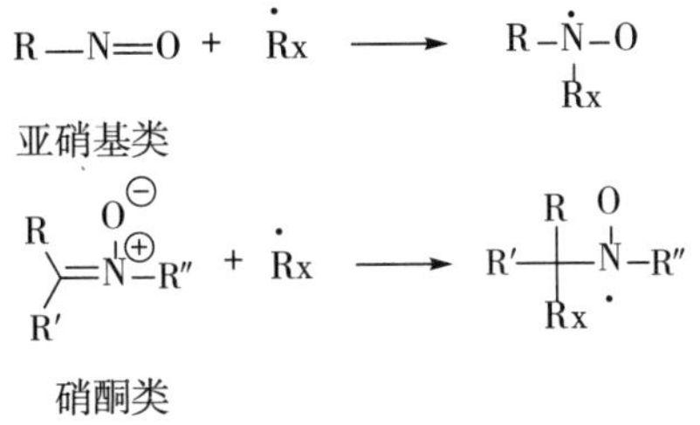

R—N=O + Ṙx ⟶ R–Ṅ(Rx)–O

亚硝基类

RR′C=N⁺(O⁻)–R″ + Ṙx ⟶ R′–C(R)(Rx)–Ṅ(O)–R″

硝酮类

图 1-130 ESR 波谱检测自由基

综上所述，1,4- 二氢吡嗪的合成主要采用 1,4- 二氢吡嗪环的构建法或吡嗪环的结构修饰法。1,4- 二氢吡嗪环的构建法研究采取 N,N′- 二烷基 -1,4- 二氢吡嗪构建法，由于化合物不稳定，容易发生 N- 烷基的迁移；而 N,N′- 二芳基 -1,4- 二氢吡嗪的电子共轭结构作用比较稳定，其合成方法报道较多。在吡嗪环的结构修饰合成法报道中，利用硅基化作用和硼化反应合成的 N,N′- 二硅基 -1,4- 二氢吡嗪和 N,N′- 二硼基 -1,4- 二氢吡嗪。由于 N,N′- 二硅基 -1,4- 二氢吡嗪和 N,N′- 二硼基 -1,4- 二氢吡嗪的性质不稳定，不利于后续研究；而利用酰化反应和烯醇互变反应制备的 N,N′- 二酰基 -1,4- 二氢吡嗪，由于羰基的拉电子效应，性质相对比较稳定，可以满足后续的研究需要。

1.5.3 1,4- 二氢吡嗪的固相光化学反应研究

本书主要报道在固相光化学反应研究中，采用固相模板引导的［2+2］光环合反应。采用热台显微法筛选光环合模板化合物，采用混合溶剂挥发法制备 1,4- 二氢吡嗪与光环合模板的共晶体，通过对共晶体的光照，得到 1,4- 二氢吡嗪的［2+2］光环合产物。根据共晶体的 X 单晶衍射数据，探讨固相模板引导的 1,4- 二氢吡嗪［2+2］光环合的反应机理，为 2,5,8,11- 四氮杂四星烷的合成提供理论基础。

［2+2］光环合反应按反应的方式分为两种，一种是普通液相条件下的［2+2］光环合反应，一种是固相条件下的［2+2］光环合反应。普通液体［2+2］光环合发生反应时，反应物分子以游离的状态分散于溶剂中，分子无序排列，所以最终

光化学副反应多，产物复杂。因此，液相光化学条件下反应的选择性与分子在溶媒中的状态密切相关。固相［2+2］光环合反应发生反应时影响因素少，产物比较单一。该类反应产物及反应速度与分子的空间排列密切相关。X射线晶体学和光化学的研究已经表明，分子在晶体状态下也能发生较大振幅的运动，特别是在光激发后。光激发引起短期晶格不稳定，可以有效地驱动光化学反应，所以在晶体状态下进行光照也可发生［2+2］光环合反应。一般的固相光化学反应是指将纯度很高的固体反应物直接暴露在光源下，获取光子而发生［2+2］光环合反应。

［2+2］光环合反应广泛应用于立方烷（cubane）、高立方烷（homocubane）、五棱烷（pentaprismane）、四星烷（tetrasterane）等多面体烷类化合物的合成中。例如，二氮杂四星烷是由1,4-二氢吡啶的［2+2］光环合加成反应得到的，二氧杂四星烷是4H-吡喃的［2+2］光环合加成反应得到的（图1-131）。

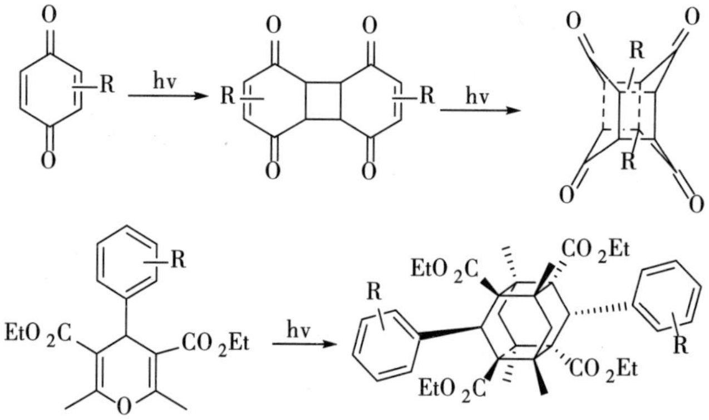

图1-131 ［2+2］光环合反应

固相的［2+2］光环合反应，反应物分子处于受限状态，分子构象相对稳定，避免了溶剂等因素的影响，反应物可以直接获取光子发生反应。但是反应物分子在晶体中处于非理想的排列时，大多数不发生反应，或者得到光环合产物的混合物，而且存在反应速度太慢、反应时间过长、反应不充分等固相反应常见的问题。

随着［2+2］光环合反应研究的逐步深入，考虑到大多数反应物分子的空间排列处于非理想状态，研究者使用模板分子的诱导作用使反应物分子呈现一个有利于反应的排列方式，其在光照下出现短期晶格不稳定性时，能有效驱动发生［2+2］光环合反应。Toda研究团队利用各种二元醇和烯烃分子间的氢键作用使烯烃“模板化”，提出了固相模板的概念（图1-132）。

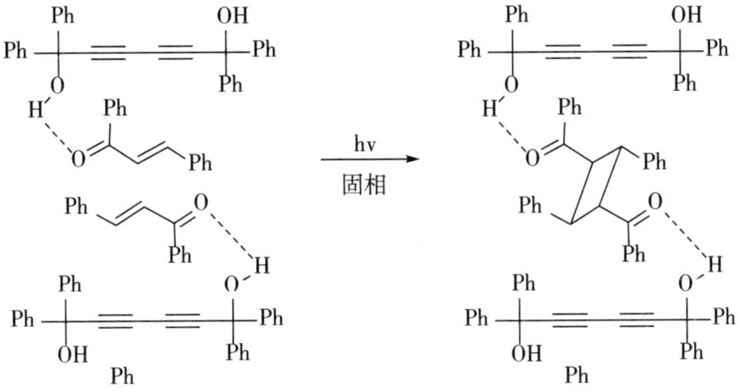

图 1-132 ［2+2］光环合反应固相模板

固相模板指的是可以和反应物形成包合物、共晶、络合物、溶剂合物、分子晶体等，使反应物分子处于预期排列方式的化合物。形成包合物的有环糊精和环芳烃，形成共晶的有硫脲和苯二酸等化合物。

固相模板引导的化学反应一般通过固相模板和反应物分子形成共晶体，引导反应物分子按照预期的反应要求排列，具有反应定向、副反应少、产物纯度高、产率高、无溶剂影响等优点。在共晶体系中，分子之间的相互作用力一般是氢键、π—π 键和分子间作用力，氢键键能远大于其他几种作用力，所以氢键是共晶形成的最重要的作用力。常用的共晶模板主要有硫脲、尿素、间苯二酚、邻苯二酚、邻苯二甲酸、间苯二甲酸、均苯甲酸、邻苯二胺、丙二酸等易形成氢键的化合物。

在［2+2］光环合反应的共晶体系中，模板分子之间通过氢键链接，以线状方式排列，反应物分子以垂直于线状模板的角度键合在线状的光环合模板上，反应物分子之间以平行的方式排列。［2+2］光环合模板的主要作用是引导反应物分子平行排列，同时化学键拉近反应物分子之间的距离，使两个分子之间的距离为 0.35~0.42 nm，以满足［2+2］光环合反应的基本条件。Bhogala 等用硫脲作为模板，利用苯乙烯基吡啶和硫脲之间的氢键作用形成按预期排列的晶体，通过光照得到［2+2］光环合反应产物（图 1-133）。

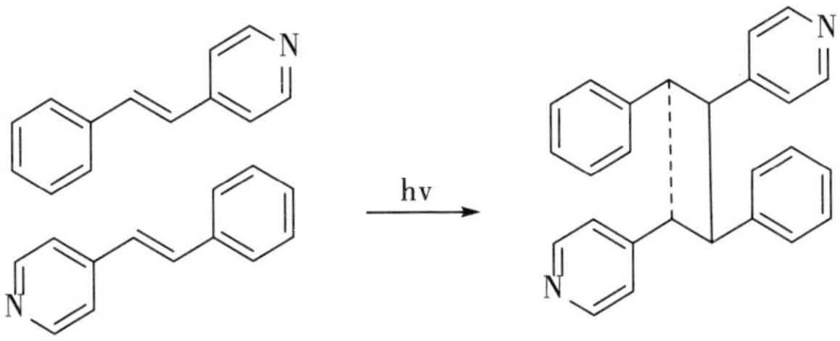

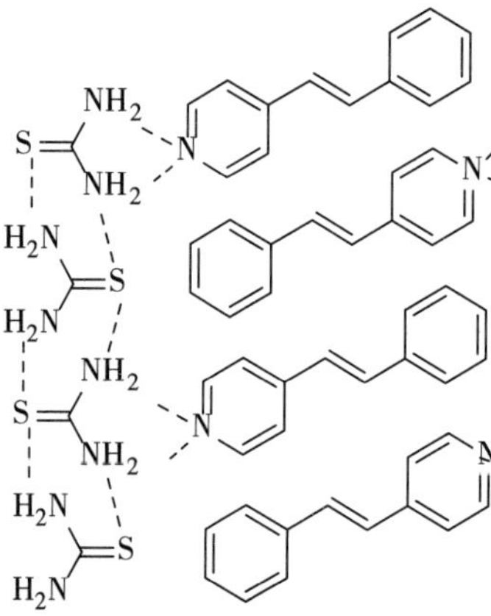

图 1-133 ［2+2］光环合反应固相模板

Pattabiraman 研究小组以间苯二酚为模板制备了 1,2- 二（吡啶 -4- 基）乙烯和间苯二酚的共晶，然后通过光照得到了［2+2］光环合化合物（图 1-134）。

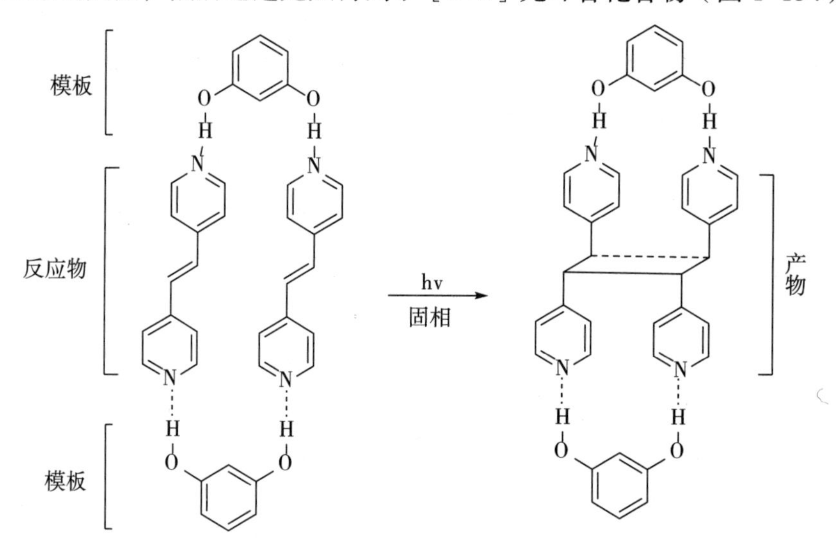

图 1-134 间苯二酚为模板的［2+2］光环合反应固相模板

共晶模板一般先通过分析反应物分子的结构特征，然后选择合适的固相模板。共晶模板的筛选方法包括溶液辅助研磨法、机械研磨法和热力学方法（如热台显微镜方法和差示扫描量热法）等。热台显微镜方法是常用的共晶筛选方法，具有简单和快速等优点。热台显微镜方法是将少量的两种物质放置在显微镜的载玻片上，随着温度的升高，一部分物质熔化，一部分保持固态，在两种物质之间形成一个条状的接触区，然后慢慢降温冷却。在热台显微镜下，A 和 B 两种物质相互接触区，如果只出现一个共熔点，说明两种物质之间没有相互作用，物质A和B之间不能形成共晶；如果出现两个共熔点和一个共晶点，则说明物质A和B之间能够形成共晶。

共晶模板的制备方法有溶剂挥发法和固体研磨法。溶剂挥发法的原理是依靠溶液的不断挥发，溶液由不饱和状态达到过饱和状态。固体研磨法是将共晶的组分按照一定的比例混合后，用研钵或球磨机进行研磨以制备共晶。采用溶剂挥发方法得到的共晶，其组成可以控制，基本是单一组成，而采用固体研磨法得到的总是混合晶体，共晶体的组成不同。

在固相模板引导的1,4-二氢吡嗪［2+2］光环合反应研究中采用热台显微法筛选光环合模板。1,4-二氢吡嗪的分子中都含有两个氮原子，特别是N,N′-二酰基-1,4-二氢吡嗪，还含有两个氧原子，应该可以和共晶模板分子形成氢键，形成共晶体。备选的光环合模板化合物有硫脲、间苯二酚、邻苯二酚、间苯二甲酸、邻苯二胺等。

采用混合溶剂挥发法制备1,4-二氢吡嗪和光环合模板的共晶体。1,4-二氢吡嗪属于中等极性，在极性大的和极性小的溶剂中都不易溶解，而光环合模板化合物的极性都较大，易溶于极性大的溶剂中。根据相似相溶原理，溶解1,4-二氢吡嗪和模板化合物的溶剂的极性差异较大，单一溶剂很难满足要求，所以考虑用混合溶剂制备共晶模板。在溶剂缓慢挥发的过程中，理想状态是模板化合物先析出形成线状排列的模板，1,4-二氢吡嗪随后析出并键合在模板分子上。选用苯和甲醇的混合溶剂可保证模板化合物先达到过饱和而析出，1,4-二氢吡嗪可以随之析出。

共晶体的检测先通过薄层色谱方法检测晶体是否含有1,4-二氢吡嗪和光环合模板两种化合物；如果含有两种化合物，再用熔点仪检测晶体熔点是否为单一熔点，或者用核磁共振确认两种化物的比例是否基本成整数比例。如果上述条件不满足，可以判断没有形成共晶。如果上述条件都满足，可以用X单晶衍射技术进一步确认。

采用一般固相光照的实验方法。在室温条件下，用在光稳定性研究中选定的光波照射共晶体进行1,4-二氢吡嗪共晶体的光化学反应，薄层色谱跟踪反应进程。

1.6 4H-1,4-噁嗪的光化学性质研究

4H-1,4-噁嗪的光化学性质研究报道主要集中于噁嗪的光分解反应、光氧化反应、光还原、光取代、光缩合、光重排反应等方面。

1978 年，Musso 等报道了 3-硝基-二苯并噁嗪的光分解反应。该反应以太阳光为光照源，苯为溶剂。对反应产物的结构进行鉴定，确认为两个光分解产物：42 %（质量分数）的 3-吩噁嗪酮和 13 %（质量分数）的 7-硝基-吩噁嗪酮（图 1-135）。

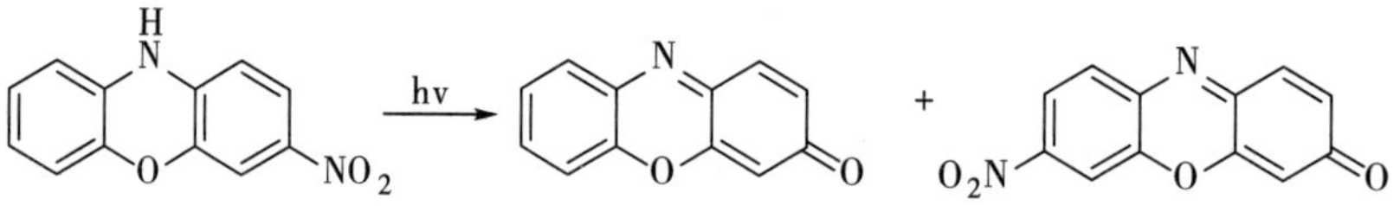

图 1-135　3-硝基-二苯并噁嗪的光分解反应

2014 年，谭洪波等研究了 2,4,6-三芳基-4H-1,4-噁嗪的光化学分解反应。其中甲醇为溶剂，450 W 中压汞灯为照射光源，该反应产物经核磁氢谱、碳谱以及 X 射线单晶衍射结构确认，最终确定反应为光化学分解，而产物为芳胺 N-甲醛和苯甲酸产物（图 1-136）。

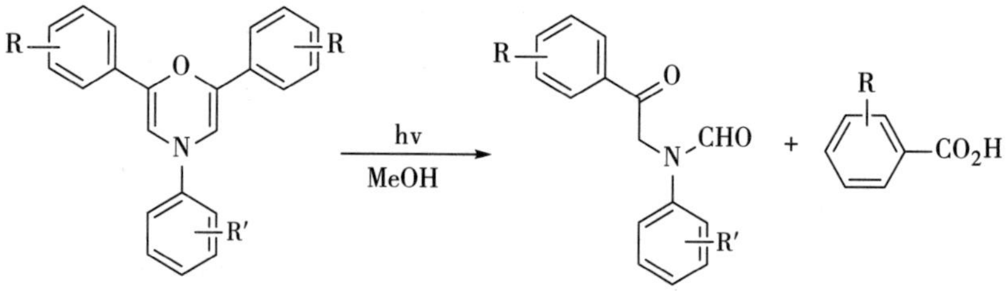

图 1-136　2,4,6-三芳基-4H-1,4-噁嗪的光分解反应

4H-1,4-噁嗪可以发生光氧化反应的研究。Lewis 和 Bigeleisen 科研团队采用高压汞灯作为光源，紫外光谱检测的办法，对二苯并噁嗪的光化学进行研究，提出二苯并噁嗪分子在有机溶剂中经过光照氧化反应后生成两种自由基分子：中性自由基分子和正电子自由基分子。Gegiou 等人利用光闪解的技术，对上述的光氧化反应进行了研究，确定了自由基分子的存在，并证实光氧化产物是 3-吩噁嗪酮（图 1-137）。

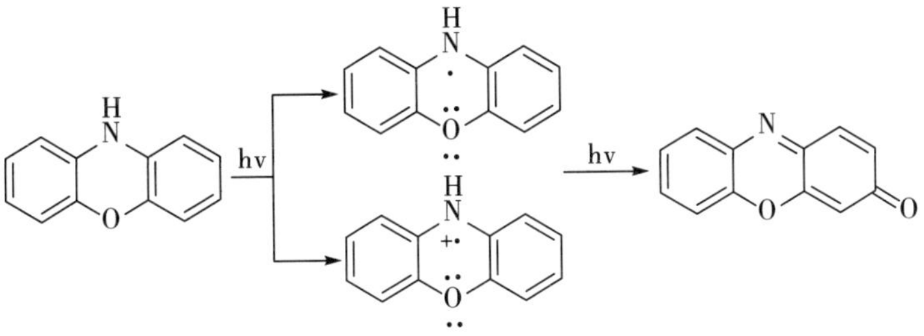

图 1-137 二苯并噁嗪的光氧化反应

4H-1,4- 噁嗪可以发生光重排反应的研究。Ivakhnenko 等科研工作者通过观察紫外吸收和荧光光谱的变化，发现了在光可引发条件下，2,4,6,8- 四叔丁基 -1- 对甲苯磺酰重氮基 -10H- 吩噁嗪可以发生分子内光互变异构（图 1-138）。

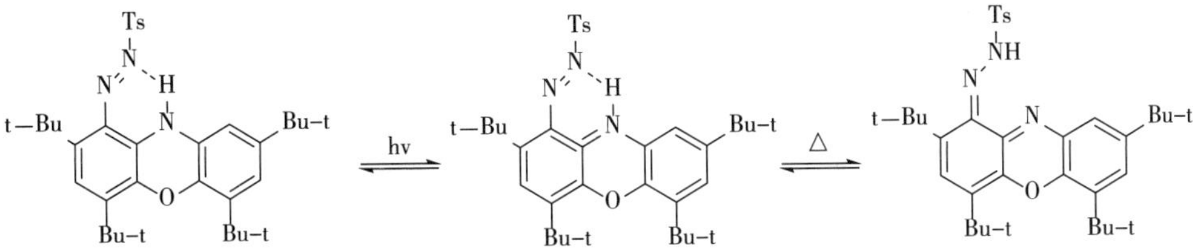

图 1-138 2,4,6,8- 四叔丁基 -1- 对甲苯磺酰重氮基 -10H- 吩噁嗪的分子内光互变异构

2010 年，Prostota 等报道了以异丙基酮或取代环已酮为原料，合成了一系列在手性噁嗪中心上具有大体积取代基的新型取代苯并［1,3］噁嗪。在溶液中，激光照射无色化合物促进了 C—O 键的断裂和［1,3］噁嗪环的开环，生成两性离子物种，其中包含 3H- 吲哚阳离子和 4 - 硝基苯酚阴离子，在 440 nm 处有强吸收。光生有色开放异构体呈热不稳定，恢复到最初的封闭形式，一级动力学和寿命需要 13~68 ns。上述光致变色开关非常稳定，在各种照射或暗循环的重复中没有明显降解（图 1-139）。

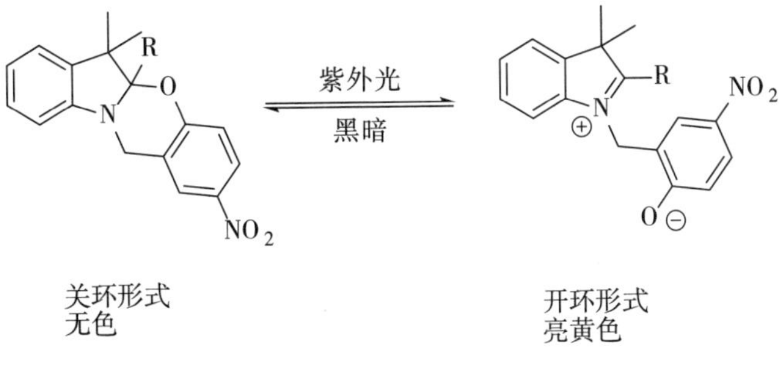

图 1-139 新型取代苯并［1,3］噁嗪的光致变色转换

1992 年，Marubayashi 科研团队研究发现了 6- 氯 -3,4- 二氢 -4- 甲基 -3- 氧代 -2H-1,4- 苯并噁嗪 -8- 羧酸甲酯在甲醇（MeOH）中发生独特的光化学反应，生成 4 个 β - 内酰胺类化合物，即 1 个 6 - 氯 - 2,9- 二氧代 -1- 甲基 -1- 氮杂螺环［3.5］壬 - 5,7 - 二烯 -8- 羧酸甲酯和 3 个 3 - 氯 -4-（ 1′- 甲基 - 2′- 氧氮杂环丁烷 - 4′ 取代基）-2- 烯 -1,1- 二羧酸二甲酯的立体异构体（图 1-140）。

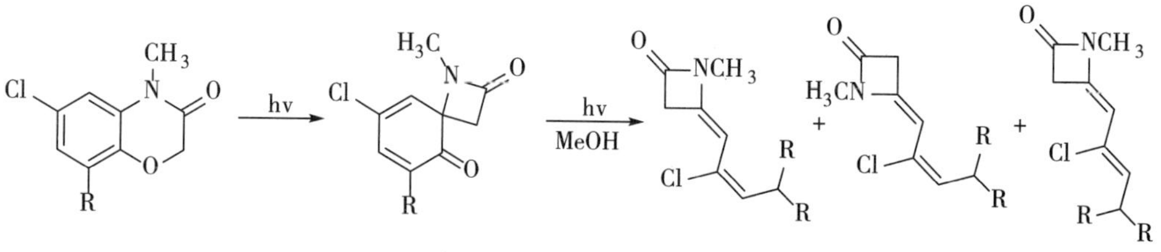

图 1-140　苯并噁嗪光化学反应生成 β - 内酰胺类化合物

1981 年，Yoshio 研究团队发现，5H- 苯并［a］吩噁嗪 -5- 酮与烷基硫醇和硫酚发生光化学缩合反应。两反应原料以苯（benzene）为反应溶剂，光照 20 h，得到 6 - 烷硫基和 6 - 苯硫基 -5H- 苯并吩恶嗪 -5- 酮。1982 年，Ueno 和 Koshitani 也报道了 10- 甲基 -5H- 苯并［a］吩噁嗪 -5- 酮与醛的光化学缩合反应。该反应在 0~5 ℃，苯作溶剂，光照反应 18 h，得到 6- 酰基 -10- 甲基 -5H- 苯并吩噁嗪 -5- 酮化合物（图 1-141）。

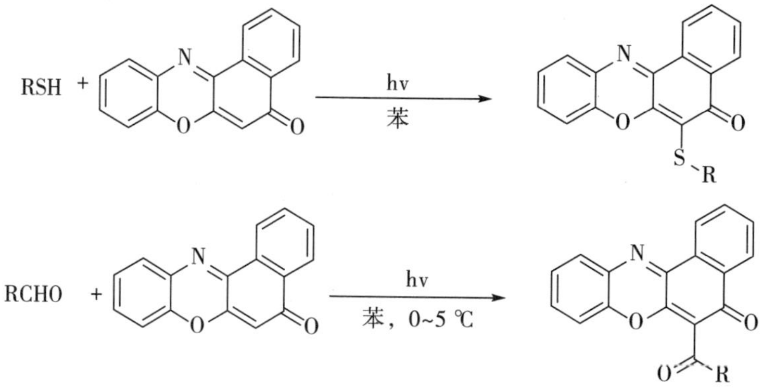

图 1-141　10- 甲基 -5H- 苯并［a］吩噁嗪 -5- 酮的光化学缩合反应

2002 年，Bueno 等研究了吩噁嗪 - 3- 酮染料刃天青和试卤灵在水溶液中的光物理和光化学行为，并发现了特殊的光化学还原反应：刃天青在胺存在下的辐照导致 N - 氧化物基团脱氧得到试卤灵。该种光反应高度依赖于胺结构，并且只有在叔脂肪胺存在的情况下才有效。染料的吸收和荧光性质依赖于 pH 值。在 pH 值高于 7.5 时，两种染料均以阴离子形式存在。对于试卤灵，该形式为强荧光产率（0.75）。在较低的 pH 值下，荧光被强烈减弱。N- 氧化物染料具有非常弱的荧光量子产率（0.11），在低 pH 值下也会降低。刃天青和试卤灵的三重态量子产率分别为 0.08 和 0.04，而 N - 氧化物在胺存在下的光脱氧反应从三重态发生（图 1-142）。

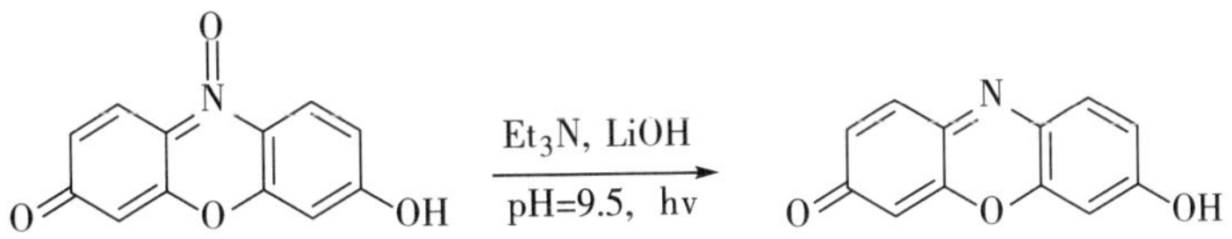

$$\xrightarrow[\text{pH=9.5, hv}]{Et_3N,\ LiOH}$$

图 1-142　吩噁嗪光还原反应

1.7　本章节小结

本章综述了 1,4- 二氢吡嗪、4H-1,4- 噁嗪等 1,4- 环己二烯类化合物在医药、生物试剂、应用化学等领域中的应用以及合成现状。通过研究氮杂环己烯的第尔斯 - 阿尔德反应的合成方法、无溶剂法和超声辅助合成，提出了氮杂环己二烯的新合成方法，该方法具有产率高、反应时间短、反应条件容易控制、产物易于分离等优点。通过对光化学合成研究的总体概述，初步掌握光化学的基本概念、了解了光化学反应在有机合成中的应用。通过对 1,4- 二氢吡嗪和 4H-1,4- 噁嗪化合物的光谱特征、光稳定性，以及相应光化学反应的研究现状的概述，拓展了对于 1,4- 环己二烯化合物的光化学性质以及光化学反应的总体认知。

第2章　课题的方案设计

2.1　1,4- 二氢吡嗪的合成研究

本书中关于1,4- 二氢吡嗪的合成研究，以N,N′- 二酰基 -1,4- 二氢吡嗪、1- 芳基 -1,4- 二氢吡嗪和N,N′- 二芳基 -1,4- 二氢吡嗪的合成最佳反应条件的优化为实例，并通过对其机理的探究获得影响目标化合物合成产率的反应因素，最终可以高效地制备出一系列1,4- 二氢吡嗪化合物。

2.1.1　N,N′- 二酰基 -1,4- 二氢吡嗪（1）的合成研究

本书所拟定合成N,N′- 二酰基 -1,4- 二氢吡嗪（**1**）的结构式如图2-1所示，结构见表2-1。

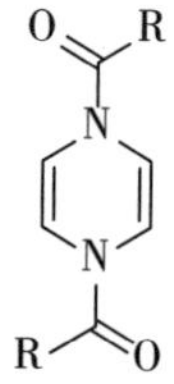

1

图2-1　1的结构式

表2-1　1的结构

化合物	R	R′	R″	R‴	R⁗	化合物	R	R′	R″	R‴	R⁗
1a	Ph	H	H	H	H	**1g**	Et	H	H	H	H
1b	Me	H	H	H	H	**1h**	i-Pr	H	H	H	H
1c	Me	Me	Me	H	H	**1i**	Boc	H	H	H	H

续表

化合物	R	R′	R″	R‴	R⁗	化合物	R	R′	R″	R‴	R⁗
1d	Me	Me	H	Me	H	**1j**	Boc	Ph	H	Ph	H
1e	Me	Me	H	H	Me	**1k**	Boc	MeOCO	H	MeOCO	H
1f	Me	Me	Me	Me	Me						

N,N′- 二酰基 -1,4- 二氢吡嗪（**1a~1h**）的合成是参考 Gottlieb 的制备法，即在锌粉作用下，以酸酐和吡嗪为原料，进行 N- 酰基化和还原反应得到。传统制备工艺的主要问题是：反应时间长和产利率低。拟采用以下措施以改进之前工艺的弊病。即以酰氯（RCOCl）代替酸酐，提高酰化剂反应活性；以微波辅助代替常规加热回流，及改进原来工艺反应时间长的问题，最终达到提高反应产率的目的（图 2-2）。

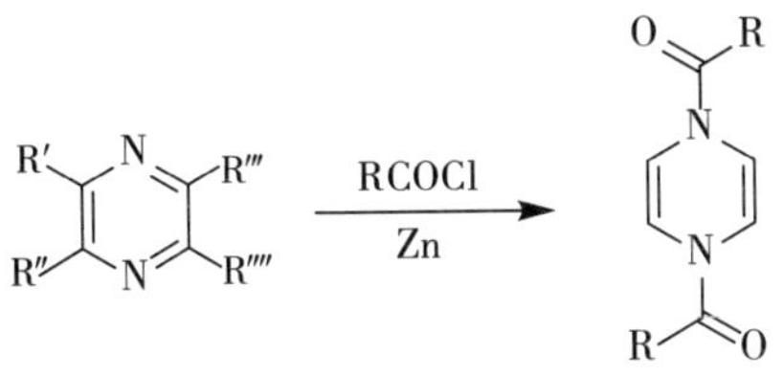

图 2-2　**1a~1h** 的合成

N,N′- 二酰基 -1,4- 二氢吡嗪（**1i** 和 **1j**）的合成是参考第 1 章所提到的 Chaignaud 制备工艺。首先，以甘氨酸酐和（Boc）$_2$O 为反应原料，通过 N- 酰基化反应得到 2,5- 二酮哌嗪 -1,4- 二甲酸叔丁酯；然后在六甲基硅基锂（LiHMDS）的催化作用下，中间体发生烯醇互变形成烯醇锂盐；烯醇锂盐和氯磷酸二苯酯继续反应，得到 2,5- 二（二苯氧基磷酰氧基）-1,4- 二氢吡嗪 -1,4- 二甲酸叔丁酯。以此 1,4- 二氢吡嗪中间体为反应底物，与甲酸（HCOOH）在醋酸钯［Pd（OAc）$_2$］、三乙胺（Et$_3$N）、三苯基膦（Ph$_3$P）催化作用下反应可得到 1,4- 二氢吡嗪 **1i**；而中间体和苯硼酸［PhB（OH）$_2$］反应生成 1,4- 二氢吡嗪 **1j**（图 2-3）。

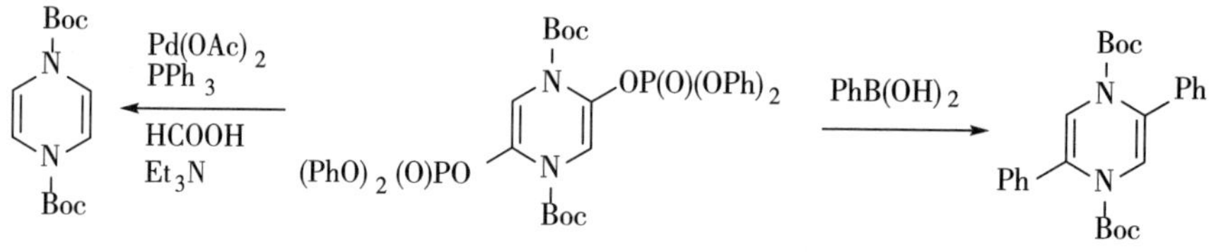

图 2–3　**1i** 和 **1j** 的合成

N,N′– 二酰基 –1,4– 二氢吡嗪（**1k**）的合成参考 Rodrigues 的合成法。以丝氨酸甲酯盐酸盐为起始底物，在氢氧化钾（KOH）催化作用下，与对甲苯磺酰氯（TsCl）反应，制备得到 N– 对甲苯磺酰丝氨酸甲酯；以此中间体为底物，继续在碱性催化条件下，加入碳酸酐二叔丁酯［$(Boc)_2O$］，经过 N– 酰基化反应和分子内重排，生成 N– 对甲苯磺酰基 –N– 叔丁氧羰基 –α,β– 二氢 – 丙氨酸甲酯；该中间体继续经过碳酸钾（K_2CO_3）催化分子间环加成，以及 4– 二甲氨基吡啶（DMAP）作用下的消除反应，最终得到 2,5– 二甲氧羰基 –1,4– 二氢吡嗪（**1k**）（图 2–4）。

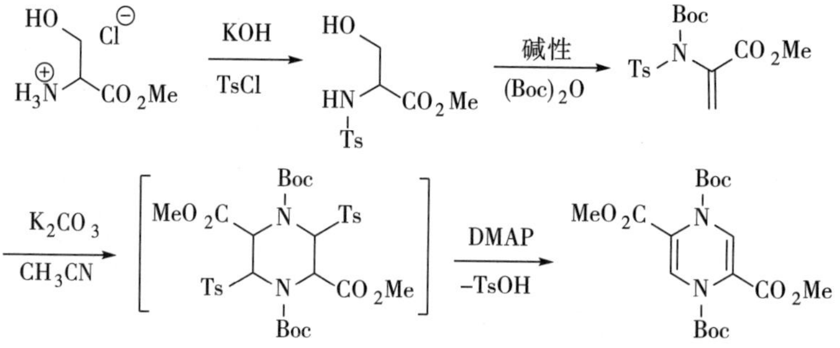

图 2–4　**1k** 的合成

2.1.2　1– 芳基 –1,4– 二氢吡嗪的合成研究

1– 芳基 –1,4– 二氢吡嗪（**2**）的合成参照 Chorvat 合成法，以芳胺和重氮乙酰乙酸乙酯为原料，醋酸铑［$Rh_2(OAc)_4$］作催化剂，合成一系列 N,N– 二烷基化芳胺（**3**）；然后以此中间体为原料，继续与醋酸铵（NH_4OAc）反应，得到目标产物 1– 芳基 –1,4– 二氢吡嗪（**2**）。本书将探讨此方法的最佳工艺条件优化所涉及的催化剂、空气、物料比等因素对 **3** 产率的影响，并对反应出现的新现象的反应机理进行进一步研究（图 2–5）。

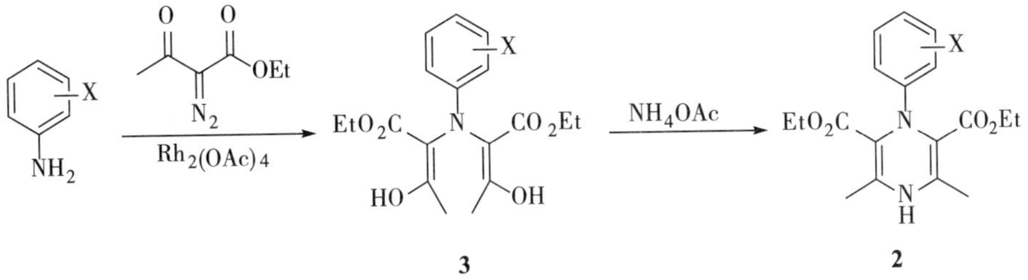

图 2-5 2 的合成

2.1.3 N,N′-1,4- 二芳基 -1,4- 二氢吡嗪的合成

N,N′-1,4- 二芳基 -1,4- 二氢吡嗪（**4a~4l**）的合成，以芳胺和 N,N- 二烷基芳胺（**3**）为原料，叔丁醇（t-BuOH）为溶剂，探讨催化剂的种类、用量、反应物料比等因素对于 **4** 产率的影响，确定最佳合成条件，完成系列化合物 **4a~4l** 的合成（图 2-6）。化合物 **3**、**4** 的结构见表 2-2。

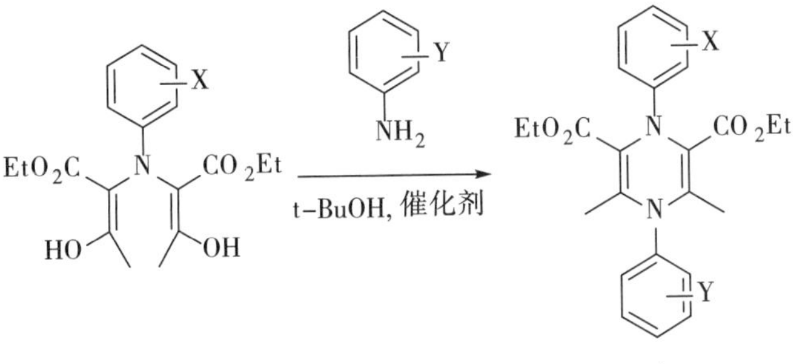

图 2-6 4 的合成

表 2-2 4 的结构

编号	取代基（X）	取代基（Y）	编号	取代基（X）	取代基（Y）
4a	H	H	**4g**	4—Cl	H
4b	H	4—CH_3	**4h**	4—Cl	4—CH_3
4c	H	4—Cl	**4i**	4—Cl	4—Cl
4d	4—CH_3	H	**4j**	4—Cl	4—OCH_3
4e	4—CH_3	4—OCH_3	**4k**	4—$CO_2C_2H_5$	4—$CO_2C_2H_5$
4f	4—CH_3	4—Cl	**4l**	3—NO_2	3—NO_2

N,N′- 二芳基 -1,4- 二氢吡嗪（**4m~4q**）的合成如图 2-7 所示。

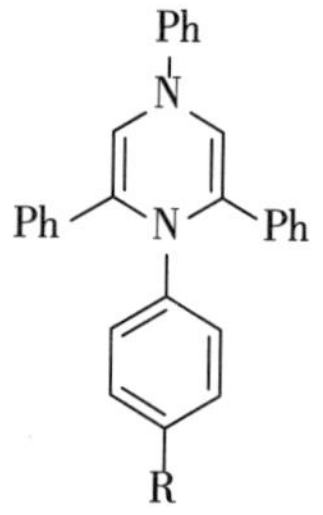

4m, R 为 H; **4n**, R 为 Me; **4p**, R 为 Cl; **4q**, R 为 NO_2

图 2-7　4m~4q 的合成

N,N′- 二芳基 -1,4- 二氢吡嗪（**4m~4q**）的制备参考 Fourrey 的合成法。即在相转移催化剂和缚酸剂作用下，以苯胺和 σ- 溴代苯乙酮为原料，生成中间体 N,N- 二（芳酰乙基）芳胺；中间体在对甲苯磺酸的催化作用下继续与芳胺反应，得到 N,N′- 二芳基 -1,4- 二氢吡嗪（**4m~4q**）。

2.1.4　1,4- 二氢吡嗪的第尔斯 - 阿尔德反应探讨

探索 1,4- 二氢吡嗪的第尔斯 - 阿尔德反应合成方法。即以 N,N′- 二芳基 -1,4- 二氮杂丁二烯和丙炔酸甲酯为原料，探索第尔斯 - 阿尔德反应的可行性。其中，将尝试构件 1,4- 二氮杂丁二烯的 s- 顺式结构与丙烯酸酯合成 1,4- 二氢吡嗪（图 2-8）。

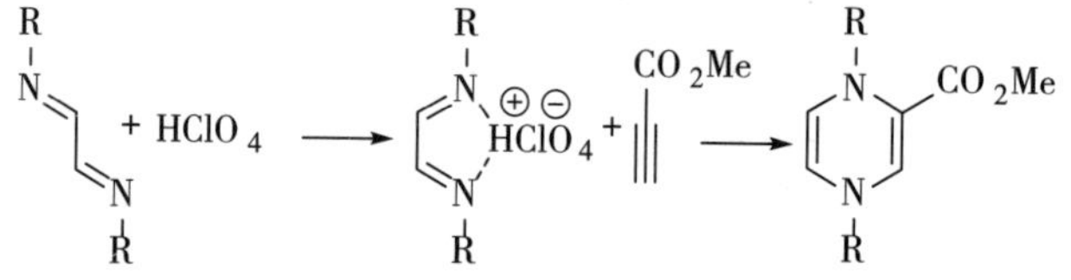

s-反式　　s-顺式

5

图 2-8　5 的合成

根据第尔斯 - 阿尔德反应原理，探索以 N,N′- 二芳基 -1,4- 二氮杂丁二烯与丁炔酸二甲酯为起始原料，合成 1,4- 二氢吡嗪。为使 1,4- 二氮杂丁二烯和丁炔酸二甲酯易于发生第尔斯 - 阿尔德反应，选择 γ- 环糊精（γ-CD）作为反应的腔体，使两个反应物能包结在同一个腔中，通过 γ-CD 缩短亲二烯体和二烯体的反应空间距离，达到增加有效反应的概率。即 1,4- 二氮杂丁二烯和丁炔酸二甲酯在高氯酸乙酸溶液和在 γ- 环糊精水溶液中进行反应，以期得到利用 第尔斯 - 阿尔

德反应合成 N,N′- 二芳基 -1,4- 二氢吡嗪（**5**）的新方法（图 2-9）。

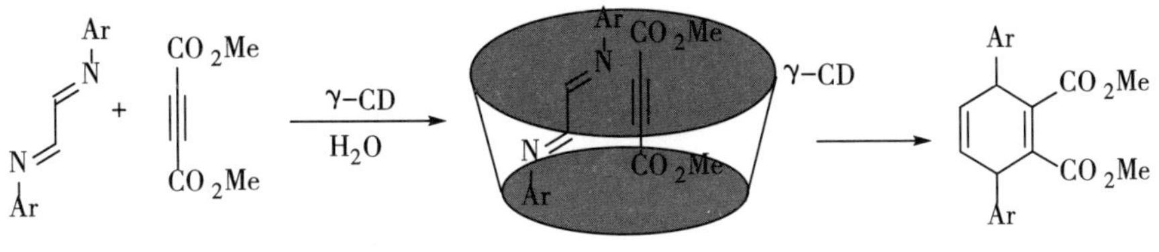

图 2-9 利用 γ- 环糊精化学合成 5

以 N,N′- 二芳基 -1,4- 二氮杂丁二烯为原料，探索 1,4- 二氢吡嗪环的构建方法。即 N,N′- 二芳基 -1,4- 二氢吡嗪（**5**）的合成，首先以 1,4- 二氮杂丁二烯为原料，经过与三甲基硅氰（TMSCN）反应，转化成烯二胺中间体；此中间体再与氯乙酰氯（$ClCH_2COCl$）反应生成吡嗪酮结构；然后对吡嗪酮羰基进行还原，即采用二异丙基胺基锂（LDA）还原羰基为羟基；此吡嗪羟基化合物在三氟化硼（BF_3）催化作用下与 TMSCN 反应生成氰基吡嗪中间体；再用氰基吡嗪中间体进行氧化脱氢反应，得到 N,N′- 二芳基 -1,4- 二氢吡嗪 -2,6- 二甲腈（**5**）(图 2-10）。

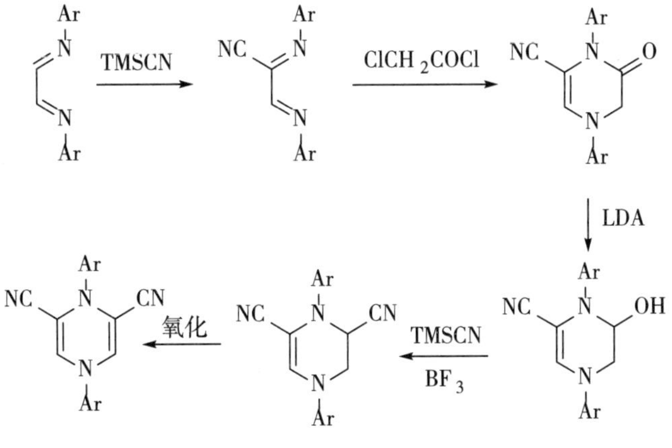

图 2-10 5 的合成

其中，1,4- 二氮杂丁二烯（**6**）的传统合成以 α- 二羰基化合和胺为起始原料，以有机溶剂或者水溶液为溶剂，经过缩合反应得到。传统合成方法存在反应时间长、后处理困难以及产率低等缺点。为克服上述问题，拟采用无溶剂研磨和无溶剂超声等绿色合成工艺，对 1,4- 二氮杂丁二烯的合成方法进行改进，以达到降低反应成本、简化操作步骤、提高反应产率的目的（图 2-11）。

RNH_2+ O=CH–CH=O ⟶ R–N=CH–CH=N–R

6

图 2–11　**6** 的合成

2.2　1,4– 二氢吡嗪的光化学性质研究

1,4– 二氢吡嗪的光化学性质的研究主要包括化合物光谱特征、光稳定性和光化学反应。分别采用紫外分光光度法和荧光光谱法作为研究手段进行化合物光谱性质研究。即选用紫外吸收空白试剂（如四氢呋喃等）作溶剂，测定 1,4– 二氢吡嗪的吸收光谱，研究吸收光谱特征与结构之间的关系。

采用紫外 – 可见光谱法和薄层色谱检测的方法研究化合物在各种光波下稳定性质，最终确定化合物适合的光化学研究的光波范围。其中光源的光波可采用滤光液或滤光片的方法获得。不同波长光源的实验室制备方法见表 2–3。

表 2–3　不同波长光源的实验室制备方法

光源	波长 /nm	设备或措施
450 W 中压汞灯	≥ 200	光源直接照射
450 W 中压汞灯	320 ~ 540	光源通过 25 % 滤光液（0.44 g $CuSO_4 \cdot 5H_2O$/25 mL 氨水）
450 W 中压汞灯	280 ~ 320	光源经过 UVB 滤光片
450 W 中压汞灯	200 ~ 280	光源经过 UVC 滤光片

1,4– 二氢吡嗪的光化学反应研究将分别从两种常见的光化学手段进行探究，即化合物的液相光化学和固相光化学。

1,4– 二氢吡嗪的液相光化学研究将在光稳定性研究选定的光波范围内，探讨溶剂、光敏剂、光源等因素对光化学反应的影响，通过分离液相光化学反应产物确定光反应的特点。并利用 ^{1}H NMR、^{13}CNMR、IR、MS 以及 X 射线单晶衍射等手段确定光化学产物的结构。其中，采用自旋捕获法和电子共振技术研究 1,4– 二氢吡嗪液相光化学反应的自由基的类型和反应机理。

1,4– 二氢吡嗪的固相光化学研究内容主要是固相模板引导的［2+2］光环合反应。即采用热台显微法筛选光环合模板化合物；通过混合溶剂挥发法制备 1,4– 二氢吡嗪与光环合模板的共晶体；通过对共晶体的光照得到 1,4- 二氢吡嗪的［2+2］光环合产物。根据共晶体的 X 射线单晶衍射数据，探讨固相模板引导的 1,4- 二氢吡嗪［2+2］光环合的反应机理，可以为四氮杂四星烷的合成提供理论基础（图 2-12）。

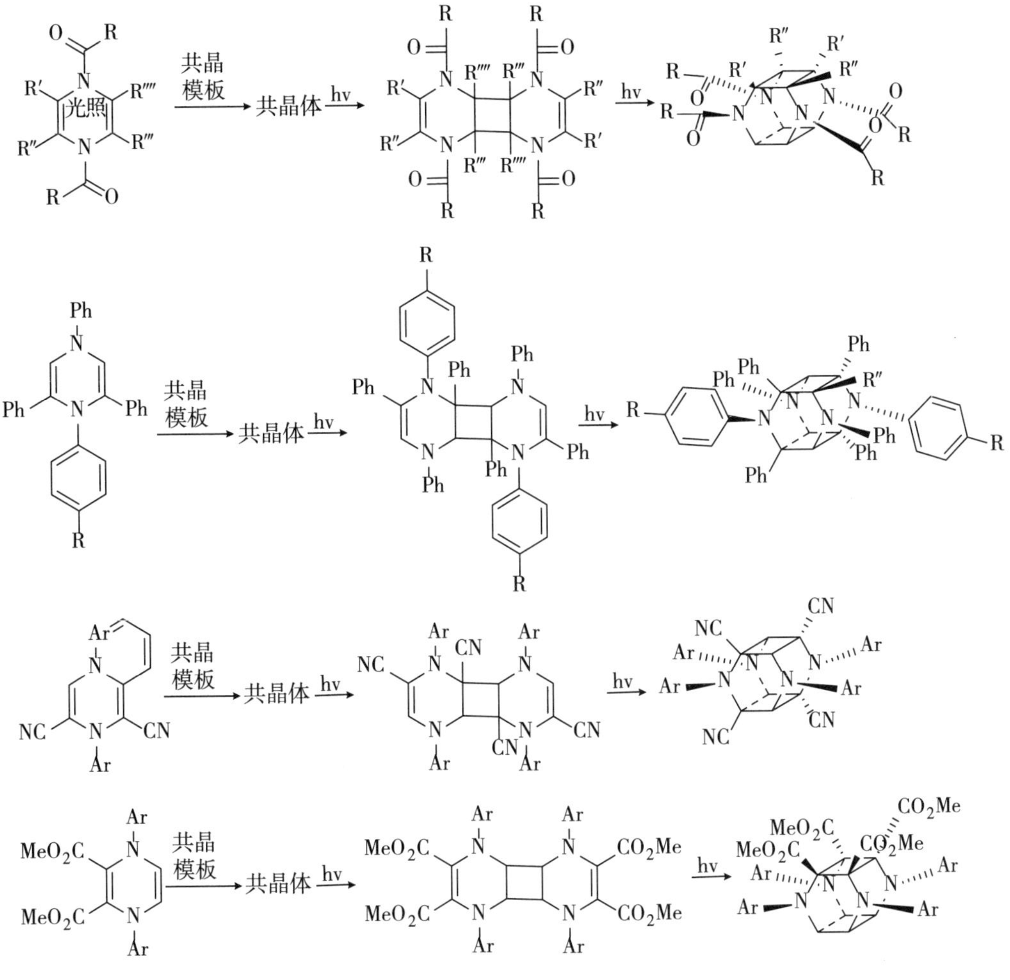

图 2-12　1,4- 二氢吡嗪的固相光化学研究

2.3　4H-1,4- 噁嗪的合成

2.3.1　2,4,6- 三芳基 -4H-1,4- 噁嗪的合成研究

本书首先以 2,4,6- 三芳基 -4H-1,4- 噁嗪为 4H-1,4- 噁嗪化合物的研究对象，

探究其合成的最佳工艺条件。2,4,6- 三芳基 -4H-1,4- 噁嗪（**7~10**）的合成参考 Correia 的合成方法。即首先以 α- 溴代芳乙酮和芳胺作为起始原料，合成 N,N- 二芳酰乙基芳胺（**11~14**）。其中，探讨溶剂、催化剂、反应温度等因素对中间体（**11~14**）产率的影响，优化得到中间体最佳工艺条件；然后继续以中间体为原料，三氯氧磷（$POCl_3$）为脱水剂，吡啶（pyridine）为反应溶剂，优化温度、催化剂、反应时间等因素，得出目标产物最佳工艺条件，以期高效合成 2,4,6- 三芳基 -4H-1,4- 噁嗪（图 2-13）。

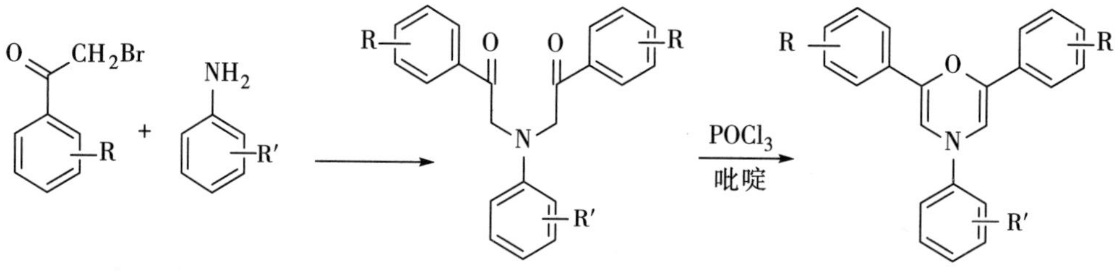

O CH$_2$Br
NH$_2$
R R′
R O O R
N
R′
$POCl_3$
吡啶
R O R
N
R′

R′为a，H
b，p—CH_3
c，m—CH_3
d，p—Cl

R为**11**，H
12，p—CH_3
13，p—Cl
14，p—OCH_3

R为**7**，H
8，p—CH_3
9，p—Cl
10，p—OCH_3

图 2-13　2,4,6- 三芳基 -4H-1,4- 噁嗪的合成

2.3.2　4- 芳基 -4H-1,4- 噁嗪的合成研究

对于 4- 芳基 -4H-1,4- 噁嗪化合物的合成，本书设计首先合成中间体 **15**，借鉴 Wuppertal 合成 4H- 吡喃类化合物的方法，采用如下合成路线，对反应所涉及的反应溶剂、脱水剂等因素进行条件优化，以得到目标化合物 **16** 的最佳合成工艺条件（图 2-14）。

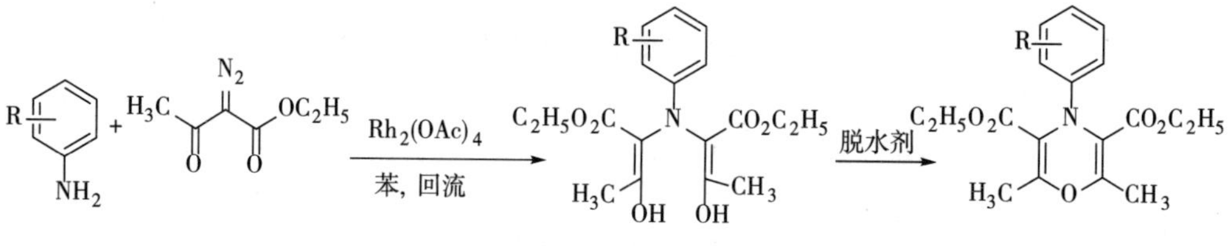

R NH$_2$ + H_3C N_2 OC_2H_5 O O
$Rh_2(OAc)_4$
苯，回流
R
$C_2H_5O_2C$ N $CO_2C_2H_5$
H_3C OH OH CH_3
15
脱水剂
R
$C_2H_5O_2C$ N $CO_2C_2H_5$
H_3C O CH_3
16

图 2-14　4- 芳基 -4H-1,4- 噁嗪的合成

2.4　4H−1,4−噁嗪的光化学性质研究

4H−1,4−噁嗪的光化学性质的研究主要包括化合物光谱特征、光稳定性和光化学反应。

4H−1,4−噁嗪的光谱特征研究将分别采用紫外分光光度法作为研究手段、即选用各种紫外吸收空白试剂（如四氢呋喃等）作溶剂，测定 4H−1,4−噁嗪的吸收光谱研究吸收光谱特征与结构之间的关系。

4H−1,4−噁嗪的光稳定性研究采用紫外分光光度法。基于 4H−1,4−噁嗪化合物在溶液中不稳定性的现象，在进行不同光波对化合物稳定性研究时，应该重点观察溶剂性质对 4H−1,4−噁嗪稳定性的影响，以优选出化合物稳定存在的溶剂。然后采用紫外 - 可见光谱法，对各种光波长下化合物的光稳定性进行研究，确定适合光化学研究的光波范围；在选定的溶剂以及光波范围下，研究 2,4,6−三芳基 −4H−1,4−噁嗪溶液的光化学反应，并利用 UV、IR、^{1}H NMR、^{13}C NMR、MS 及 X 射线单晶衍射等手段确定光化学产物的结构。

2.5　本章节小结

本章在第 1 章 1,4−杂环已二烯的应用和合成方法文献综述的基础上，系统提出了课题的方案设计，包括：1,4−二氢吡嗪的合成、1,4−二氢吡嗪的光化学性质研究、4H−1,4−噁嗪的合成和 4H−1,4−噁嗪的光化学性质研究。课题方案针对该类化合物的合成及光化学开展工作，即开展 1,4−二氢吡嗪、4H−1,4−噁嗪的合成工艺研究，以克服前期合成研究中产率低、工艺条件苛刻等问题；开展 1,4−二氢吡嗪、4H−1,4−噁嗪的光化学性质研究工作，以填补该类化合物光化学研究文献较少等问题。研究方案的提出都以问题为导向，具有明确的研究目的。

第 3 章　1,4- 二氢吡嗪化合物的合成

3.1　试剂与仪器

本实验所用化学试剂均为市售商品，常用溶剂为分析纯，原料均为化学纯。所用硅胶薄层板为青岛海洋化工厂分厂生产的 GF254 型硅胶板。

本实验所用仪器有：

SGW X-4 数字显微熔点仪（上海仪电物理光学仪器有限公司）；

ZF_7 型三用紫外分析仪（巩义市予华仪器有限公司）；

电子分析天平（梅特勒 - 托利多仪器上海有限公司）；

SHZ-D 循环水式真空泵（河南省予华仪器有限公司）；

RE-52A 型旋转蒸发仪（上海亚荣生化仪器厂）；

DLSB-10L 实验室低温冷却液循环泵（巩义市予华仪器有限公司）；

CS101-1A 电热鼓风干燥箱（广东省医疗器械厂）；

JJ-1 型定时调速机械搅拌器（上海予申仪器有限公司）；

85-1 型强磁力搅拌器（上海予申仪器有限公司）；

MCR-3 微波化学反应器（上海泓冠仪器设备有限公司）；

光化学反应器（ACE，美国 ACE Glass 公司）；

超声合成仪（GEX750-5C，美国 Geneq 公司）；

真空干燥箱（广东宏展科技有限公司）。

本实验所用测试仪器有：

核磁共振仪（ARX400，德国 Bruker 公司）；

高分辨质谱仪（G3250AA LC/MSD TOF system，美国 Agilent 公司）；

红外光谱仪（VERTEX70，德国 Bruker 公司）；

紫外可见分光光度计（日立 UV-3010，日本日立公司）。

3.2　1,4–二氢吡嗪的合成

本章1,4–二氢吡嗪的合成，将探讨N,N′–二酰基–1,4–二氢吡嗪、1–芳基–1,4–二氢吡嗪、N,N′–二芳基–1,4–二氢吡嗪的制备以及1,4–二氢吡嗪新合成方法的探索过程中的影响因素，以得到化合物最佳合成工艺条件；得到核磁、质谱、XRD单晶结构等图谱结构鉴定数据，同时根据关键中间体和产物的图谱数据支持进行相应的反应机理研究。

3.2.1　N,N′–二酰基–1,4–二氢吡嗪（1）的合成

1. N,N′–二酰基–1,4–二氢吡嗪（1）的合成研究

本书对于N,N′–二酰基–1,4–二氢吡嗪的合成研究采用三种制备方法，合成了一系列N,N′–二酰基–1,4–二氢吡嗪（**1**），并对相应的合成工艺进行改进。

首先，合成N,N′–二酰基–1,4–二氢吡嗪（**1a~1h**）参考Gottlieb的合成法，以吡嗪为起始原料，二氧六环为溶剂，在锌粉的还原作用下，以酸酐作为酰化剂，经过N–酰基化反应，得到一系列N–酰基1,4–二氢吡嗪（**1a~1h**）。实验结果由表3–1数据可知，当吡嗪环上没有取代基时，反应产率较高，当吡嗪环上有取代基时，反应产率就会降低，例如，**1a**、**1b**和**1g**的产率分别为65%、57%和55%，而**1c**、**1e**和**1f**的产率分别为10%、8%和15%；分析其可能原因，1,4–二氢吡嗪为不稳定的8–π电子反芳香化合物，供电子基团甲基的引入增加了1,4–二氢吡嗪环的不稳定性（图3–1、表3–1）。

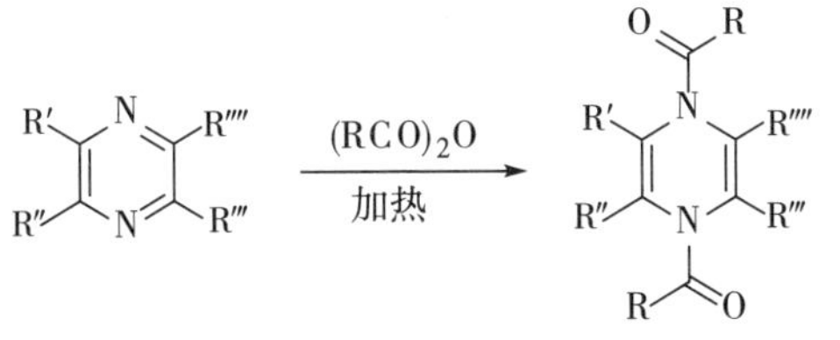

R′ N R″″ R″ N R‴ —$(RCO)_2O$ / 加热→ O R N R′ R″″ R″ R‴ N R O

1a~1h

图3–1　N,N′–二酰基–1,4–二氢吡嗪（**1a~1h**）的合成

表 3–1　N,N′– 二酰基 –1,4– 二氢吡嗪（**1a~1h**）工艺改进对比

化合物	R	R′	R″	R‴	R⁗	传统加热法			微波辅助	
						反应时间 /h	酸酐酰化产率 /%	酰氯酰化产率 /%	反应时间 /min	产率 /%
1a	Ph	H	H	H	H	5	65	72	30	75
1b	Me	H	H	H	H	2	57	65	15	71
1c	Me	Me	Me	H	H	2	10	24	15	45
1d	Me	Me	H	Me	H	2	32	41	15	48
1e	Me	Me	H	H	Me	2	8	23	15	41
1f	Me	Me	Me	Me	Me	2	15	25	15	43
1g	Et	H	H	H	H	4	55	64	30	65
1h	i–Pr	H	H	H	H	3	36	52	15	57

以酸酐为酰化剂的传统合成方法存在反应产率低、反应时间长等问题。因此采用微波辅助合成法，可以达到提高产率和缩短反应时间的目的。以酸酐和吡嗪为原料，微波条件为加热 100 ℃，功率 100 W。通过薄层色谱法（thin–layer chromatography, TLC）检测反应的进程，发现当反应进行至多 30 min 时，反应完全，反应结果见表 3–1。由表 3–1 可知，利用微波辅助合成方法制备 1,4– 二氢吡嗪，不仅缩短了反应时间，而且提高了反应产率。1,4– 二氢吡嗪（**1a~1h**）的产率都大于40%，比常规方法的产率明显提高，特别是带有取代基的1,4–二氢吡嗪，例如 **1c** 和 **1e** 的产率分别由 10% 和 8% 提高为 45% 和 41%。

考虑到酰氯作为酰化试剂活性较高，因此用酰氯代替酸酐合成 1,4– 二氢吡嗪（**1a~1h**）。高温会加快反应速度，更会催进化合物的氧化，所以用低沸点的四氢呋喃代替高沸点的二氧六环作反应溶剂。酰氯作为酰化试剂参与 N– 酰化还原反应，至多 30 min 都能反应完全，比酸酐作酰化剂的 2~5 h 的反应时间大大缩短，实验结果见表 3–1。由表 3–1 中数据可知，酰化试剂改进后合成 N,N′– 二酰基 –1,4– 二氢吡嗪（**1a~1h**），反应时间明显缩短，产率可提高约 10%，例如，**1c** 的产率由 10% 提高到 24%，**1e** 的产率由 8% 提高到 23%，**1f** 的产率由 15% 提高到 25%。

合成 N,N′– 二酰基 –1,4– 二氢吡嗪（**1i~1j**）参考 Chaignaud 的合成法，即在

氮气保护下，以醋酸钯［Pd（OAc）$_2$］和三苯基磷（Ph_3P）为催化剂，三乙胺（Et3N）为缚酸剂，2,5- 二（二苯氧基磷酰氧基）-1,4- 二氢吡嗪 -1,4- 二甲酸叔丁酯与甲酸（HCOOH）反应，脱去二苯氧基磷酰氧基得 1,4- 二氢吡嗪 -1,4- 二甲酸叔丁酯（**1i**），产率为 43%；在碳酸钠催化作用下，2,5- 二（二苯氧基磷酰氧基)-1,4- 二氢吡嗪 -1,4- 二甲酸叔丁酯和苯硼酸反应［PhB(OH)$_2$］，得到 2,5- 二（二苯基）-1,4- 二氢吡嗪 -1,4- 二甲酸叔丁酯（**1j**），产物 69%（图 3-2）。

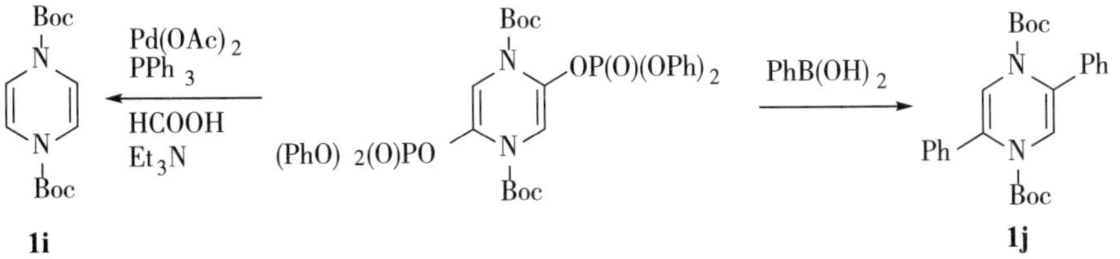

图 3-2　1,4- 二氢吡嗪化合物（**1i** 和 **1j**）的合成

1j 产率高于 **1i** 的产率可能与化合物的稳定性有关。在 **1j** 的结构中，1,4- 二氢吡嗪环上连接的取代基是苯环，环上的双键与苯环形成共轭体系，可以充分分散 1,4- 二氢吡嗪环上的电子，从而使化合物相对稳定，提高产率。

合成 N,N′- 二酰基 -1,4- 二氢吡嗪（**1k**）参考 Rodrigues 的合成法，即以丝氨酸甲酯盐酸盐为起始原料，氢氧化钾（KOH）为缚酸剂和催化剂，与对甲苯磺酰氯（TsCl）反应，制备得到 N- 对甲苯磺酰基丝氨酸甲酯中间体。继续以此中间体为原料，以 4- 二甲氨基吡啶（DMAP）为催化剂，二碳酸二叔丁酯［(Boc)$_2$O］作为N- 酰化试剂，合成得到N- 对甲苯磺酰基 -N- 叔丁氧羰基 -α，β - 二氢 - 丙氨酸甲酯中间体。再以此中间体为原料，继续加入 DMAP 和碳酸钾，反应加热回流得到 2,5- 二甲氧羰基 -1,4- 二叔丁氧羰基吡嗪（**1k**），产率为 38%。在合成 2,5- 二甲氧羰基 -1,4- 二叔丁氧羰基吡嗪工艺优化时，用碳酸铯代替碳酸钾，反应时间由 6 h 缩短为 3 h，但产率没有明显提高（40%）（图 3-3）。

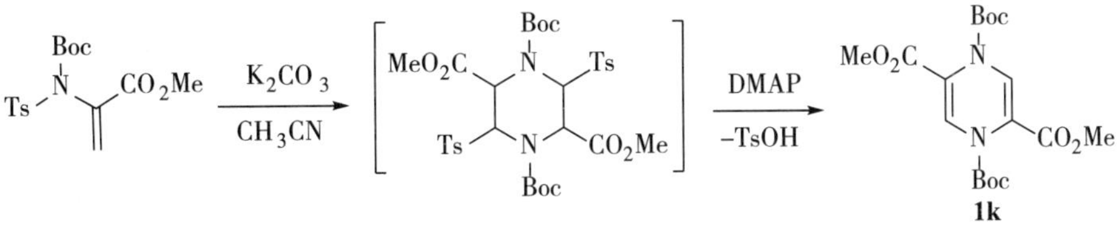

图 3-3　N,N′- 二酰基 -1,4- 二氢吡嗪（**1k**）的合成

2. N,N′- 二酰基 -1,4- 二氢吡嗪的合成方法

化合物（**1a~1f**）的合成通法：在室温下，向 1.0 mmol 吡嗪和 3.0 mmol 锌粉的四氢呋喃（10 mL）中滴加 2.1 mmol 酰氯，在氮气保护下，加热回流；直到吡嗪完全消失，然后冷却至室温，过滤除去剩余的锌粉，滤液浓缩，除去溶剂，用乙醇重结晶，得到 **1a~1f**。

N,N′- 二苯甲酰基 -1,4- 二氢吡嗪（**1a**）。黄色晶体，产率为 73%。熔点为 195 ~ 197 ℃（文献值为 193 ~ 199 ℃）；^{1}H NMR（400 MHz, $CDCl_3$），δ_H：5.77 × 10^{-6} ～ 6.92 × 10^{-6}（q, 4H），7.37 × 10^{-6} ～ 7.56 × 10^{-6}（m, 10H）；^{13}C NMR（100 MHz, $CDCl_3$）δ_C：127.9 × 10^{-6}、128.0 × 10^{-6}、128.3 × 10^{-6}、128.8 × 10^{-6}、130.6 × 10^{-6}、131.2 × 10^{-6}、132.8 × 10^{-6}、132.9 × 10^{-6}、163.7 × 10^{-6}。

N,N′- 二乙酰基 -1,4- 二氢吡嗪（**1b**）。白色透明色晶体，产率为 66%。熔点为 188 ～ 190 ℃（文献值为 188 ～ 191℃）；^{1}H NMR（400 MHz, $CDCl_3$），δ_H：2.08（s, 6H），5.81 ～ 6.58（m, 4H）；^{13}C NMR（100 MHz, $CDCl_3$）δ_C：20.5、20.6、110.6、111.7、112.1、113.3、162.7、162.9。HRMS（ESI+）：$[M+H]^+$ $C_8H_{11}N_2O_2$ 理论计算值为 167.082 1，检测值为 167.081 9；X 射线单晶衍射数据的剑桥号为 CCDC 1002345（图 3-4、表 3-2）。

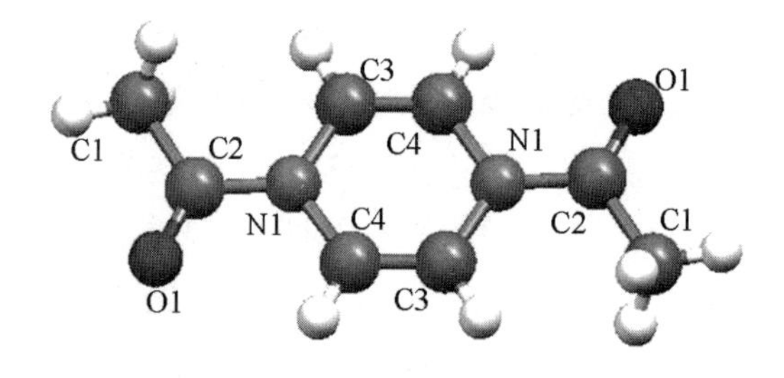

图 3-4 **1b** 的单晶衍射图

表 3-2 **1b** 的晶体学基本参数

晶体学基本参数	参数值	晶体学基本参数	参数值
分子式	$C_8H_{10}N_2O_2$	γ / （°）	90.00
相对分子质量	166.18	体积 V/mm³	0.004 32
晶体大小 /mm	0.20 × 0.18 × 0.12	计算密度 / （mg · m⁻³）	1.364
晶系	单斜晶系	线性吸收系数 /mm⁻¹	0.100
空间群	*P*2（1）/*c*	晶胞分子数	2

续表

晶体学基本参数	参数值	晶体学基本参数	参数值
晶胞参数		晶胞电子的数目 F_{000}	176
a/nm	0.406 4（4）	衍射实验温度 /K	113（2）
b/nm	1.078 1（11）	衍射波长 λ/nm	0.071 073
c/nm	0.925 9（10）	衍射光源	Mo kα
σ/（°）	90.00	衍射角度 /（°）	2.90~27.86
β/（°）	94.22（2）	R 因子	4.61

N,N′- 二乙酰基 -2,3- 二甲基 -1,4- 二氢吡嗪（**1c**）。无色针状晶体，产率为 24%。熔点为 165 ～ 167 ℃；^{1}H NMR（400 MHz, $CDCl_3$）, δ_H（ppm）: 2.05（s, 6H）, 2.16（s, 6H）, 6.19～6.73（d, 2H）; ^{13}C NMR（100 MHz, $CDCl_3$）, δ_C（ppm）: 15.9、22.9、118.5、126.6、166.7; HRMS（ESI+）:［M+H］$^+$ $C_{10}H_{15}N_2O_2$ 论计算值为 195.113 4，检测值为 195.112 9。

N,N′- 二乙酰基 -2,5- 二甲基 -1,4- 二氢吡嗪（**1d**）。白色透明色晶体，产率为 41%。熔点为 120 ～ 121℃；^{1}H NMR（400 MHz, $CDCl_3$），δ_H（ppm）: 2.15（s, 12H），5.93（s, 4H）；^{13}CNMR（100 MHz, $CDCl_3$）；δ_C（ppm）: 16.6、23.1、117.5、129.1、166.7; HRMS（ESI+）:［M+H］+ $C_{10}H_{15}N_2O_2$ 理论计算值为 195.113 4，检测值为 195.110 8。

N,N′- 二乙酰基 -2,6- 二甲基 -1,4- 二氢吡嗪（**1e**）。黄色液体，产率为 22%。^{1}H NMR（400 MHz, $CDCl_3$），δ_H（ppm）: 2.06（s, 3H），2.08（s, 3H），2.11（s, 3H），2.13（s, 3H），6.25（s, 1H），6.72（s, 1H）；^{13}C NMR（100 MHz, $CDCl_3$）δ_C（ppm）: 17.8、18.1、21.6、23.9、119.2、19.3、124.9、126.4、165.5、170.4; HRMS（ESI+）:［M+H］$^+$ $C_{10}H_{15}N_2O_2$ 理论计算值为 195.113 4，检测值为 195.113 3。

N,N′- 二乙酰基 -2,3,5,6- 四甲基 -1,4- 二氢吡嗪（**1f**）。无色晶体，产率为 25%。熔点为 165.1 ～ 166.9 ℃；^{1}H NMR（400 MHz, $CDCl_3$），δ_H（ppm）: 2.03（s, 12H），2.12（s, 6H）；^{13}C NMR（100 MHz, $CDCl_3$）δ_C（ppm）: 16.9、23.7、130.9、168.9; HRMS（ESI+）:［M+H］$^+$ $C_{12}H_{19}N_2O_2$，理论计算值为 223.144 7，检测值 为 223.144 4。

N,N′- 二丙酰基 -1,4- 二氢吡嗪（**1g**）。白色透明色晶体，产率为 64%。熔点为 140～142 ℃；^{1}H NMR（400 MHz, $CDCl_3$），δ_H（ppm）: 1.16（m, 6H）, 2.27～2.34（m, 4H），5.85 ～ 6.62（m,4H）；^{13}C NMR（100 MHz, $CDCl_3$）；δ_C（ppm）：8.54、25.9、26.0、110.9、111.4、111.9、112.6、166.1、166.3; HRMS（ESI+）：[M+H]$^+$ $C_{10}H_{15}N_2O_2$ 理论计算值为 195.113 4, 检测值为 195.113 1。

N,N′- 二异丁基 -1,4- 二氢吡嗪（**1h**）。无色透明晶体，产率为 53%。熔点为 107 ～ 108 ℃；^{1}H NMR（400 MHz, $CDCl_3$），δ_H（ppm）: 1.10（d, 12H）, 2.27 ～ 2.34（m, 2H），5.90 ～ 6.58（m,4H）；^{13}C NMR（100 MHz, $CDCl_3$）；δ_C（ppm）：18.6、30.0、30.2、111.1、111.4、112.3、112.8、169.4、169.6; HRMS（ESI+）：[M+H]$^+$ $C_{12}H_{19}N_2O_2$，理论计算值为 223.144 7，检测值为 223.144 1。

1,4- 二氢吡嗪 -1,4- 二甲酸叔丁酯（**1i**）。在氮气保护下，向 5 mL 乙二醇二甲醚（DME）中依次加入 2,5- 二（二苯氧基磷酰氧基）-1,4- 二氢吡嗪 -1,4- 二甲酸叔丁酯（1.00 g，1.28 mmol）、醋酸钯（0.023 g，0.10 mmol）和三苯基磷（0.053 g，0.21 mmol），然后依次减压抽气、密封充氮气，连续 3 次，并搅拌 5 min；在室温下，将此溶液滴加到脱气的甲酸（0.240 mL，6.40 mmol）和三乙胺（1.10 mL，7.68 mmol）的 DME 混合溶液里；滴加完毕后，加热回流 2 h；冷却至室温后，通过硅藻土过滤，并用乙酸乙酯冲洗，用盐水清洗滤液，无水硫酸镁干燥，过滤后减压浓缩。残留物用硅胶柱层析（石油醚 / 乙酸乙酯 =98/2，体积比，下同），得到白色固体，产率为 43%，熔点为 103 ～ 105 ℃（文献值为 104 ～ 105 ℃）；^{1}H NMR（400 MHz, $CDCl_3$），δ_H（ppm）：1.44（s, 18H）, 5.77 ～ 6.03（m, 4H）。

2,5- 二苯基 -1,4- 二氢吡嗪 -1,4- 二甲酸叔丁酯（**1j**）。将 2,5- 二（二苯氧基磷酰氧基）-1,4- 二氢吡嗪 -1,4- 二甲酸叔丁酯（0.30 g，0.38 mmol）溶于 5 mL 四氢呋喃溶液，在氮气保护下加入双三苯基膦二氯化钯（0.027 g，0.04 mmol），在氮气保护下抽排 3 次，除尽空气，搅拌 15 min；然后加入苯硼酸（0.23 g，1.90 mmol），碳酸钠溶液（2N，1.35 mL）和几滴乙醇，回流 2 h。冷却至室温后，透过硅藻土过滤，并用乙酸乙酯冲洗，用盐水清洗有机层，用无水硫酸钠干燥，减压浓缩；残留物用硅胶柱层析（石油醚 / 乙酸乙酯 =98/2），得到白色固体，产率为 69%，熔点为 188 ～ 190 ℃（文献值为 188 ～ 189 ℃）；^{1}H NMR（400 MHz, $CDCl_3$），δ_H（ppm）: 1.06（s, 18H）, 6.45（s, 2H）, 7.21 ～ 7.35（m, 10H）。

2,5- 二甲氧羰基 -1,4- 二叔丁氧羰基吡嗪（**1k**）。将 5.6 g N- 对甲苯磺酰基 -N- 叔丁氧羰基 -α,β- 二氢 - 丙氨酸甲酯溶于无水乙腈中，加入等量的

DMAP 和 3 倍量的 K_2CO_3，加热回流约 6 h，用 TLC 检测（乙酸乙酯 / 石油醚 =2/1），显示反应完毕。

用减压蒸馏方法除去溶剂，将浓缩物溶于乙醚中，分别用硫酸氢钾（$KHSO_4$）水溶液、碳酸氢钠（$NaHCO_3$）水溶液，以及氯化钠（NaCl）水溶液依次洗涤，用无水硫酸镁（$MgSO_4$）干燥。硅胶柱层析（石油醚 / 乙酸乙酯 =8/1），得 2,5- 二甲氧羰基 -1,4- 二叔丁氧羰基吡嗪 1.3 g，产率为 38%，熔点为 156 ～ 157 ℃(文献值为 155 ～ 156 ℃)。^{1}H NMR（400 MHz, $CDCl_3$），δ_H（ppm）: 1.49（s, 18H），3.79（s, 6H），7.08（s, 2H）。

3. N,N′- 二酰基 -1,4- 二氢吡嗪的结构解析

N,N′- 二乙酰基 -2,5- 二甲基 -1,4- 二氢吡嗪（**1d**）。^{1}H NMR（400 MHz, $CDCl_3$），δ_H（ppm）: 2.15（s, 12H），5.93（s, 4H）; ^{13}C NMR（100 MHz, $CDCl_3$），δ_C（ppm）: 16.6、23.1、117.5、129.1、166.7 ; HRMS（ESI+）:［M+H］$^+$ $C_{10}H_{15}N_2O_2$ 理论计算值为 195.113 4, 检测值为 195.110 8。

在核磁氢谱上，δ2.15（s, 12H）归属于 4 个甲基，δ5.93（s, 2H）归属于 1,4- 二氢吡嗪环上 2 个氢。根据碳氢相关谱图可以看出，δ2.15 峰是来自吡嗪环上的甲基和乙酰基上的甲基，可以判断这是甲基氢位移相近造成的信号重合。

在核磁碳谱上，可以判断分子结构中含有 5 个碳的吸收，δ166.7 的峰对于羰基碳的吸收，δ117.5 和 129.1 的峰分别来自吡嗪环上的碳的吸收，δ16.6 和 23.1 的峰分别对应于吡嗪环上和乙酰基的甲基。高分辨质谱提供的分子峰［M+H］$^+$ 为 195.110 8，和 1d 的理论计算值 194.105 5 基本一致。可以判断 1d 的分子结构是 2,5- 二甲基 -1,4- 二乙酰基 -1,4- 二氢吡嗪。

4. N,N′- 二酰基 -1,4- 二氢吡嗪（1）的结构解析

1,4- 二氢吡嗪环上没有取代基的 **1a**、**1b**、**1g**、**1h** 和 **1i**，其吡嗪环的氢都表现为多重峰; 2- 和 5- 位有取代基的 **1d**、**1f**、**1j** 和 **1k**，其吡嗪环的氢都表现为单峰。以 **1b** 和 **1d** 为例进行对比分析。在溶液中，**1b** 会出现其 2 个羰基在吡嗪环同侧和异侧两种稳定的构象，其吡嗪环上的氢和碳在核磁图就会表现出多重峰。与 **1b** 的结构相比，**1d** 只是在 2- 和 5- 位多了 2 个甲基，在核磁谱图上没有表现出两种稳定的构象，由此可以判断，造成构象异构的主要原因不是空间位阻作用，而是羰基和吡嗪环上的氢形成了氢键，羰基的转动受到限制（图 3-5）。

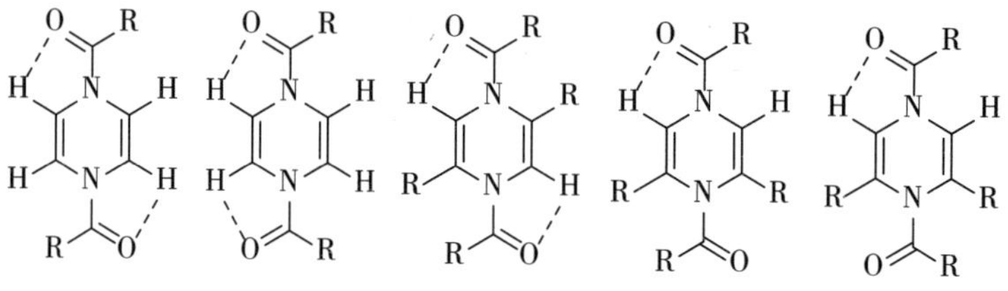

图 3-5　1,4- 二氢吡嗪（1）氢键

为了进一步证明分子构象现象导致了吡嗪环上氢的复杂裂分，以 **1b** 研究对象，分别做了 25 ℃、60 ℃和 100 ℃的变温 ^{1}H NMR（图 3-6）。由图 3-6 可以看出，随着温度的升高，吡嗪环上的氢的裂分由多重峰逐渐表现为单峰。分析其原因是随着温度的升高，分子能量增加，足以克服了氢键的作用力，分子的构象之间可以互相转换。

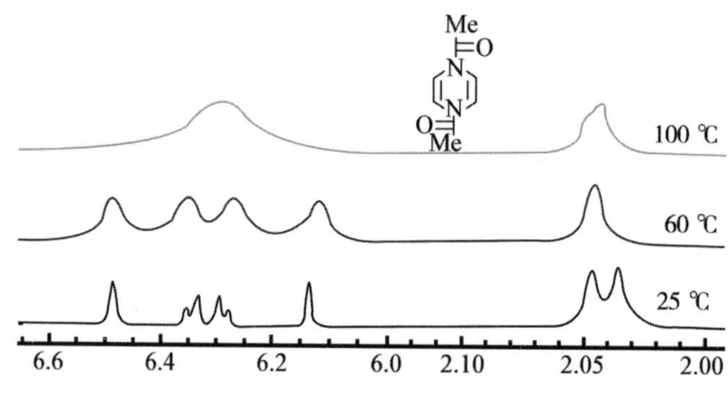

图 3-6　**1b** 的变温 ^{1}H NMR

3.2.2　1- 芳基 -1,4- 二氢吡嗪（2）的合成

1. 1- 芳基 -1,4- 二氢吡嗪（2）的合成研究

1- 芳基 -1,4- 二氢吡嗪（**2**）的合成参照 Sit 的合成法，即以芳胺和重氮乙酰乙酸乙酯为原料，醋酸铑［$Rh_2(OAc)_4$］作催化剂，合成中间体 N,N- 二烷基芳胺（**3**），**1** 与醋酸铵脱水关环得 1- 芳基 -1,4- 二氢吡嗪（**2**）（图 3-7）。

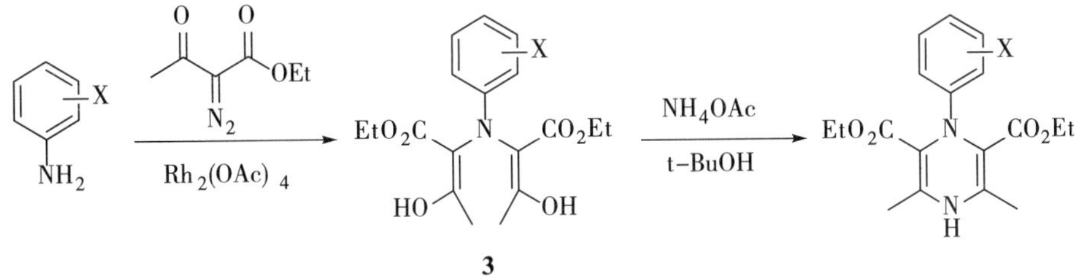

X为a，H；b，k，4—CH_3；c，3—CH_3；d，4—NO_2；e，3—NO_2；f，4—OCH_3；g，4—Cl；h，3—Cl；i，4—$CO_2C_2H_5$；j，2,5—diF，3,5—diCF_3

图 3–7　1– 芳基 –1,4– 二氢吡嗪（**2**）的合成

中间体 N,N– 二烷基芳胺（**3**）的合成以芳胺和重氮乙酰乙酸乙酯为原料，在醋酸铑二聚体催化作用下，无水苯中回流得到。通常条件下，TLC 跟踪反应过程，发现苯胺先与重氮乙酰乙酸乙酯生成 N– 烷基芳胺（**13**），然后再进一步反应，生成 N,N– 二烷基芳胺（**3**），**3** 的产率仅有 30 % 左右（图 3–8、表 3–3）。

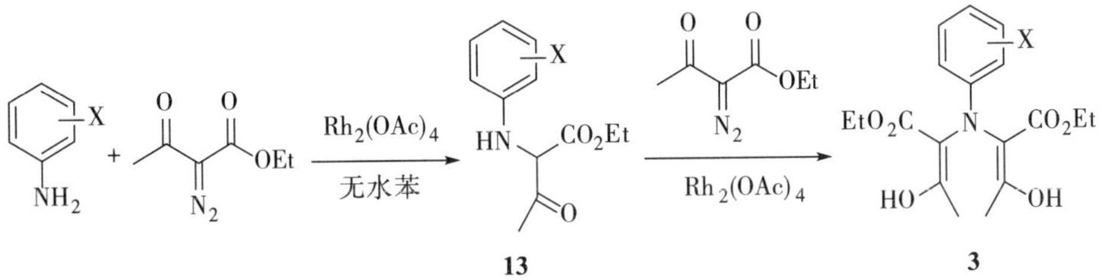

图 3–8　N,N– 二烷基芳胺（**3**）的制备

分析 **2** 产量低的原因，发现在 **2** 的制备过程中，伴随有大量副产物 **14** 的生成。为了确认 **14** 的结构，在解析 ^{1}H NMR 和 ^{13}C NMR 谱的基础上，以及 **14i** 的 X 射线晶体衍射分析（图 3–9、表 3–3），确定 **14** 的结构为 N– 芳基草酰乙酯。

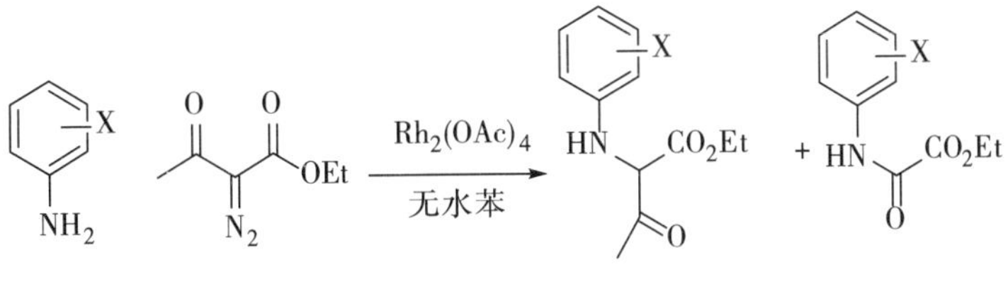

图 3–9　N,N– 二烷基芳胺（**3**）的副反应

对副产物 **14** 的生成机理进行了研究。首先，以等物质的量的苯胺和重氮乙酰乙酸乙酯为原料，在催化剂量的醋酸铑（0.2% ～ 0.4%，摩尔分数）作用下，

15 min 后出现 N- 烷基苯胺（**13a**），反应至 50 min 开始出现副产物（**14a**），初步推测 **14a** 是经由 **13a** 生成的。为了进一步确定 **14a** 的生成途径，取催化剂量的硝酸铈铵放于 **13a** 的溶液中，发现 **13a** 全部转化为 **14a**。该种现象同 Nair 报道的 1,3- 丁二酮胺氧化为 N- 芳胺基草酰乙酯的反应途径相似。此外，发现醋酸铑在反应过程中，不仅起着催化芳胺的 N- 烷基化反应的作用，而且在催化 **13a** 到 **14a** 的氧化反应，也起着重要的作用。在没有醋酸铑催化的条件下，**13a** 的溶液回流 24 h，也未见生成 **14a**（图 3-10）。

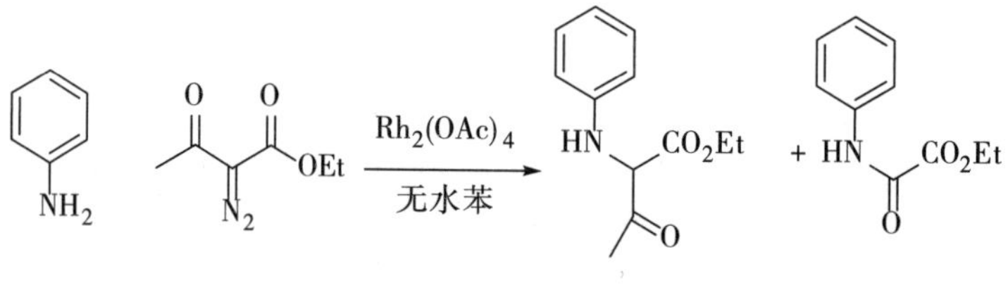

图 3-10　副产物 14a 的生成机理

为了进一步确认氧气在 **14a** 的生成过程中的作用，在催化剂量（摩尔分数为 0.2% ～ 0.4%）的醋酸铑作用下，重复 N- 烷基苯胺（**13a**）生成 **14a** 反应，在氧气存在的条件下，副产物 **14a** 产率明显增加；而在无氧的条件下，未见副产物 **14a** 的生成。因此，在合成中间体 N,N- 二烷基芳胺（**3**）的过程中必须隔绝氧气，在氮气保护条件下，**1** 的产率由原来的 19% ～ 39 %，明显提高到 40% ～ 69%（表 3-3）。

根据上述实验现象，推测 **14** 的生成机理如下：首先，反应体系中醋酸铑二聚体与重氮乙酰乙酸乙酯反应，生成铑卡宾中间体，铑卡宾中间体继续与芳胺反应得到 N- 烷基芳胺（**13**），在醋酸铑二聚体以及氧气的作用下，**13** 生成过氧化产物中间体，过氧化产物中间体分解，从而得到 N- 芳基草酰乙酯（**14**）（图 3-11）。

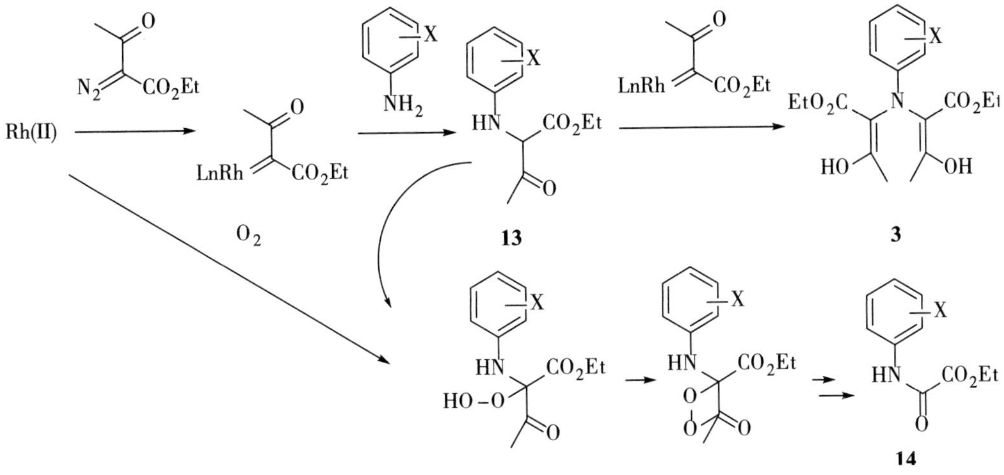

图 3-11　**14** 的生成机理

表 3-3　不同反应条件下 **3** 和 **14** 的产率

编号	X	产率[b]/%		产率[c]/%		产率[d]/%
		3[a]	14[e]	3	14	3
a	H	28	8	10	15	49
b	4—CH_3	21	8	8	14	45
c	3—CH_3	23	7	7	16	47
d	4—NO_2	31	23	14	35	66
e	3—NO_2	36	25	12	37	64
f	4—OCH_3	19	6	5	14	40
g	4—Cl	37	23	15	31	67
h	3—Cl	35	22	11	38	60
i	4—$CO_2CH_2CH_3$	30	29	13	41	69
j	2,5—diF	31	24	11	45	63
k	3,5—diCF_3	39	31	18	43	68

注：a 部分纯化产率，未表征；b 回流产率；c 空气存在条件下产率；d 氮气保护下；e 分离产率，^{1}H NMR 数据与文献相一致。

在对 N,N- 二烷基芳胺（**3**）的合成方法进行改进的基础上，以 **3** 与醋酸铵为原料，叔丁醇（t-BuOH）为溶剂，合成了一系列 1- 芳基 -1,4- 二氢吡嗪（**2**），实验结果见表 3-4。

表 3-4　1- 芳基 -1,4- 二氢吡嗪（2）的产率

化合物	取代基（X）	时间 /min	产率 /%	化合物	取代基（X）	时间 /min	产率 /%
2a	H	60	55	**2g**	4—Cl	60	63
2b	4—CH_3	50	48	**2h**	3—Cl	50	60
2c	3—CH_3	50	51	**2i**	4—CO_2Et	50	62
2d	4—NO_2	30	69	**2j**	2,5—diF	30	76
2e	3—NO_2	30	67	**2k**	3,5—diCF_3	30	73
2f	4—OCH_3	50	33				

由表 3-4 可以看出，以芳环带有不同取代基的 **3** 与醋酸铵为原料，都可得到 3,5- 二甲基 -1- 芳基 -1,4- 二氢吡嗪 -2,6- 二甲酸二乙酯（**2**），产率为 33%~76 %。芳环上取代基 X 的电子效应直接影响 **2** 的产率：X 为吸电基团时比为供电基团的产率高。例如，带有吸电基团的 **2j** 和 **2k** 产率分别为 76% 和 73%，而带有供电基团的 **2f** 产率为 33%。Sit 的文献只报道了 3,5- 二甲基 -1- 间硝苯基 -1,4- 二氢吡嗪 -2,6- 二甲酸二甲酯（X 为 3—NO_2）和 3,5- 二甲基 -1-（3- 硝基 -4- 氟苯基）-1,4- 二氢吡嗪 -2,6- 二甲酸二甲酯（X 为 3—NO_2，4—F）的合成，系列化合物 **2** 的合成证明了该合成方法具有一定的通用性。

2.1- 芳基 -1,4- 二氢吡嗪的合成方法

N,N- 二二烷基芳胺（**3**）的制备通法。在 50 mL 三口瓶中，加入 5 mmol 芳胺，5.5 mg 醋酸铑二聚体和 10 mL 干苯，保护气体氮气保护条件下，搅拌、加热至回流，滴加重氮乙酰乙酸乙酯的无水苯溶液（15 mmol 的重氮乙酰乙酸乙酯，10 mL 无水苯），50 min 滴加完毕，薄层色谱跟踪反应，硅胶柱层析（石油醚 / 乙酸乙酯 = 20/1），得白色晶体 **3a**，产率为 49 %；**3b**，45 %；**3c**，47 %；**3d**，66 %；**3e**，64 %；**3f**，40 %；**3g**，67 %；**3h**，60 %；**3i**，69 %；**3j**，63 %；**3k**，68 %。

1- 芳基 -1,4- 二氢吡嗪（**2**）的合成通法。在 25 mL 圆底烧瓶中，加入 1 mmol 的 **3**，0.1 g 醋酸铵和 15 mL 叔丁醇，搅拌、加热回流 30 min，薄层色谱检测（石油醚 / 乙酸乙酯 =1/1），至反应完毕。硅胶柱层析（石油醚 / 乙酸乙酯 =20/1），得淡黄色晶体 **2**。

3,5-二甲基-1-苯基-1,4-二氢吡嗪-2,6-二甲酸二乙酯（**2a**）。产率为55 %，mp为226.5~227.7 ℃，文献值为228 ℃。^{1}H NMR（400 MHz, $CDCl_3$），δ 1.24 ～ 128（m, 6H, —$CO_2CH_2CH_3$），2.40（s, 6H, —CH_3），4.23 ～ 4.25（m, 4H, —$CO_2CH_2CH_3$），5.80（s, 1H, —NH），6.69 ～ 7.17（m, 5H, Ar—H）。

3,5-二甲基-1-对甲苯基-1,4-二氢吡嗪-2,6-二甲酸二乙酯（**2b**）。产率为48 %，mp为151.9 ～ 153.1 ℃。文献值为211 ℃。^{1}H NMR（400 MHz, $CDCl_3$），δ1.23 ～ 1.27（m, 6H, —$CO_2CH_2CH_3$），2.23（s, 3H, Ar—CH_3），2.38（s, 6H, —CH_3），4.20 ～ 4.25（m, 4H, —$CO_2CH_2CH_3$），5.76（s, 1H, —NH），6.61（d, 2H, J = 8.4 Hz, Ar—H），6.98（d, 2H, J =8.4 Hz, Ar—H）。

3,5-二甲基-1-间甲苯基-1,4-二氢吡嗪-2,6-二甲酸二乙酯（**2c**）。产率为51 %，mp为160.8 ～ 161.4 ℃，文献值为176 ℃。^{1}H NMR（400 MHz, $CDCl_3$），δ1.24 ～ 1.27（m, 6H, —$CO_2CH_2CH_3$），2.25（s, 3H, Ar—CH_3），238（s, 6H, —CH_3），4.21 ～ 4.26（m, 4H, —$CO_2CH_2CH_3$），5.29（s, 1H, —NH），6.49 ～ 7.05（m, 4H, Ar—H）。

3,5-二甲基-1-对硝基苯基-1,4-二氢吡嗪-2,6-二甲酸二乙酯（**2d**）。产率为69 %，mp为212.8 ～ 214.3 ℃。^{1}H NMR（400 MHz, $CDCl_3$），δ1.27 ～ 1.30（m, 6H, —$CO_2CH_2CH_3$），2.51（s, 6H, —CH_3），4.27 ～ 4.30（m, 4H, —$CO_2CH_2CH_3$），6.13（s, 1H, —NH），6.66（d, 2H, J = 9.2 Hz, Ar—H），8.09（d, 2H, J = 9.2 Hz, Ar—H）。^{13}C NMR（100 MHz, $CDCl_3$），δ14.3、17.6、60.6、107.6、111.7、125.1、139.8、148.9、154.7、164.7。MS ESI m/z（%）= 376.1［M + H］$^{+}$。

3,5-二甲基-1-间硝基苯基-1,4-二氢吡嗪-2,6-二甲酸二乙酯（**2e**）。产率为67 %，mp为212 ～ 214 ℃。^{1}H NMR（400 MHz, $CDCl_3$），δ1.25 ～ 1.28（m, 6H, —$CO_2CH_2CH_3$），2.46（s, 6H, —CH_3），4.24 ～ 4.31（m, 4H, —$CO_2CH_2CH_3$），5.91（s, 1H, —NH），6.95 ～ 7.68（m, 4H, Ar—H）。^{13}C NMR（100 MHz, $CDCl_3$），δ 14.3、17.8、60.5、107.8、108.6、114.0、118.8、129.0、148.7、149.1、151.1、165.1。MS ESI m/z（%）= 376.2［M + H］$^{+}$。

5-二甲基-1-对甲氧基苯基-1,4-二氢吡嗪-2,6-二甲酸二乙酯（**2f**）。产率为33 %，mp为171.4 ～ 171.8 ℃。^{1}H NMR（400 MHz, $CDCl_3$），δ1.24 ～ 1.28（m, 6H, —$CO_2CH_2CH_3$），2.38（s, 6H, —CH_3），3.73（s, 3H, —OCH_3），4.20 ～ 4.26（m, 4H, —$CO_2CH_2CH_3$），5.74（s, 1H, —NH），6.73（s, 4H, Ar—H）。^{13}C NMR（100 MHz, $CDCl_3$），δ14.4、17.8、55.1、60.3、99.7、104.6、109.6、

129.2、148.1、152.1、160.1、166.0。MS ESI m/z（%）= 361.2［M + H］$^+$。

3,5- 二甲基 -1- 对氯苯基 -1,4- 二氢吡嗪 -2,6- 二甲酸二乙酯（**2g**）。产率为 63 %，mp 为 212.8 ～ 214.3 ℃。^{1}H NMR（400 MHz, $CDCl_3$），δ1.24 ～ 1.27（m, 6H, —$CO_2CH_2CH_3$）, 2.41（s, 6H, —CH_3）, 4.21 ～ 4.26（m, 4H, —$CO_2CH_2CH_3$）, 5.79（s, 1H, —NH）, 6.61（d, 2H, J = 9.2 Hz, Ar—H）, 7.08（d, 2H, J = 9.2 Hz, Ar—H）。^{13}C NMR（100 MHz, $CDCl_3$），δ14.3、17.8、60.3、109.4、114.3、124.3、128.3、148.4、149.0、165.8。MS ESI m/z（%）= 365.2［M + H］$^+$。

3,5 ～二甲基 -1- 间氯苯基 -1,4- 二氢吡嗪 -2,6- 二甲酸二乙酯（**2h**）。产率为 60 %，mp 为 181.2 ～ 183.0 ℃，文献值为 214 ℃。^{1}H NMR（400 MHz, $CDCl_3$），δ1.26 ～ 1.30（m, 6H, —$CO_2CH_2CH_3$）, 2.43（s, 6H, —CH_3）, 4.25 ～ 4.26（m, 4H, —$CO_2CH_2CH_3$）, 6.02（s, 1H, —NH）, 6.56 ～ 7.08（m, 4H, Ar—H）。

3,5- 二甲基 -1- 对乙氧羰基苯基 -1,4- 二氢吡嗪 -2,6- 二甲酸二乙酯（**2i**）。产率为 62 %，mp 为 198.6 ～ 200.3 ℃。^{1}H NMR（400 MHz, $CDCl_3$），δ1.23 ～ 1.27（m, 6H, —$CO_2CH_2CH_3$）, 1.34 ～ 1.38（m, 3H, —CH_3）, 2.44（s, 6H, —CH_3）, 4.23 ～ 4.26（m, 4H, —$CO_2CH_2CH_3$）, 4.29 ～ 4.35（m, 2H, —$CO_2CH_2CH_3$）, 6.11（s, 1H, —NH）, 6.65（d, 2H, J = 9.2 Hz, Ar—H）, 7.84（d, 2H, J = 9.2 Hz, Ar—H）。^{13}C NMR（100 MHz, $CDCl_3$），δ14.3、14.4、17.5、60.3、60.4、108.3、111.9、120.9、130.4、148.7、153.8、165.4、167.0。MS ESI m/z（%）= 389.0［M + H］$^+$。

3,5- 二甲基 -1-（2,5- 二氟苯基）-1,4- 二氢吡嗪 -2,6- 二甲酸二乙酯（**2j**）。产率为 76 %，mp 为 143.2 ～ 145.4 ℃。^{1}H NMR（400 MHz, $CDCl_3$），δ1.26 ～ 1.29（m, 6H, —$CO_2CH_2CH_3$）, 2.39（s, 6H, —CH_3）, 4.20 ～ 4.25（m, 4H, —$CO_2CH_2CH_3$）, 5.99（s, 1H, —NH）, 6.45 ～ 6.91（m, 3H, Ar—H）。^{13}C NMR（100 MHz, $CDCl_3$），δ14.3、17.8、60.5、108.8、108.8、114.3、118.8、129.3、148.8、151.3、155.1、165.8。MS ESI m/z（%）=367.1［M + H］$^+$。

3,5- 二甲基 -1-（3,5- 二三氟甲基）苯基 -1,4- 二氢吡嗪 -2,6- 二甲酸二乙酯（**2k**）。产率为 73 %，mp 为 187.8 ～ 189.2 ℃。^{1}H NMR（400 MHz, $CDCl_3$），δ1.25 ～ 1.28（m, 6H, —$CO_2CH_2CH_3$）, 2.49（s, 6H, —CH_3）, 4.20 ～ 4.23（m, 4H, —$CO_2CH_2CH_3$）, 5.98（s, 1H, —NH）, 7.02（s, 2H, Ar ～ H）, 7.31（s, 1H, Ar—H）。^{13}C NMR（100 MHz, $CDCl_3$），δ14.2、17.9、60.6、108.2、112.3、112.5、122.2、124.9、131.4、131.7、149.2、150.6、164.7。MS ESI m/z（%）= 467.3［M + H］$^+$。

3. 1- 芳基 -1,4- 二氢吡嗪的结构解析

3,5- 二甲基 -1- 对硝苯基 -1,4- 二氢吡嗪 -2,6- 二甲酸二乙酯（**2d**）结构解析。**2d**（X 为 4-NO_2）的 ^1H NMR（图 3-1），^1H NMR（400 MHz, $CDCl_3$），δ1.27 ～ 1.30（m, 6H, —$CO_2CH_2CH_3$），2.51（s, 6H, —CH_3），4.27 ～ 4.30（m, 4H, —$CO_2CH_2CH_3$），6.13（s, 1H, —NH），6.66（d, 2H, J = 9.2 Hz, Ar—H），8.09（d, 2H, J = 9.2 Hz, Ar—H）。^{13}C NMR（图 3-2），^{13}C NMR（100 MHz, $CDCl_3$），δ14.3、17.6、60.6、107.6、111.7、125.1、139.8、148.9、154.7、164.7。MS ESI m/z（%）= 376.1［M + H］$^+$。

核磁共振氢谱所示，**2d** 的结构中共有 21 个 H 原子，其中，δ = 6.13 对应吡嗪环上氮原子上活泼氢的峰；δ = 6.66 和 δ = 8.09 对应苯环上的 4 个 H 原子；δ = 4.27 ～ 4.30 对应 2 个—$CO_2CH_2CH_3$ 上的 4 个 H 原子；δ = 2.51 对应吡嗪环上 2 个—CH_3 的 6 个 H 原子，δ = 1.27 ～ 1.30 对应 2 个—$CO_2CH_2CH_3$ 的 6 个 H 原子。从核磁共振碳谱（^{13}C NMR，图 3-29）可以判断结构中共有 10 个不同的 C 原子峰，由于芳环以及吡嗪环结构的对称性，可以判断结构中有 18 个 C 原子，δ 值 164.7 对应 2 个羰基的 C 原子，δ 值 107.6 ～ 154.7 对应芳环和吡嗪环上 8 个 C 原子，δ 值从 14.4 ～ 60.4 对应烷基的 C 原子；根据 **2d** 的质谱 MS ESI m/z（%）=376.1［M + H］$^+$，分子量为 375.0，根据 N 规则，分子里应该包含奇数个 N 原子。综合这些谱图数据，推导出 **2d** 为 3,5- 二甲基 -1- 对硝苯基 -1,4- 二氢吡嗪 -2,6- 二甲酸二乙酯。

3.2.3　N,N′-1,4- 二芳基 -1,4- 二氢吡嗪（4）的合成

1. N,N′-1,4- 二芳基 -1,4- 二氢吡嗪（4）的合成研究

（1）1,4- 二芳基 -1,4- 二氢吡嗪（**4a~4l**）的合成。参照 1- 芳基 -1,4- 二氢吡嗪（**2**）的合成方法，以芳胺和 N,N- 二烷基芳胺（**3**）为原料，叔丁醇为（t-BuOH）溶剂，缩合关环而得。**4** 的结构设计如图 3-12、表 3-5 所示。

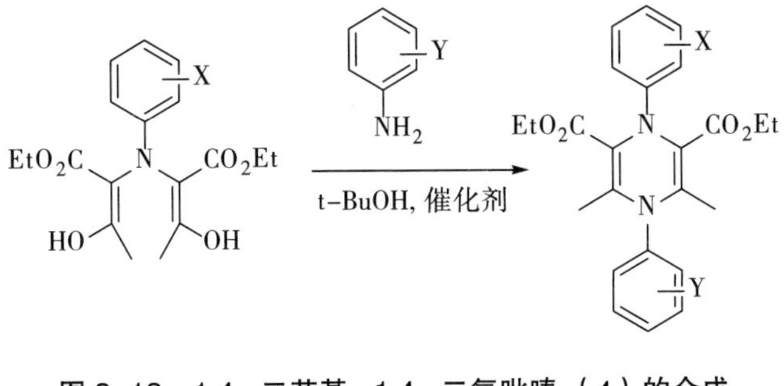

图 3-12　1,4- 二芳基 -1,4- 二氢吡嗪（4）的合成

表 3–5　不同催化剂作用下 **4a** 的产率

催化剂	催化剂量（摩尔分数）/%	时间 /h	产率 /%	催化剂	催化剂量（摩尔分数）/%	时间 /h	产率 /%
醋酸	0.4	5	40	盐酸	0.6	3.0	59
硫酸	0.4	4.5	45	盐酸	0.8	2.5	60
氯化锌	0.4	4.0	49	盐酸	1.0	2.0	63
盐酸	0.4	3.5	58	盐酸	1.2	2.0	59

以 **3a**（X、Y 为 H）的合成为例，系统地研究催化剂种类、催化剂用量、反应物料比例等因素对于 **3a** 产率的影响。

催化剂种类及用量的影响。以 N,N– 二烷基化苯胺（**3a**, X 为 H）和苯胺为原料，叔丁醇为溶剂，在催化剂为醋酸、硫酸、盐酸、氯化锌等的条件下，**4a** 产率见表 3–5。当催化剂为 1%（摩尔分数）盐酸时，**4a** 的反应时间较短，产率最高。盐酸之所以能够催化反应、提高反应的产率，其反应机理应为酸性条件下 2,2– 亚甲基 – 二（3– 羟基 –5,5– 二甲基环己 –2– 烯 –1– 酮）与苯胺生成 1– 芳基 –1,4– 二氢吡啶。在盐酸催化条件下，中间体 **3a** 中羟基很容易被质子化，从而容易离去并与苯胺发生环合胺解反应。1%（摩尔分数）的盐酸对反应的催化作用最好，增大盐酸的加入量，芳胺也将被质子化，其亲核反应的能力将会下降。

反应物质的量之比的影响。在确定摩尔分数为 1% 的盐酸作催化剂的基础上，N,N– 二烷基苯胺（**3a**）和苯胺的物料比对反应的影响见表 3–6。结果表明，当 **3a** 和苯胺的物质的量之比为 1 ∶ 1.2 时，反应产率最高，为 66 %，苯胺过量 0.2 倍有利于反应进行；但苯胺的量过多，产率反而会下降，因为过多的苯胺还可以与 1,4– 二芳基 –1,4– 二氢吡嗪（**4**）的 2– 和 6– 位的酯基发生胺解反应，生成 1,4– 二苯基 –1,4– 二氢吡嗪 –2– 甲酸二乙酯 –6– 苯基酰胺（**4′**），导致目标化合物产率降低（表 3–6）。

表 3–6　N,N– 二烷基苯胺 **3a** 和苯胺的物料比对 **4a** 产率的影响

N,N– 二烷基苯胺 : 苯胺（物质的量之比）	产率 /%
0.8 : 1	59
1 : 1	63
1 : 1.2	66

续表

N,N– 二烷基苯胺 : 苯胺（物质量比）	产率 /%
1∶1.4	60

在 **4a** 的合成研究的基础上，确定 1%（摩尔分数）的盐酸作催化剂，N,N– 二烷基苯胺（**3**）和苯胺物料比 1 ∶ 1.2 为合成 **4** 的反应条件。选取带有不同取代基（X 和 Y）的 N,N– 二烷基芳胺 **3** 和芳胺，进行 1,4– 二芳基 –1,4– 二氢吡嗪（**4**），产率为 29% ～ 68 %（表 3–7）。结果表明，N,N– 二烷基苯胺 **3** 的取代基 X 的电子效应对 **4** 的合成有明显的影响。X 为吸电基团有利于 **4** 的合成。如，**4i**（X 为 4—Cl, Y 为 4—Cl）在 1.5 h 的反应时间内得到 62 % 的产率，而 **4c**（X 为 H,Y 为 4—Cl）和 **4b**（X 为 4—Me, Y 为 4—Cl）分别在 2 h 内得到 55 % 和 31 % 的产率。

表 3–7 1,4– 二芳基 –1,4– 二氢吡嗪（4a~4l）的产率

化合物	取代基（X）	取代基（Y）	时间 /h	产率 /%	化合物	取代基（X）	取代基（Y）	时间 /h	产率 /%
4a	H	H	2	56	**4g**	4—Cl	H	2	63
4b	H	4—Me	2.5	55	**4h**	4—Cl	4—Me	2.5	60
4c	H	4—Cl	2	55	**4i**	4—Cl	4—Cl	1.5	62
4d	4—Me	H	3	33	**4j**	4—Cl	4—OMe	2.5	59
4e	4—Me	4—OMe	3.5	29	**4k**	4—CO_2Et	4—CO_2Et	1.5	68
4f	4—Me	4—Cl	2	31	**4l**	3—NO_2	3—NO_2	1.5	62

因此在盐酸催化条件下，N,N– 二烷基芳胺（**3**）和芳胺可以缩合生成 1,4– 二芳基 –1,4– 二氢吡嗪（**4**）。该方法将 1– 芳基 –1,4– 二氢吡嗪的合成方法推广到 1,4– 二芳基 –1,4– 二氢吡嗪，为 1,4– 杂环己二烯的制备提供了新的思路。

（2）N,N′– 二芳基 –1,4– 二氢吡嗪（**4m～4q**）的合成。参考 Fourrey 的合成方法，即首先用苯乙酮和溴反应制备 α – 溴代苯乙酮；然后 α – 溴代苯乙酮与苯胺在碳酸钠乙醇溶液中反应，制备 N,N′– 二苯酰乙基苯胺；在加热回流的甲苯溶液中，以对甲苯磺酸为催化剂，N,N′– 二苯酰乙基苯胺与芳胺反应，得 N,N′– 二芳基 –1,4– 二氢吡嗪（**4**），结果见表 3–8 和图 3–13。由表 3–8 中数据可知，当苯胺的苯环上带有给电子基团时，反应产率较高，反应时间略长。例如，**4n** 合成反应需要 5 h，产率为 43%，而 **4q** 合成反应需要 3 h，产率为 28%。

表 3–8　**4m～4q** 的产率

化合物	R	时间 /h	产率 /%
4m	H	5	45
4n	Me	5	43
4o	OMe	4	31
4p	Cl	3	36
4q	NO_2	3	28

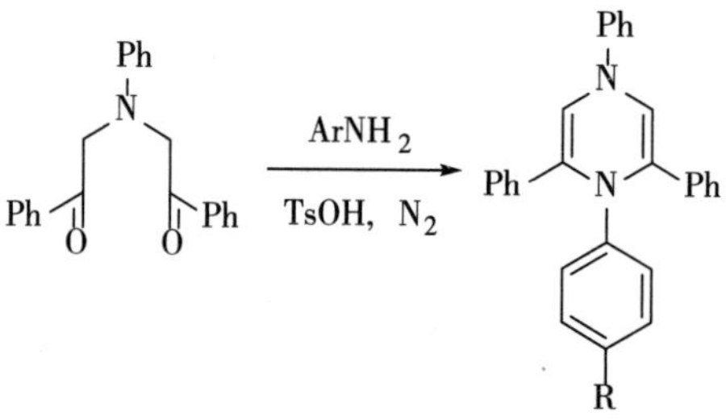

图 3–13　**4m～4q** 的合成

尝试以溴代苯乙酮和苯胺为原料，采用一锅法合成 N,N′– 二芳基 –1,4– 二氢吡嗪。溴代苯乙酮与苯胺在加热回流的乙醇（EtOH）中，以碳酸钠为缚酸剂反应，当溴代苯乙酮完全消失时，加入对甲苯磺酸，继续加热回流。通过薄层色谱检测，反应没有 **4** 的生成，分离主产物，并经过核磁共振和 X 射线单晶衍射数据确认产物结构是（Z）–1,4– 二苯基 –2– 苯胺基 –2– 丁烯 –1,4– 二酮（图 3–14）。

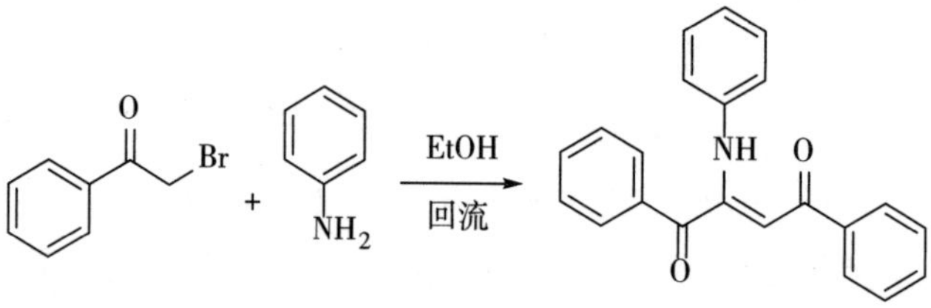

图 3–14　一锅法合成 N,N′– 二芳基 –1,4– 二氢吡嗪副反应

2. N,N′–1,4– **二芳基 –1,4– 二氢吡嗪（4）的合成方法**

化合物（**4a～4l**）的合成通法。1.0×10^{-3} mol N,N– 二烷基芳胺（**3**）和 1.0×10^{-3} mol 芳胺，50 mL 丁醇为溶剂，加入 0.1% 盐酸，加热回流；薄层色谱

检测至反应结束，滤液浓缩，除去溶剂，用乙醇重结晶，得到**4a~4l**。

3,5-二甲基-1,4-二苯基-1,4-二氢吡嗪-2,6-二甲酸乙酯（**4a**）。产率为56%，mp为226.5～227.7 ℃。^{1}H NMR（400 MHz, $CDCl_3$），δ 1.24～1.28（m, 6H, —$CO_2CH_2CH_3$），2.17（s, 6H, —CH_3），4.23～4.28（m, 4H, —$CO_2CH_2CH_3$），6.78（m, 2H, Ar—H），6.89～6.90（m, 3H, Ar—H），7.17～7.26（m, 2H, Ar—H），7.35～7.37（m, 3H, Ar—H）。^{13}C NMR（100 MHz, $CDCl_3$），δ14.4、16.4、60.4、112.1、113.3、128.5、129.3、130.4、138.4、148.9、150.5、166.8。

3,5-二甲基-1-苯基-4-对氯苯基-1,4-二氢吡嗪-2,6-二甲酸乙酯（**4b**）。产率为55%, mp为200.1～201.3 ℃。^{1}H NMR（400 MHz, $CDCl_3$），δ1.24～1.28（m, 6H, —$CO_2CH_2CH_3$），2.18（s, 6H, —CH_3），4.23～4.28（m, 4H, —$CO_2CH_2CH_3$），6.74～7.35（m, 9H, Ar—H）。^{13}C NMR（100 MHz, $CDCl_3$），δ14.4、16.4、60.4、112.4、113.2、119.5、128.5、129.6、131.7、35.1、136.9、150.2、150.9、166.4。

3,5-二甲基-1-苯基-4-对甲苯基-1,4-二氢吡嗪-2,6-二甲酸乙酯（**4c**）。产率为55%，mp为201.5~202.7 ℃。^{1}H NMR（400 MHz, $CDCl_3$），δ1.26～1.30（m, 6H, —$CO_2CH_2CH_3$），2.20（s, 6H, —CH_3），2.31（s, 3H, Ar—CH_3），4.24～4.29（m, 4H, —$CO_2CH_2CH_3$），6.77～7.28（m, 9H, Ar—H）。^{13}C NMR（100 MHz, $CDCl_3$），δ14.4、16.4, 21.1、60.2、111.6、113.2、119.2、128.4、129.9、130.0、135.7、139.0、150.8、151.1、166.6。

3,5-二甲基-1-对氯苯基-4-苯基-1,4-二氢吡嗪-2,6-二甲酸乙酯（**4d**）。产率为63%, mp为217.5～218.3 ℃。^{1}H NMR（400 MHz, $CDCl_3$），δ1.26～1.30（m, 6H, —$CO_2CH_2CH_3$），2.20（s, 6H, —CH_3），4.24～4.29（m, 4H, —$CO_2CH_2CH_3$），6.69～7.41（m, 9H, Ar—H）。^{13}C NMR（100 MHz, $CDCl_3$），δ14.4、16.4、55.5、111.3、114.3、114.5、124.0、128.3、129.3、130.6、131.2、149.2、151.1、159.2、166.0。

3,5-二甲基-1,4-二（对氯苯基）-1,4-二氢吡嗪-2,6-二甲酸乙酯（**4e**）。产率为62%, mp为214.3～216.4 ℃。^{1}H NMR（400 MHz, $CDCl_3$），δ1.28（m, 6H, —$CO_2CH_2CH_3$），2.20（s, 6H, —CH_3），4.23～4.27（m, 4H, —$CO_2CH_2CH_3$），6.67（d, 2H, J = 8.8 Hz, Ar—H），6.88（d, 2H, J = 8.4 Hz, Ar—H），7.13（d, 2H, J = 8.8 Hz, Ar—H），7.37（d, 2H, J = 8.4 Hz, Ar—H）。^{13}C NMR（100 MHz, $CDCl_3$），δ14.4、16.2、58.5、113.5、114.3、114.8、124.3、128.9、129.3、130.3、134.9、149.7、153.6、159.7、164.2。

3,5～二甲基-1-对氯苯基-4-对甲苯基-1,4-二氢吡嗪-2,6-二甲酸乙酯（**4f**）。产率为60%, mp为222.2～223.4 ℃。^{1}H NMR（400 MHz, $CDCl_3$），δ1.25～1.29（m, 6H, —$CO_2CH_2CH_3$），2.16（s, 6H, —CH_3），4.26（m, 4H, —$CO_2CH_2CH_3$），6.67～7.37（m, 8H, Ar—H）。^{13}C NMR（100 MHz, $CDCl_3$），δ14.4、16.4、55.5、111.3、114.3、114.5、124.0、128.3、129.3、130.6、134.2、149.7、153.4、159.7、167.2。

3,5-二甲基-1-对氯苯基-4-对甲氧苯基-1,4-二氢吡嗪-2,6-二甲酸乙酯（**4g**）。产率为59%, mp为128.6～129.3 ℃。^{1}H NMR（400 MHz, $CDCl_3$），δ1.25～1.28（m, 6H, —$CO_2CH_2CH_3$），1.86（s, 6H, —CH_3），4.17～4.28（m, 4H, —$CO_2CH_2CH_3$），6.57～6.62（m, 4H, Ar—H），7.10～7.16（m, 4H, Ar—H）。^{13}C NMR（100 MHz, $CDCl_3$），δ14.4、16.4、55.5、60.3、111.3、114.3、114.5、124.0、128.3、129.3、130.6、131.2、149.7、151.4、159.7、166.2。

3,5-二甲基-1-对甲苯基-4-苯基-1,4-二氢吡嗪-2,6-二甲酸乙酯（**4h**）。产率为33%, mp为220.3～221.5 ℃。^{1}H NMR（400 MHz, $CDCl_3$），δ1.25～1.28（m, 6H, —$CO_2CH_2CH_3$），2.17（s, 6H, —CH_3），2.72（s, 3H, Ar—CH_3），4.22～4.27（m, 4H,—$CO_2CH_2CH_3$），6.67～7.37（m, 9H, Ar—H）。^{13}C NMR（100 MHz, $CDCl_3$），δ14.4、16.5、20.5、60.3、112.1、113.3、128.5、128.9、129.0、129.3、130.4、138.4、148.9、150.5、166.8。

3,5-二甲基-1-对甲苯基-4-对氯苯基-1,4-二氢吡嗪-2,6-二甲酸乙酯（**4i**）。产率为31%, mp为153.2.1～154.6 ℃。^{1}H NMR（400 MHz, $CDCl_3$），δ1.26～1.30（m, 6H, —$CO_2CH_2CH_3$），2.18（s, 6H, —CH_3），2.29（s, 3H, Ar—CH_3），4.25～4.27（m, 4H, —$CO_2CH_2CH_3$），6.67～7.36（m, 8H, Ar—H）。^{13}C NMR（100 MHz, $CDCl_3$），δ14.4、16.4、20.5、55.5、112.0、113.3、114.3、128.4、129.0、130.9、131.3、149.0、150.4、159.1、166.3。

3,5-二甲基-1-对甲苯基-4-对甲氧苯基-1,4-二氢吡嗪-2,6-二甲酸乙酯（**4j**）。产率为29%, mp为171.1～172.4 ℃。^{1}H NMR（400 MHz, $CDCl_3$），δ1.26（m, 6H, —$CO_2CH_2CH_3$），2.16（s, 6H, —CH_3），2.27（s, 3H, —CH_3），2.35（s, 3H,—CH_3），4.23（m, 4H, —$CO_2CH_2CH_3$），6.67（d, 2H, J = 8.8 Hz, Ar—H），6.78（d, 2H, J = 8.4 Hz, Ar—H），6.97（d, 2H, J = 8.4 Hz, Ar—H），7.13（d, 2H, J = 8.0 Hz, Ar—H）。^{13}C NMR（100 MHz, $CDCl_3$），δ14.4、16.4、20.5、55.5、60.2、112.0、113.3、114.3、128.4、129.0、130.9、131.3、149.0、150.9、159.6、166.8。

3,5-二甲基-1,4-二（对乙氧羰基苯基）-1,4-二氢吡嗪-2,6-二甲酸乙酯（**4k**）。产率为68%, mp为180.1～182.3 ℃。^{1}H NMR（400 MHz, $CDCl_3$），δ1.23～1.26（m, 6H, $ArCO_2CH_2CH_3$），1.36～1.41（m, 6H, —$CO_2CH_2CH_3$），2.21（s, 6H, —CH_3），4.22～4.27（m, 4H, $ArCO_2CH_2CH_3$），4.31～4.41（m, 4H, —$CO_2CH_2CH_3$），6.70（d, 2H, J = 8.8 Hz, Ar—H），7.02（d, 2H, J = 8.4 Hz, Ar—H）,7.88（d, 2H,J = 8.8 Hz, Ar—H）,8.05（d, 2H,J = 8.8 Hz,Ar—H）。^{13}C NMR（100 MHz, $CDCl_3$），δ14.8、16.5、16.7、59.8、60.5、61.5、110.5、116.1、116.5、121.3、122.4、124.7、125.6、131.3、134.9、149.8、153.3、159.7、161.8。

3,5-二甲基-1,4-二（间硝基苯基）-1,4-二氢吡嗪-2,6-二甲酸乙酯（**4l**）。产率为62%, mp为66.5～67.3 ℃。^{1}H NMR（400 MHz, $CDCl_3$），δ1.25～1.28（m, 6H, —$CO_2CH_2CH_3$）, 2.24（s, 6H, —CH_3）, 4.28（m, 4H, —$CO_2CH_2CH_3$）, 7.01～7.73（m, 8H, Ar—H）。^{13}C NMR（100 MHz, $CDCl_3$），δ14.8、16.5、61.5、114.5、114.9、115.3、124.7、128.9、129.5、131.3、134.9、149.6、153.8、159.9、164.7。

1,4-二芳基-1,4-二氢吡嗪-2,6-二甲酸二乙酯（**4a**）图谱解析。**4a**（X、Y为H）的^{1}H NMR（400 MHz, $CDCl_3$），δ1.24～1.28（m, 6H, —$CO_2CH_2CH_3$），2.18（s, 6H, —CH_3）, 4.23～4.28（m, 4H, —$CO_2CH_2CH_3$）, 6.78（m, 2H, Ar—H），6.89～6.90（m, 3H, Ar—H）, 7.17～7.26（m, 2H, Ar—H）, 7.35～7.37（m, 3H, Ar—H）。^{13}C NMR（图3-4），^{13}C NMR（100 MHz, $CDCl_3$），δ14.4、16.4、60.4、112.1、113.3、128.5、129.3、130.4、138.4、148.9、150.5、166.8。MS ESI m/z（%）为407.2[M + H]$^+$。

核磁共振氢谱所示，**4a**的结构中共有26个H原子，其中无活泼氢的峰；δ = 6.78～7.37对应苯环上的10个H原子；δ = 4.23～4.28对应2个—$CO_2CH_2CH_3$上的4个H原子；δ = 2.18对应吡嗪环上2个—CH_3的6个H原子，δ = 1.24~1.28对应2个—$CO_2CH_2CH_3$的6个H原子。从核磁共振碳谱可以判断结构中共有14个不同的C原子峰，由于芳环以及吡嗪环结构的对称性，可以判断结构中有24个C原子，δ值166.8对应2个羰基的C原子，δ值从112.1～150.5为芳环和吡嗪环上14个C原子，δ值从14.4～60.4为烷基的碳；根据**4a**的质谱MS ESI m/z（%）= 407.2[M + H]$^+$，分子量为406.1，根据N规则，分子里应该包含偶数个N原子。综合这些谱图数据，推导出**4a**为1,4-二芳基-1,4-二氢吡嗪-2,6-二甲酸二乙酯。

由**4a**的X射线单晶衍射数据分析（图3-15、表3-9），进一步证实其结构为 3,5- 二甲基 -1,4- 二苯基 -1,4- 二氢吡嗪 -2,6- 二甲酸二乙酯（剑桥号为 CCDC 775906）。

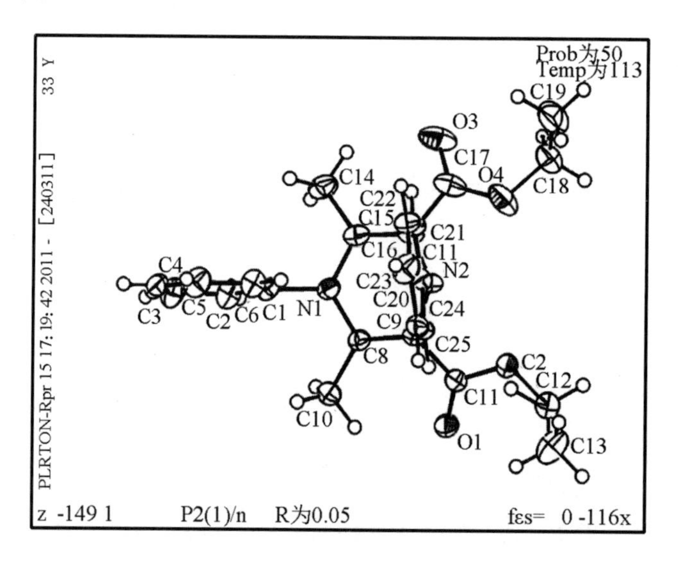

图 3-15　4a 的 X 射线单晶衍射图

表 3-9　4a 的晶体学基本参数

晶体学基本参数	参数值	晶体学基本参数	参数值
分子式	$C_{24}H_{26}N_2O_4$	γ /（°）	90.00
相对分子质量	406.47	体积 V/mm³	0.004 32
晶体大小 /mm	0.20 × 0.18 × 0.12	计算密度 /（mg · m⁻³）	1.271
晶系	单斜晶系	线性吸收系数 /mm⁻¹	0.19
空间群	$P2_1/n$	晶胞分子数 Z	4
晶胞参数		晶胞电子的数目 F_{000}	960
a/nm	1.016 0（2）	衍射实验温度 /K	113（2）
b/nm	1.752 2（4）	衍射波长 λ/nm	0.071 073
c/nm	1.382 1（3）	衍射光源	Mo kα
β/（°）	1.049 3（3）	衍射角度 θ/（°）	1.6~27.9

1- 对氯苯基 -4- 对甲苯基 -1,4- 二氢吡嗪 -2- 甲酸乙酯 -6- 对甲苯基酰胺（**3h′**）的图谱解析。**3h′**（X 为 4—Cl, Y 为 4—CH_3）的 ^{1}H NMR（图 3-54），

^1H NMR（400 MHz, $CDCl_3$），δ1.35~1.38（m, 3H, —$CO_2CH_2CH_3$），2.26（s, 3H, Ar—CH_3），2.33（s, 6H, —CH_3），2.39（s, 3H, Ar—CH_3），4.34~4.39（m, 2H, —$CO_2CH_2CH_3$），6.77 ～ 7.84（m, 12H, Ar—H），9.34（s, 1H, Ar—NH）。^{13}C NMR（100 MHz, $CDCl_3$），δ14.7、15.7、16.6、20.8、21.1、60.7、108.9、113.5、115.2、119.6、125.7、128.7、129.4、129.8、130.0、133.2、135.2、136.0、139.3、147.2、149.4、152.3、163.9、166.0。HRMS-EI cm/z 为 516.196 4［M+H］$^+$。

核磁共振氢谱所示，**3h′** 的结构中共有 30 个 H 原子，其中 δ = 9.34，对应 Ar—NH 上 1 个泼氢的峰；δ = 6.77 ～ 7.48 对应苯环上的 12 个 H 原子；δ = 4.34 ～ 4.39 对应—$CO_2CH_2CH_3$ 上的 2 个 H 原子；δ = 2.39 芳胺环上的—CH_3 的 3 个 H 原子，δ = 2.33 对应吡嗪环上 2 个—CH_3 的 6 个 H 原子；δ = 2.26 对应芳环上的—CH_3 的 3 个 H 原子；1.35 ～ 1.38 对应—$CO_2CH_2CH_3$ 的 3 个 H 原子。从核磁共振碳谱可以判断结构中共有 24 个不同的碳原子峰，由于芳环以及吡嗪环结构的对称性，可以判断结构中有 30 个 C 原子，δ 值 166.0、163.9 对应 2 个羰基的 C 原子，δ 值从 108.9 ～ 152.3 对应芳环和吡嗪环上 22 个 C 原子，δ 值从 14.7 ～ 60.7 对应烷基的 6 个 C 原子。由 HRMS 图谱可知其分子量 515 为奇数，根据 N 规则，**3h′** 中只能含有奇数个 N 原子。综合上述图谱信息，判断化合物 **3h′** 为 1- 对氯苯基 -4- 对甲苯基 -1,4- 二氢吡嗪 -2- 甲酸乙酯 -6- 对甲苯基酰胺。

1,2,4,6- 四苯基基 1,4- 二氢吡嗪合成制备通法参考 Fourrey 的合成法，即对甲苯磺酸（0.5×10^{-3} mol）溶于 50 mL 甲苯，加除水器回流 1 h，加入 N,N- 二（苯酰乙基）苯胺（10.0×10^{-3} mol）和芳胺（10.0 mmol）加热回流，直至原料消失。冷却至室温后，过滤掉不溶物质，用减压蒸馏方法除去滤液中的溶剂，残留物用乙醇 / 苯（1/1）混合溶剂结晶得到产物 **4m~4q**。

1,2,4,6- 四苯基 -1,4- 嗪二氢吡嗪（**4m**）。产率为 45%，熔点为 207 ～ 209 ℃(文献值为 207 ～ 208 ℃）。^1H NMR（400 MHz, $CDCl_3$），δ H（ppm）: 6.79（t, 1H），6.82（d, 2H），7.04（t, 1H），7.17（d, 2H），7.26（t, 2H），7.36（s, 8H），7.57（s, 2H），7.74（d, 4H）。

1- 对（对甲基苯基）-2,4,6- 三三基苯基 1,4- 二氢吡嗪（**4n**）。产率为 43%，熔点为 133 ～ 135 ℃(文献值为 132 ～ 136 ℃）。^1H NMR（$CDCl_3$），δ（ppm）: 2.32（s, 3H），6.76（d, 2H），6.84（d, 2H），7.05（t, 1H），7.14（d, 2H），7.23（t, 2H），7.31 ～ 7.37（m, 6H），7.51（s, 2H），7.72（d, 4H）。

1- 对甲氧基苯基 -2,4,6- 三三基苯基 1,4- 二氢吡嗪（**4o**）。产率为 31%, 熔点为 153 ～ 158 ℃（文献值为 156 ～ 158 ℃）。^{1}H NMR（$CDCl_3$），δ（ppm）: 3.68（s, 3H），6.91（d, 2H），7.16（t, 1H），7.20（d, 2H），7.27 ～ 7.35（m, 4H），7.43 ～ 7.51（m, 6H），7.79（s, 2H），7.82（d,4H）。

1- 对氯苯基 -2,4,6- 三基苯基 -1,4- 二氢吡嗪（**4p**）。产率为 36%，熔点为 160 ～ 164 ℃（文献值为 161 ～ 163 ℃）。1 H NMR（400 MHz, $CDCl_3$），δ（ppm）: 6.80（d, 2H），7.02（d, 2H），7.12（t, 1H），7.20（d, 2H），7.29（t, 2H），7.39 ～ 7.44（m, 10H），7.73（d, 2H）。

1- 对硝基苯基 -2,4,6- 三苯基 -1,4- 二氢吡嗪（**4q**）。产率为 28%，熔点为 167 ～ 170 ℃（文献值为 168 ～ 169 ℃）。^{1}H NMR（$CDCl_3$），δ（ppm）: 6.82（d, 2H），7.03（d, 2H），7.14（t, 1H），7.22（d, 2H），7.31（t, 2H），7.43 ～ 7.51（m, 10H），7.78（d, 2H）。

（Z）-1,4- 二苯基 -2- 苯胺基 -2- 丁烯 -1,4- 二酮。10×10^{-3} mol 溴代苯乙酮和 10×10^{-3} mol 的苯胺溶于 30 mL 乙醇中，在氮气保护下加热回流；当溴代苯乙酮完全消失，加入 5%（0.5×10^{-3} mol）的对甲苯磺酸，继续加热回流 4 h；冷却至室温，过滤掉不溶物质，用减压蒸馏方法除去滤液中的溶剂，用硅胶快速柱层析（石油醚 / 乙酸乙酯 =10/1），得白色固体，产率 28%。熔点 115 ～ 116 ℃；^{1}H NMR（400 MHz, $CDCl_3$），δ_H（ppm）: 6.14（s, 1H），6.99 ～ 8.00（m, 15H），12.58（s, 1H）；^{13}C NMR（100 MHz, $CDCl_3$），δ_C（ppm）: 95.0、121.8、125.1、127.4、128.5、128.8、129.3、129.7、132.0、134.3、134.8、138.7、139.0、156.8、191.0、192.2; HRMS-EI 为［M+H］$^+$ $C_{22}H_{18}NO_2$ 理论计算值为 328.133 8，检测值为 328.133 7；X 单晶衍射数据的剑桥号: CCDC1002292。

3.2.4 1,4- 二氢吡嗪新合成方法研究

1. N,N′- 二芳基 -1,4- 二氢吡嗪（5）的合成

N,N′- 二芳基 -1,4- 二氢吡嗪（**5**）的合成是以吡嗪酮［1,4- 二（邻甲基苯基）-6- 氧代 -1,4,5,6- 四氢吡嗪 -2- 甲腈］为起始原料，用二异丙基胺基锂（LDA）将吡嗪酮的羰基还原成羟基；在三氟化硼的催化下，与三甲基硅氰反应，生成氰基化吡嗪；再用 2,3- 二氯 -5,6- 二氰基 -1,4- 苯醌（DDQ）氧化，得到目标产物 N,N′- 二芳基 -1,4- 二氢吡嗪 -2,6- 二甲腈（**5**）（图 3-16）。

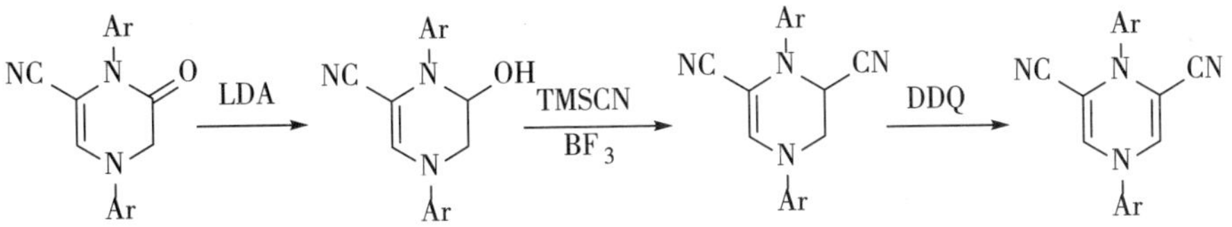

图 3–16　N,N′– 二芳基 –1,4– 二氢吡嗪 –2,6– 二甲腈（5）的合成

室温条件下，吡嗪酮和二异丙胺胺基锂（LDA）在无水四氢呋喃中反应 30 min，生成 N,N′– 二（邻甲基苯基）–6– 羟基 –1,4,5,6– 四氢吡嗪 –2– 甲腈，产率为 98%。在无水四氢呋喃中和三氟化硼催化作用下，N,N′– 二（邻甲基苯基）–6– 羟基 –1,4,5,6– 四氢吡嗪 –2– 甲腈与三甲基硅氰反应约 30 min 后，生成 N,N′– 二（邻甲基苯基）–1,2,3,4– 四氢吡嗪 –2,6– 二甲腈，产率为 92%。在加热回流的苯溶液中，N,N′– 二（邻甲基苯基）–1,2,3,4– 四氢吡嗪 –2,6– 二甲腈和 DDQ 反应约 6 h，得到目标产物 **5**，产率为 86%。

2. N,N′–1,4– 二芳基 –1,4– 二氢吡嗪（5）的合成路线

N,N′–1,4– 二芳基 –1,4– 二氢吡嗪（**5**）的合成方法。2,3– 二（邻甲基苯胺）丙烯腈。将 0.10 mol 的 N,N′– 二（邻甲基苯基）–1,4– 二氮杂丁二烯、0.20 mol 的三甲基硅氰和 0.20 mol 的碳酸钾加入 50 mL 乙醇溶液中，在氮气保护下，加热回流，直至 N,N′– 二（邻甲基苯基）–1,4– 二氮杂丁二烯完全消失（约 3 h）。冷却至室温，过滤，用约 20 mL 乙酸乙酯冲洗；浓缩滤液，残留物用乙醇重结晶，得到白色 2,3– 二（邻甲基苯胺）丙烯腈，产率为 91%。熔点为 137 ～ 138 ℃（文献熔点为 137 ～ 139 ℃）；^{1}H NMR（400 MHz, $CDCl_3$），δ_H（ppm）: 2.05（s, 3H），2.24（s, 3H），4.48（s, 1H），6.63 ～ 7.51（m, 10H）。

N–（1– 氰基 –2– 邻 – 甲苯基氨基乙烯基）–N– 甲苯基 –2– 氯 – 乙酰胺。在氮气保护下，将 0.10 mol 2,3– 二（邻甲基苯胺）丙烯腈和 0.11 mol 氯乙酰氯加入 50 mL 无水甲苯中加热回流，直至 2,3– 二（邻甲基苯胺）丙烯腈消失（约 8 h）。用减压蒸馏方法除去甲苯，残留物用乙醇重结晶，得到白色 N–（1– 氰基 –2–（邻甲苯基氨基）乙烯基）–N– 甲苯基 –2– 氯 – 乙酰胺，产率为 84%。熔点为 173 ～ 175 ℃；^{1}H NMR（400 MHz, $CDCl_3$），δ_H（ppm）: 2.29（s, 3H），2.34（s, 3H），3.90（d, J = 3.6 Hz, 2H），6.83 ～ 7.72（m, 10H）；^{13}C NMR（100 MHz, $CDCl_3$），δ_C（ppm）: 17.4、17.7、41.4、89.8、114.5、117.5、123.6、125.9、

127.5、128.0、128.7、130.3、131.2、132.2、136.1、136.6、137.3、138.6、166.0; HRMS（ESI+）为［M+H］$^{+}$ $C_{19}H_{19}ClN_{3}O$，理论计算值为 340.121 7，检测值为 340.120 8。

N,N′– 二（邻甲苯基）–6– 氧代 –1,4,5,6– 四氢吡嗪 –2– 甲腈。在氮气保护下，将 0.10 mol N–［1– 氰基 –2–（邻 – 甲苯基氨基）乙烯基］–N– 甲苯基 –2– 氯 – 乙酰胺和 0.20 mol 碳酸钾加入 50 mL 乙腈中加热回流，直至原料消失（约 2.5 h）。冷却至室温，过滤，用约 20 mL 乙酸乙酯冲洗；用减压蒸馏方法除去溶剂，残留物用乙醇重结晶，得到灰白色 1,4– 二（邻甲苯基）–6– 氧代 –1,4,5,6– 四氢吡嗪 –2– 甲腈，产率为 87%。熔点为 95 ℃；^{1}H NMR（400 MHz, $CDCl_3$），δ_H（ppm）: 2.33（s, 3H）、2.40（s, 3H）、4.40（s, 2H）、6.77（s, 1H）、7.19~7.38（m, 8H）；^{13}C NMR（100 MHz, CDCl 3），δ_C（ppm）: 17.5、18.1、53.0、93.7、114.9、124.2、127.4、127.6、127.8、128.5、129.8、131.4、132.2、133.1、133.2、135.3、136.3、142.6、159.6; HRMS（ESI+）为［M+H］$^{+}$ $C_{19}H_{18}N_{3}O$，理论计算值为 304.145 0，检测值为 304.144 9。

N,N′– 二（邻甲苯基）–6– 羟基 –1,4,5,6– 四氢吡嗪 –2– 甲腈。将 0.10 mol N,N′– 二（邻甲苯基）–6– 氧代 –1,4,5,6– 四氢吡嗪 –2– 甲腈溶于 60 mL 无水四氢呋喃溶液中，用冰水冷却；在氮气保护下加入 0.11 mol 二异丙基胺基锂（LDA），约 10 min 后，撤去冰浴。约 30 min 后反应完全，加入 2 mL 乙醇和 50 mL 乙酸乙酯，用饱和氯化钠水溶液清洗（50 mL × 3），用无水硫酸镁干燥，用减压蒸馏方法除去溶剂，残留红色黏稠液体即为 1,4– 二（邻甲苯基）–6– 羟基 –1,4,5,6– 四氢吡嗪 –2– 甲腈，产率为 98%。^{1}H NMR（400 MHz, $CDCl_3$），δ_H（ppm），2.41（s, 3H），2.49（s, 3H），3.41（d, J = 12 Hz, 1H），3.55（d, J = 12 Hz, 1H），4.98（s, 1H），5.15（s, 1H），7.00（s, 1H），7.08 ～ 7.29（m, 8H）；^{13}C NMR（100 MHz, $CDCl_3$），δ_C（ppm）: 17.4、50.0、78.2、90.6、118.9、124.8、124.9、125.6、126.1、126.6、126.9、131.4、131.5、133.2、133.4、133.6、145.1、145.7; HRMS（ESI+）为［M+H］$^{+}$ $C_{19}H_{20}N_{3}O$，理论计算值为 306.160 6，检测值为 306.160 7。

N,N′– 二（邻甲苯基）–1,4,5,6– 四氢吡嗪 –2,6– 二甲腈。将 0.10 mol 的 N,N′– 二（邻甲苯基）–6– 羟基 –1,4,5,6– 四氢吡嗪 –2– 甲腈溶于 50 mL 四氢呋喃溶液中，在氮气保护下分别加入 0.20 mol 三氟化硼（乙醚溶液）和 0.30 mol 三甲基硅氰，30 min 内反应完全。向反应液中加入 50 mL 乙酸乙酯，然后用饱和氯化钠水溶液清洗（50 mL × 3），用无水硫酸镁干燥，用减压蒸馏方法除去溶剂，再用乙醇重结晶，得到白色固体1,4-二（邻甲苯基）-1,4,5,6-四氢吡嗪-2,6-二甲腈，产率为92%。熔点为176～177 ℃；^{1}H NMR（400 MHz, $CDCl_3$），δ_H（ppm），2.41（s, 3H），2.50（s, 3H），3.65（d, J = 12.4 Hz, 1H），3.75（d, J = 12.4 Hz, 1H），4.34（s, 1H），6.94（s, 1H），7.17～7.32（m, 8H）；^{13}C NMR（100 MHz, $CDCl_3$），δ_C（ppm），18.1、18.2、47.8、48.8、116.0、117.4、122.1、125.0、125.8、126.6、127.1、127.5、130.2、131.8、132.2、133.4、133.5、142.4、144.1; HRMS（ESI+）：［M+H］$^+$ $C_{20}H_{19}N_4$ 理论计算值为315.161 0，检测值为315.160 9。

N,N′-二（邻甲苯基）-1,4-二氢吡嗪-2,6-二甲腈（**4**）。将0.10 mol N,N′-二（邻甲苯基）-1,4,5,6-四氢吡嗪-2,6-二甲腈和0.11 mol 2,3-二氯-5,6-二氰基苯醌（DDQ）溶于60 mL无水苯溶液中，在氮气保护下加热回流，约6 h反应完毕。然后依次用5%（体积分数）$NaHSO_3$（20 mL × 3），H_2O（15 mL × 3），2%（体积分数）$NaHCO_3$（15 mL × 3）和H_2O（15 mL × 3）清洗，用无水硫酸镁干燥，用减压蒸馏方法除去溶剂，用乙醇重结晶，得红色晶体N,N′-二（邻甲苯基）-1,4-二氢吡嗪-2,6-二甲腈，产率为86%。熔点为192～194 ℃；^{1}H NMR（400 MHz, 氘代丙酮），δ_H（ppm），2.45（s, 3H），2.56（s, 3H），6.20（s, 2H），7.20～8.04（m, 8H）；^{13}C NMR（100 MHz, 氘代丙酮），δ_C（ppm）：17.7、17.9、104.3、114.7、124.7、128.0、128.2、128.7、128.9、129.6、131.9、132.2、133.7、135.6、139.2、140.8、145.5; HRMS（ESI+）：［M+H］$^+$ $C_{20}H_{17}N_4$ 理论计算值为313.145 3，检测值为313.144 0。X射线单晶衍射数据的剑桥号为CCDC1002291（图3-17、表3-10）。

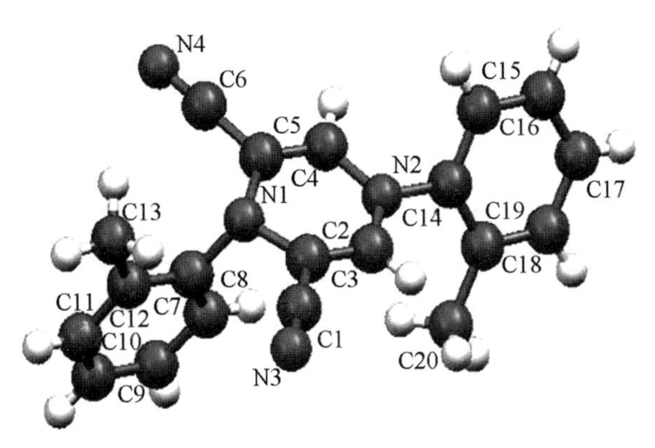

图3-17　N,N′-二（邻甲苯基）-1,4-二氢吡嗪-2,6-二甲腈的单晶衍射图

表 3-10 N,N′-二（邻甲苯基）-1,4-二氢吡嗪-2,6-二甲腈的晶体学基本参数

晶体学基本参数	参数值	晶体学基本参数	参数值
分子式	$C_{20}H_{16}N_4$	γ/（°）	90.00
相对分子质量	312.37	体积 V/mm³	0.004 32
晶体大小 /mm	0.20 × 0.18 × 0.12	计算密度 /（mg · m⁻³）	1.283
晶系	单斜晶系	线性吸收系数 /mm⁻¹	0.984 4
空间群	*C2/c*	晶胞分子数 Z	8
晶胞参数		晶胞电子的数目 F_{000}	131 2
a/nm	2.743 8（6）	衍射实验温度 /K	113（2）
b/nm	1.039 1（2）	衍射波长 λ/nm	0.071 073
c/nm	1.140 6（2）	衍射光源	Mo kα
σ/（°）	90.00	衍射角度 θ/（°）	2.10–27.90
β/（°）	95.82（3）	R 因子	4.78

N,N′-1,4-二芳基-1,4-二氢吡嗪（**5**）的结构解析。N,N′-二（邻甲苯基）-1,4-二氢吡嗪-2,6-二甲腈（**5**）。^{1}H NMR（400 MHz, 氘代丙酮）, δ_H（ppm）, 2.45（s, 3H）, 2.56（s, 3H）, 6.20（s, 2H）, 7.20 ～ 8.04（m, 8H）; ^{13}C NMR（100 MHz, 氘代丙酮）, δ_C（ppm）, 17.7、17.9、104.3、114.7、124.7、128.0、128.2、128.7、128.9、129.6、131.9、132.2、133.7、135.6、139.2、140.8、145.5; HRMS（ESI+）为［M+H］$^+C_{20}H_{17}N_4$，理论计算值为 313.145 3，检测值为 313.144 0；X 射线单晶衍射数据的剑桥号为 CCDC1002291。

在核磁氢谱上，δ2.45（s, 3H）和 2.56（s, 3H）属于 2 个苯环上甲基的吸收峰，δ6.20（s, 2H）属于 1,4-二氢吡嗪环上的 2 个 H 原子，δ7.20 ～ 8.04（m, 8H）属于苯环上的 8 个 H 原子。δ2.45（s, 3H）和 2.56（s, 3H）归属于苯环上的 2 个甲基，由此可知 2 个甲基的化学环境不同；δ6.20（s, 2H）属于吡嗪环的 2 个 H 原子，说明吡嗪环对称；7.20 ～ 8.04（m, 8H）属于苯环的 8 个 H 原子，在 δ8.03 有个双重峰的单氢，说明两个邻甲基苯基不等价，即 **4** 不是中心对称，而是轴对称，所以可以判断 2 个氰基的位置不在吡嗪的 2- 和 5- 位置，而在 2- 和 6- 位。

在核磁碳谱上（图 3-67），δ17.7 和 17.9 属于 2 个苯环上的 2 个甲基，δ104.3 和 114.7 属于氰基和氰基相连的碳的吸收峰，145.5 属于 1,4-二氢吡嗪环上另一

个碳的吸收峰。余下的 10 个的吸收峰为 2 个苯环的碳。由于 2 个苯环不等价，所以显示 12 个 C 原子的吸收峰；吡嗪环是轴对称结构，故只显示 2 个碳峰，2 个氰基显示 1 个碳的吸收峰。在 HRMS 谱图上，检测到它的分子离子峰 [M+H]$^+$313.144 0，与它的理论值 313.145 3 基本一致，进一步证明了结构的正确性。X 射线单晶衍射数据证明推测的结构是正确的（图 3–18、表 3–11）。

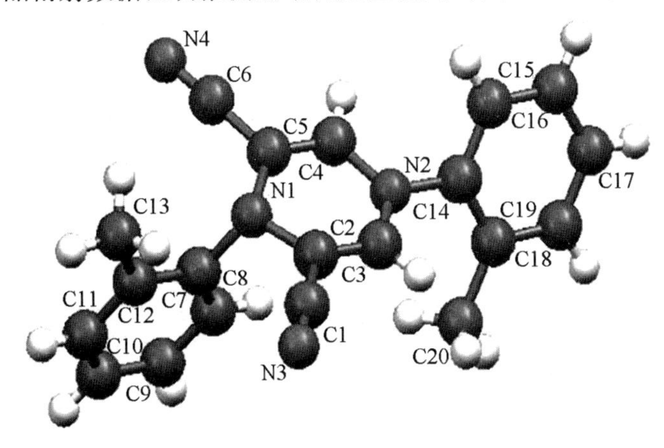

图 3–18　4 的单晶衍射图

表 3–11　3 的晶体学基本参数

晶体学基本参数	参数值	晶体学基本参数	参数值
分子式	$C_{20}H_{16}N_4$	γ/（°）	90.00
相对分子质量	312.37	体积 V/mm^3	0.003 6
晶体大小 /mm	0.20 × 0.18 × 0.10	计算密度 /（mg · m^{-3}）	1.283
晶系	单斜晶系	线性吸收系数 /mm^{-1}	0.984 4
空间群	*C2/c*	晶胞分子数 Z	8
晶胞参数		晶胞电子的数目 F_{000}	1 312
a/nm	2.743 8（6）	衍射实验温度 /K	113（2）
b/nm	1.039 1（2）	衍射波长 λ/nm	0.071 073
c/nm	1.140 6（2）	衍射光源	Mo kα
σ/（°）	90.00	衍射角度 θ/（°）	2.10 ～ 27.90
β/（°）	95.82（2）	R 因子	4.78

3. 利用环糊精化学合成 N,N′- 二芳基 -1,4- 二氢吡嗪（5）

根据第尔斯 – 阿尔德反应原理，探讨 1,4- 二氮杂丁二烯与丁炔酸二甲酯反应合成 N,N′- 二芳基 -1,4- 二氢吡嗪（**5**）的可能性。首先，在高氯酸乙酸溶液中，将反式 1,4- 二氮杂丁二烯转化成顺式 1,4- 二氮杂丁二烯高氯酸盐，使其在立体构型上易于第尔斯 – 阿尔德反应。其次，为使 1,4- 二氮杂丁二烯和亲二烯体包结在同一个腔中，易于发生第尔斯 – 阿尔德反应，选择 γ – 环糊精（γ -CD）作为反应的腔体，以拉近双烯体和亲双烯体的距离。

按照 Kliegman 的合成方法，将高氯酸乙酸溶液加到 1,4- 二氮杂丁二烯 **6a**（R 为环己基）的乙酸溶液中，并放置过夜，即可得到所谓的 **7a** 高氯酸盐，所得到的化合物的 ^{1}H NMR 谱图与文献描述的基本一致，但 ^{13}C NMR 谱图和 HRMS 谱图表明此产物不是 **6a** 的顺式高氯酸盐，而是 1,3- 二环己基 -2- 甲酰基咪唑高氯酸盐（**7a**）对该段 Kliegman 方法进一步进行证实，发现除了化合物 **7** 还有 **8** 生产（图 3-19）。

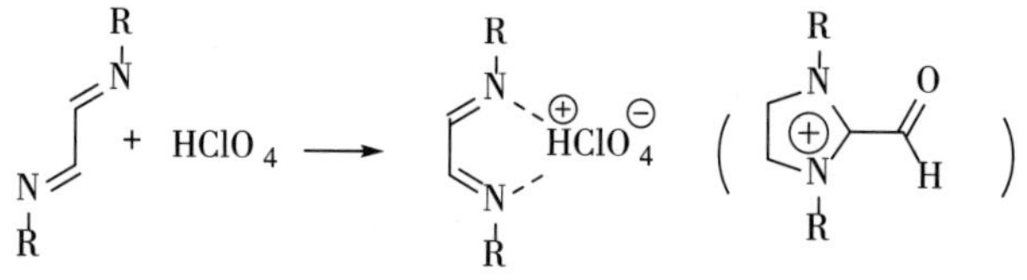

R 为 a，环己基；b，异丙基；c，叔丁基；d，3,5- 二三氟甲基苯基；e，2,6- 二异丙苯基；f，2,4,6- 三甲基苯基；g，2,6- 二甲基苯基

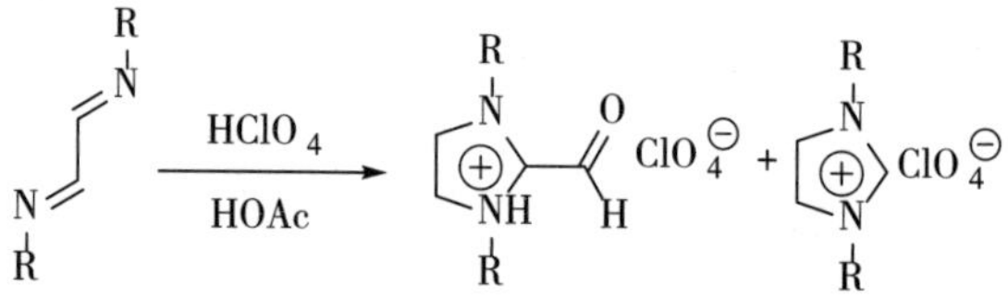

图 3-19　1,3- 二环己基 -2- 甲酰基咪唑高氯酸盐（7a）的生成

分析 1,3- 二环己基 -2- 甲酰基咪唑高氯酸盐（**7a**）的生成是否受 N- 取代基的影响，研究了其他 1,4- 二氮杂丁二烯（**6b**~**6g**）在高氯酸乙酸溶液中的反应。结果表明，在高氯酸乙酸溶液中，**6** 均没有生成顺式高氯酸盐。**6b** 生成了 1,3- 二异丙基 -2- 甲酰基咪唑高氯酸盐（**7b**），**7c**~**7g** 生成了咪唑高氯酸盐 **8c**~**8g**；**7b**

和 **8a** 的单晶结构如图 3–20 所示。

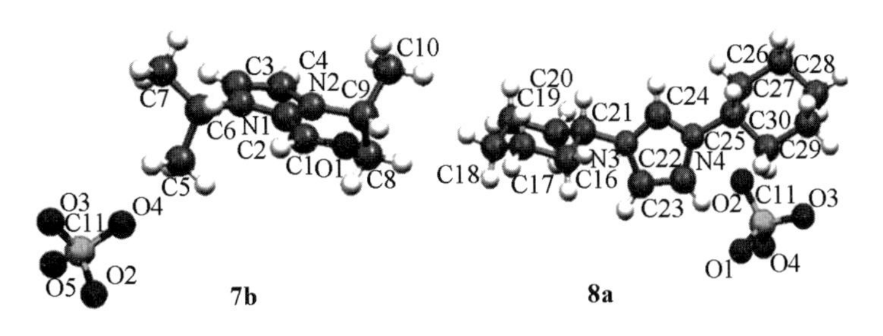

图 3–20　**7b** 和 **8a** 的单晶衍射图

为了探讨在高氯酸乙酸溶液中，**6** 没有生成顺式 1,4- 二氮杂丁二烯高氯酸盐的原因，对 **6** 在高氯酸乙酸溶液中的稳定性进行了研究。对反应过程中出现的中间体进行分离，得到了中间体 2- 亚胺甲基咪唑高氯酸盐（**8**）。Zettlitzer 小组曾报道 **6** 与氯化氢反应，生成了 1,3- 二异丙基 -2- 亚胺甲基咪唑氯化物和 1,3- 二叔丁基 -2- 甲酰基咪唑氯化物。2- 亚胺亚甲基咪唑高氯酸盐（**9**）的存在，表明 **6** 与高氯酸的反应可能经历了与氯化氢反应相类似的反应过程。已知的咪唑盐的制备方法是在无机一元酸或者含氯离子的化合物存在条件下，通过乙二醛、多聚甲醛和胺的缩合而成，或是 **6** 与氯甲基醚（或酯）缩合而成。显而易见，咪唑关环反应通过 N 原子的烷基化完成，带有活泼亚甲基的化合物是烷基化试剂，如甲醛等。6 —=N—双键的 C 原子，作为亚甲基容易被另一分子 **6** 或者降解物的胺基进攻，从而生成 **9**。

根据中间体 **8** 的结构，可以推测 **6** 和高氯酸反应产生 **7** 或者 **8**，应该与 **9** 和乙酸的加成产物 **10** 有关。**10** 的降解受 N- 取代基空间效应的影响，除 N- 叔丁基之外，N- 烷基倾向于断裂 C—N 键（2 位置）产生 **7**；N- 叔丁基和 N- 芳基 **10** 倾向于断裂 C—C 键（1 位置）产生 **8**，这可能是由于咪唑环 N- 位与 2- 位上取代基之间的空间排斥作用，C—C 键的断裂比 C—N 键的断裂更容易。

根据反应产物和中间体的结构，提出了在高氯酸的乙酸溶液中，**6** 生成咪唑的反应机理如下（图 3–21）。

在高氯酸乙酸溶液中，1,4- 二氮杂丁二烯不稳定，—=N—键（图 3–21，化合物 **9**）很容易和乙酸发生加成反应，继续反应生成一系列咪唑高氯酸衍生物。1,4- 氮杂丁二烯 **6** 与高氯酸的反应可以作为一种咪唑高氯酸盐的合成方法，有必要对其合成方法和反应机制进行深入细致的研究。

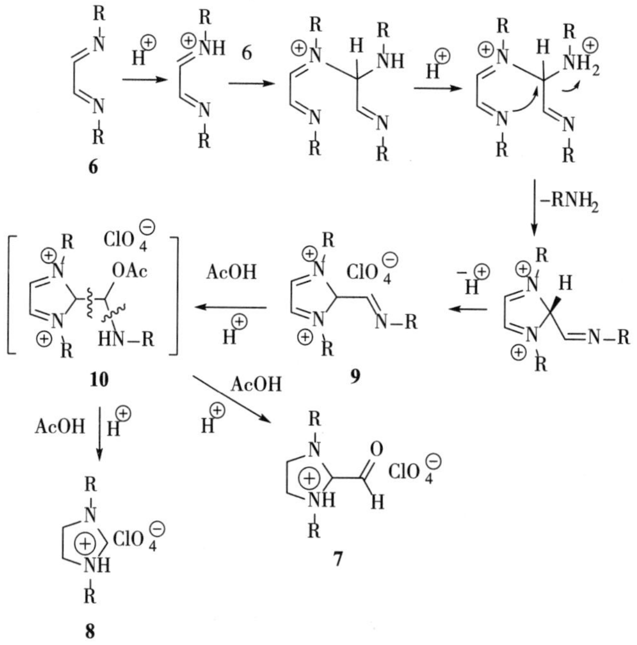

图 3-21　6 生成咪唑高氯酸盐的反应机理

4. 1,4- 二氮杂丁二烯和丁炔酸二甲酯的第尔斯 – 阿尔德反应的研究

将等物质的量的 1,4- 二（2,4,6- 三甲基苯基）-1,4- 二氮杂丁二烯 **6f** 和 γ- 环糊精（γ-CD）放入含有水的超声反应器中，超声振荡（US）约 2 h，目的是促进 **6f** 进入 γ- 环糊精的空腔中，得到 1：1（体积比）包合物。当 **6f** 进入 γ- 环糊精的空腔后形成的包合物的溶解性降低，从而从水溶液中析出。然后加入等物质的量的丁炔酸二甲酯继续超声振荡，使丁炔酸二甲酯进入含有氮杂丁二烯的 γ- 环糊精空腔，并和氮杂丁二烯反应。当超声振荡约 3 h 时，反应液变成红色，用快速柱层析分离，得到红色片状晶体。经核磁谱、高分辨质谱和 X 射线单晶衍射数据确认，红色产物是吡咯衍生物：（1E,3E）-1,4- 双（N-（2,4,6- 三甲基苯基）-2,3- 二（甲氧羰基）-2,3- 二氢吡咯酮）-1,3- 丁二烯（**10f**），并不是预期的第尔斯 – 阿尔德反应产物（图 3-22）。

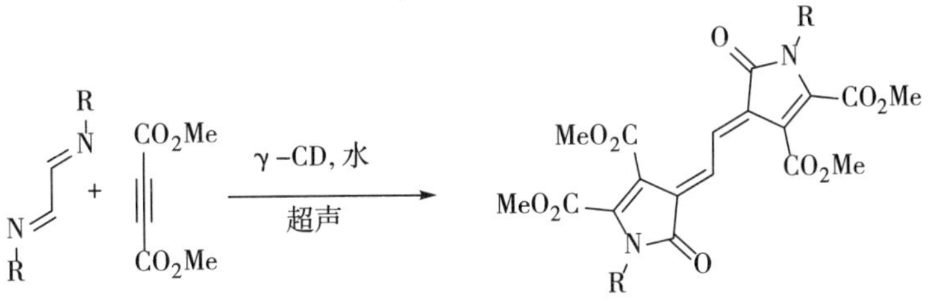

6f
R为2,4,6-三甲基苯基

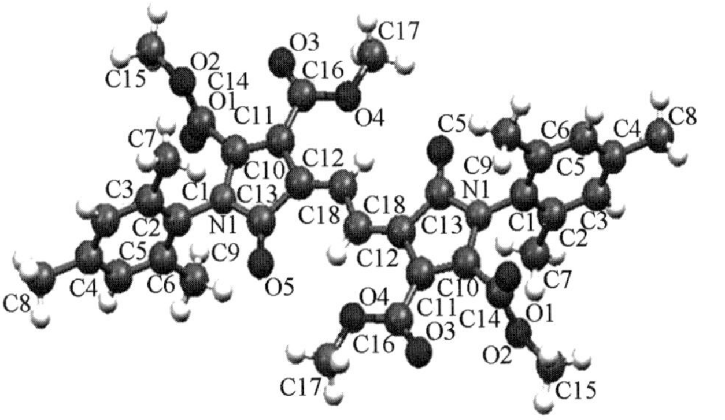

γ-CD, 水
超声

10f

图 3-22　10f 的单晶衍射图

为了考察1,4-氮杂丁二烯的取代基对其与丁炔酸二甲酯的第尔斯－阿尔德反应的影响，在 γ－环糊精水溶液中，用不同取代基的1,4-二氮杂丁二烯和丁炔酸二甲酯进行反应，均生成吡咯衍生物 **10**，结果见表 3-12。

表 3-12　10 的产率

化合物	R	产率 /%	反应时间 /h
10a	环己基	46	1.5
10b	异丙基	52	1.0
10c	叔丁基	58	0.5
10f	2,4,6- 三甲基苯基	33	5.0
10g	2,3- 二甲基苯基	36	4.0
10h	2- 甲基苯基	37	4.5

从表 3-12 中数据可知，在 γ－环糊精水溶液中，1,4-二氮杂丁二烯和丁炔酸

二甲酯反应的主产物是吡咯衍生物，产率在 50% 左右，反应时间是为 0.5~5.0 h。N- 脂肪基取代的 1,4- 二氮杂丁二烯的反应速度比 N- 芳基取代的反应速度要快，一般在 1.5 h 内基本反应完全，特别是用 N- 叔丁基取代的 1,4- 二氮杂丁二烯（**6c**）的反应，在 0.5 h 内反应完全。

根据吡咯衍生物的结构，推测该反应是 1,4- 二氮杂丁二烯在 γ- 环糊精水溶液中发生分解反应，分解产物和丁炔酸二甲酯反应，生成吡咯衍生物 **10**。在 γ- 环糊精水溶液中，1,4- 二氮杂丁二烯不稳定，容易发生分解反应，不能与丁炔酸二乙酯发生第尔斯－阿尔德反应，即不能作为 N,N′- 二芳基 -1,4- 二氢吡嗪（**5**）的合成方法。但 1,4- 二氮杂丁二烯与丁炔酸二甲酯反应生成吡咯衍生物的反应，未见文献报道，可以作为吡咯衍生物的一种简易合成方法。

1,4- 二氢吡嗪合成新方法探索及相关化合物结构解析。N,N′- 二（邻甲苯基）-1,4- 二氢吡嗪 -2,6- 二甲腈（**5**）。^{1}H NMR（400 MHz, 氘代丙酮），δ_H（ppm）: 2.45（s, 3H）, 2.56（s, 3H）, 6.20（s, 2H）, 7.20 ～ 8.04（m, 8H）; ^{13}C NMR（100 MHz, 氘代丙酮），δ_C（ppm）: 17.7、17.9、104.3、114.7、124.7、128.0、128.2、128.7、128.9、129.6、131.9、132.2、133.7、135.6、139.2、140.8、145.5; HRMS（ESI+）为［M+H］$^+$ $C_{20}H_{17}N_4$，理论计算值为 313.145 3，检测值为 313.144 0；X 射线单晶衍射数据的剑桥号为 CCDC1002291。

在核磁氢谱上，δ2.45（s, 3H）和 2.56（s, 3H）属于 2 个苯环上甲基的吸收峰，δ6.20（s, 2H）属于 1,4- 二氢吡嗪环上的 2 个 H 原子，δ7.20 ～ 8.04（m, 8H）属于苯环上的 8 个 H 原子。δ2.45（s, 3H）和 2.56（s, 3H）归属于苯环上的 2 个甲基，由此可知 2 个甲基的化学环境不同；δ6.20（s, 2H）属于吡嗪环的 2 个 H 原子，说明吡嗪环对称；7.20 ～ 8.04（m, 8H）属于苯环的 8 个 H 原子，在 δ8.03 有个 2 重峰的单氢，说明 2 个邻甲基苯基不等价，即 **3** 不是中心对称，而是轴对称，所以可以判断 2 个氰基的位置不是在吡嗪的 2- 和 5- 位置，而是在 2- 和 6- 位。

在核磁碳谱上，δ17.7 和 17.9 属于 2 个苯环上的 2 个甲基，δ104.3 和 114.7 属于氰基和氰基相连的碳的吸收峰，145.5 属于 1,4- 二氢吡嗪环上另一个碳的吸收峰。余下的 10 个的吸收峰为 2 个苯环的碳。由于 2 个苯环不等价，显示 12 个碳的吸收峰；吡嗪环是轴对称结构，故只显示 2 个碳峰，2 个氰基显示 1 个碳的吸收峰。在 HRMS 谱图上，检测到其分子离子峰［M+H］$^+$ 313.1440，与理论值 313.145 3 基本一致，进一步证明了结构的正确性。X 射线单晶衍射数据证明推测的结构正确（图 3-22）。

1,3- 二异丙基 -2- 甲酰基咪唑高氯酸盐（**7b**）。^{1}H NMR（400 MHz, 氘代丙酮），δ_H（ppm），10.41（s, 1H), 8.28（s, 2H), 5.61（七重峰，J = 6.8 Hz, 2H), 1.68（d, J = 6.8 Hz, 12H）；^{13}C NMR（100 MHz, DMSO–d_6），δ_C（ppm），177.1、134.6、122.3、51.8、22.7; HRMS（ESI+）：［M–ClO_4–CO］$^+$ $C_9H_{17}N_2$ 理论计算值为 153.139 2，检测值为 153.139 0。X 射线单晶衍射数据的剑桥号为 CCDC783968。在核磁氢谱上（图 3–76），δ10.41（s, 1H）归属于醛基上的氢，δ 8.28（s, 2H）归属于咪唑环上的 2 个 H 原子，δ5.61（七重峰，J = 6.8 Hz, 2H）和 1.68（d, J = 6.8 Hz, 12H）属于异丙基上的峰。根据耦合常数 J = 6.8 Hz，可以判断 δ1.68（12H）和 5.61（2H）的 2 个峰是相连的 2 个碳上的 H 原子；根据氢的数量比和反应物结构可以判定这两组峰来自异丙基；8.28 归属于咪唑环上的 2 个 H 原子，但是这 2 个 H 原子没有耦合裂分，其原因可能是 2 个两重峰重叠，裂分未能显示。

在核磁碳谱上，δ177.1 归属于羰基的碳，δ134.6 和 122.3 归属于咪唑环上的 3 个 C 原子，δ51.8 和 22.7 属于异丙基上的碳。由于结构的对称性，2 个异丙基只是显示 2 个 C 原子的吸收峰，咪唑环上 4–C 和 5–C 显示为 1 个碳的吸收峰。在高分辨质谱上，离子峰 153.139 0 与其脱羰基结构的分子式组成［M–ClO_4–CO］$^+$ $C_9H_{17}N_2$ 153.1392 基本一致，因为 **7b** 不稳定，容易脱去羰基。根据 X 射线单晶衍射数据给出的结构（图 3–23、表 3–13），也可判断化合物是 1,3- 二异丙基 -2- 甲酰基咪唑高氯酸盐。

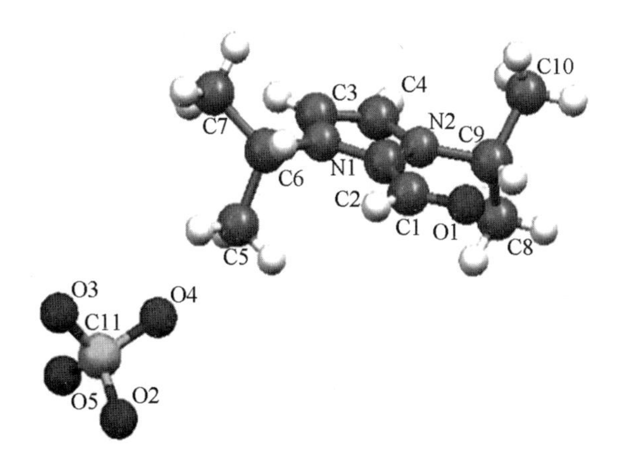

图 3–23 **7b** 的单晶衍射图

表 3-13　**7b** 的晶体学基本参数

晶体学基本参数	参数值	晶体学基本参数	参数值
分子式	$C_{10}H_{17}ClN_2O_5$	γ/（°）	90.00
相对分子质量	280.71	体积 V/mm³	0.001 408
晶体大小 /mm	0.22 × 0.08 × 0.08	计算密度 /（mg · m⁻³）	1.446
晶系	单斜晶系	线性吸收系数 /mm⁻¹	0.312
空间群	*P*2（1）/*n*	晶胞分子数 *Z*	4
晶胞参数		晶胞电子的数目 F_{000}	592
a/nm	0.802 07	衍射实验温度 /K	113（2）
b/nm	0.783 27（16）	衍射波长 λ/nm	0.071 073
c/nm	2.055 8（4）	衍射光源	Mo kα
σ/（°）	90.00	衍射角度 θ/（°）	1.98 ～ 25.02
β/（°）	93.43（3）	R 因子	4.16

1,3- 二异丙基 -2-［（异丙基胺基）甲基］- 咪唑高氯酸盐（**8b**）。^{1}H NMR（400 MHz, CD_3CN），δ_H（ppm）: 8.23（s, 1H），7.36（s, 2H），4.92（七重峰，*J* = 6.8Hz, 2H），3.49（七重峰，*J* = 6.0 Hz, 1H），1.20（d, *J* = 6.8 Hz, 12H），1.00（d, *J* = 6.0 Hz, 6H）；^{13}C NMR（100 MHz, CD_3CN），δ_C（ppm）143.7、119.9、117.3、62.5、51.6、22.8、21.7; HRMS（ESI+）为［M−ClO^{4-}］$^+$ $C_{13}H_{24}N_3$，理论计算值为 222.197 0，检测值为 222.196 5。

在核磁氢谱上，δ8.23（s, 1H）属于亚胺上的 1 个 H 原子，7.36（s, 2H）属于咪唑环上的 2 个 H 原子，4.92（七重峰，*J* = 6.8 Hz, 2H）和 1.20（d, *J* = 6.8 Hz, 12H）属于连接咪唑环的异丙基上的氢，δ3.49（七重峰，*J* = 6.0 Hz, 1H）和 1.00（d, *J* = 6.0 Hz, 6H）属于连接亚胺的异丙基上的氢。与 **7b** 结构对比，**8b** 明显多了 1 个异丙基（δ1.00 和 3.49），醛基氢消失，在烯烃区多了 1 个孤立氢（δ8.74），为亚胺上的氢，由于与 N 原子相连，化学位移向低场移动；根据耦合常数和 H 原子个数，可以对 3 个异丙基进行归属。

在核磁碳谱上，δ143.7 属于胺上的碳，δ119.9 和 117.3 属于咪唑上的碳的吸收峰，δ62.5 和 21.7 属于连接咪唑环的异丙基上的碳的吸收峰，δ51.6 和 22.8 属于连接亚胺的异丙基上的碳的吸收峰。同样也可以看出醛基碳消失，多了一个类似双键的碳的吸收峰（δ143.7），为亚胺结构的碳的吸收峰；咪唑环上的 2 个碳的吸收峰基本没有变化。

从高分辨质谱的离子峰 222.196 5 对应的分子式（$C_{13}H_{24}N_3$［M−ClO_4］$^+$）可知，除了高氯酸根的 O 原子以外，结构中没有其他 O 原子；除了咪唑环上的 N 原子又多了一个 N 原子。结合反应物的结构（异丙胺）和其降解产物 **7b**，可以推断化合物是 1,3- 二异丙基 -2-((异丙基胺基）甲基）- 咪唑高氯酸盐。

（1E,3E）-1,4- 双（N-（2,4,6- 三甲基苯基）-2,3- 二（ 甲氧羰基）-2,3- 二氢吡咯酮）-1,3- 丁二烯（**10f**）。^{1}H NMR（400 MHz, $CDCl_3$），δ_H（ppm），2.17（s, 12H），2.31（s, 6H），3.70（s, 6H），3.85（s, 6H），6.94（s, 4H），9.36（s, 2H）；^{13}C NMR（100 MHz, CDCl 3），δ_C（ppm）：17.7、21.1、52.0、53.1、105.9、128.7、129.3、130.5、135.9、137.1、139.7、147.1、161.3、162.2、164.8; HRMS（ESI+）为［M+H］$^+$，$C_{36}H_{37}N_2O_{10}$ 理论计算值为 657.244 8，检测值为 657.242 5；X 射线单晶衍射数据的剑桥号为 CCDC975882（图 3-24、表 3-14）。

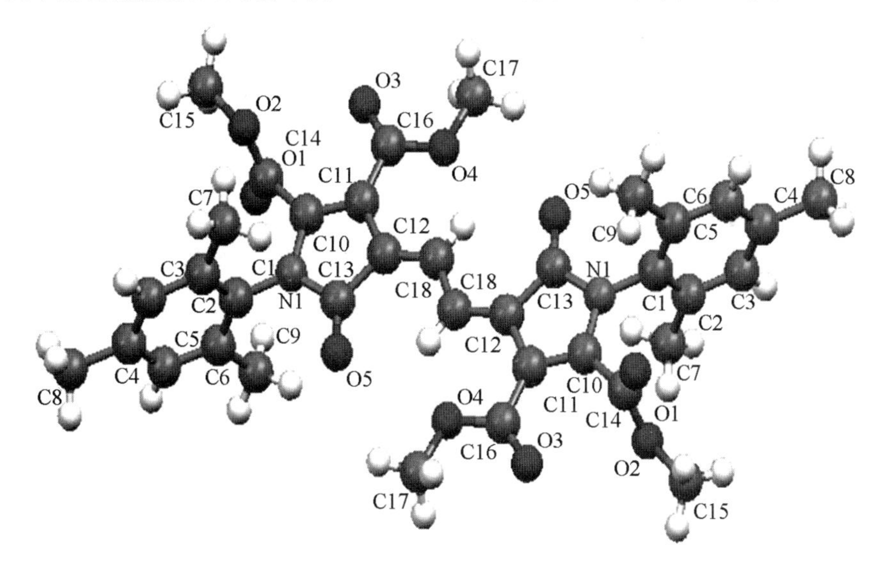

图 3-24　**10f** 的单晶衍射图

表 3-14　**10f** 的晶体学基本参数

晶体学基本参数	参数值	晶体学基本参数	参数值
分子式	$C_{36}H_{36}N_2O_{10}$	γ/（°）	90.00
相对分子质量	656.67	体积 V/mm³	0.003 456

续表

晶体学基本参数	参数值	晶体学基本参数	参数值
晶体大小 /mm	0.180 × 0.160 × 0.120	计算密度 /（mg・m^{-3}）	1.265
晶系	单斜晶系	线性吸收系数 /mm^{-1}	0.093
空间群	*P2*（*1*）/*n*	晶胞分子数 *Z*	2
晶胞参数		晶胞电子的数目 F_{000}	692
a/nm	0.845 73（17）	衍射实验温度 /K	293（2）
b/nm	1.918 1（4）	衍射波长 λ/nm	0.071 073
c/nm	1.093 6（2）	衍射光源	Mo kα
σ/（°）	90.00	衍射角度 θ/（°）	2.124 ～ 25.997
β/（°）	103.74（3）	R 因子	6.77

在核磁氢谱上，δ2.17（s, 12H）和 2.31（s, 6H）归属于 2 个苯环上的甲基上的 H 原子，δ3.70（s, 6H）和 3.85（s, 6H）归属于 4 个甲氧基的 H 原子，δ6.94（s, 4H）归属于苯环上的 4 个 H 原子，δ9.36（s, 2H）归属于连接 2 个吡咯环的丁二烯的 H 原子。由于结构的对称性，其上的所有氢均表现为单峰；连接 2 个吡咯环的丁二烯的 H 原子，没有耦合列分，可能是反式结构导致的 2 个 H 原子距离太远。

在核磁碳谱上，δ17.7 和 21.1 归属于苯环上甲基碳的吸收峰，δ52.0 和 53.1 归属甲氧基的碳，δ105.9、128.7、129.3 和 130.5 归属苯环上的碳；δ135.9、137.1 和 139.7 归属于吡咯环上的碳，δ147.1 归属连接吡咯环的乙烷的碳。δ161.3 归属于吡咯上的羰基的碳，δ162.2 和 164.8 归属于甲氧酰基的羰基的碳。由于羰基的吸电子效应，与羰基相邻的甲基的碳的化学位移向低场移动。在高分辨质谱上，离子峰 657.242 5 与分子式（$C_{35}H_{37}N_2O_{10}$）[M+H]$^+$ 的分子量 657.244 8 基本一致。从单晶数据给出的数据可知（图 3–24、表 3–14），推测的结构正确。

5. N,N′– 二芳基 –1,4– 二氢吡嗪（**5**）的合成

1,4- 烯二氮杂丁二烯（**6**）合成通法。将 6 × 10^{-3} mol 胺和 1 × 10^{-3} mol 乙二醛三聚体置于反应容器内，将超声探头插入反应物中；在室温条件下，250 W 超声，2~15 min 反应结束。冷却至室温，固体粗品通过乙醇重结晶得 1,4- 二氮杂丁二烯纯品。

1,4- 二环己基 -1,4- 烯氮杂丁二烯（**6a**）。产率为 87%，熔点为 151 ～ 153 ºC，

文献值为 150 ºC。

1,4- 二异丙基 -1,4- 烯氮杂丁二烯（**6b**）。产率为 84%，熔点为 50 ～ 51 ºC，文献值为 48 ～ 50 ºC。

1,4- 二叔丁基 -1,4- 烯氮杂丁二烯（**6c**）。产率为 86%，熔点为 45 ～ 46 ºC，文献值为 45 ～ 48 ºC。

1,4- 二（3,5- 二三氟甲基苯基）-1,4- 烯氮杂丁二烯（**6d**）。产率为 86%，熔点为 223 ～ 224 ºC，值熔点为 223 ～ 224 ºC。

1,4- 二（2,6- 二异丙基苯基）-1,4- 氮杂丁二烯（**6e**）。产率为 86%，熔点为 114 ～ 116 ºC，文献值为 114 ～ 115 ºC。

1,4- 二（2,4,6- 三甲基苯基）-1,4- 烯氮杂丁二烯（**6f**）。产率为 93%，熔点为 157 ～ 158 ºC，文献值为 157 ～ 158 ºC。

咪唑高氯酸盐的合成通法（**7** 和 **8**）。高氯酸乙酸溶液（5.0 mL，1.0 mol/L）加到 1,4- 二氮杂丁二烯（5×10^{-3} mol）的乙酸（30 mL）溶液中，并放置过夜，除 **7f** 和 **7g** 外都自然析出晶体，过滤得到 **7a**、**7b**、**8c**、**8d** 和 **8e**。40 mL 水加入 **6f** 和 **6g** 的反应液中，并用二氯甲烷萃取（20 mL × 3），无水硫酸钠干燥有机层，减压蒸馏方法除去溶剂，用石油醚 / 乙酸乙酯 =3/1 冲洗，得到白色固体 **8f** 和 **8g**。

1,3- 二环己基 -2- 甲酰基盐咪唑高氯酸盐（**7a**）。白色晶体，产率为 64%。熔点为 282 ～ 283 ℃（文献值为 271.8 ～ 275.1 ℃）; ^{1}H NMR（400 MHz, DMSO-d_6），δ_H（ppm），10.15（s, 1H），8.28（s, 2H），4.97（m, 2H），1.43 ～ 2.07（m, 20H）; ^{13}C NMR（100 MHz, DMSO-d_6），δ_C（ppm）177.3、134.7、122.7、58.4、32.9、25.2、24.8; HRMS（ESI+）为［M－ClO_4^-］$^+$ $C_{16}H_{25}N_2O$，理论计算值为 261.196 7，检测值为 261.194 0。单晶衍射结构如图 3-1。

1,3- 二异丙基 -2- 甲酰基咪唑高氯酸盐（**7b**）。白色晶体，产率为 57%。熔点为 199 ～ 201 ℃ ; ^{1}H NMR（400 MHz, 氘代丙酮），δ_H（ppm），10.41（s, 1H），8.28（s, 2H），5.61（septet, J = 6.8 Hz, 2H），1.68（d, J = 6.8 Hz, 12H）; ^{13}C NMR（100 MHz, DMSO-d_6），δ_C（ppm），177.1、134.6、122.3、51.8、22.7; HRMS（ESI+）为［M-ClO_4 -CO］$^+$ $C_9H_{17}N_2$，理论计算值为 153.139 2，检测值为 153.139 0。X 射线单晶衍射数据的剑桥号为 CCDC783968。

1,3- 二叔丁基 -2- 甲酰基咪唑高氯酸盐（**7c**）。产率为 61%。熔点为 132 ～ 133 ℃ ;^{1}H NMR（400 MHz, 氘代丙酮），δ_H（ppm）: 10.80（s, 1H），8.11（s, 2H），1.84（s, 18H）; ^{13}C NMR（100 MHz, 氘代丙酮），δ_C（ppm）182.4、138.3、

122.1、64.4、29.9; HRMS（ESI+）为［M-ClO_4-CO］$^+$ $C_{11}H_{21}N_2$，理论计算值为 181.170 5，检测值为 181.171 0。

1,3- 二［3,5- 二（三氟甲基）苯基］咪唑高氯酸盐（**8d**）。白色晶体，产率为 31%。熔点为 365 ～ 367 ℃；^{1}H NMR（400 MHz, 氘代丙酮），δ_H（ppm），10.53（t, J = 1.6 Hz, 2.0 Hz, 1H），8.71（t, J = 7.2 Hz, 1.6 Hz, 6H），8.41（s, 2H）；13 C NMR（100 MHz，氘代丙酮），δ_C（ppm），137.7、137.4、134.0（q, J =34 Hz），125.5（d, J = 4 Hz），125.2（t, J = 3 Hz, 4Hz），124.3, 123.7（q, J = 271 Hz）；HRMS（ESI+）为［M-ClO_4^-］$^+$ $C_{19}H_9F_{12}N_2$，理论计算值为 493.057 4，检测值为 493.058 9。

1,3- 二［（2,6- 二异丙基）苯基］咪唑高氯酸盐（**8e**）。白色晶体，产率为 16%。熔点为 360 ～ 365 ℃；^{1}H NMR（400 MHz, 氘代丙酮），δ_H（ppm），9.81（s, 1H），8.42（s, 2H），7.71（t, J = 8.0 Hz, 2H），7.55（d, J = 8.0 Hz, 4H），2.61（七重峰，4H），1.32（d, J = 6.8 Hz, 12H），1.27（d, J = 6.8 Hz, 12H）；^{13}C NMR（100 MHz, 氘代丙酮），δ_C（ppm），145.3、138.7、132.2、130.3、126.6、124.8、23.7、23.0; HRMS（ESI+）为［M-ClO_4^-］$^+$ $C_{27}H_{37}N_2$，理论计算值为 389.295 7，检测值为 389.293 3。

1,3- 二［2,4,6- 二（三甲基）苯基］咪唑高氯酸盐（**8f**）。白色粉末，产率为 10%。熔点为 230 ～ 233 ℃；^{1}H NMR（400 MHz, 氘代丙酮），δ_H（ppm），8.93（s, 1H），7.60（s, 2H），7.03（s, 4H），2.34（s, 6H），2.11（s, 12H）；^{13}C NMR（100 MHz, 氘代丙酮），δ_C（ppm），141.5、137.3、134.0、130.4、129.9、125.2、21.2、17.3; HRMS（ESI+）为［M-ClO_4^-］$^+$ $C_{21}H_{25}N_2$，理论计算值为 305.201 8，检测值为 305.200 2。

1,3- 二［（2,6- 二甲基）苯基］盐咪唑高氯酸盐（**8g**）。浅黄色粉末，产率为 9%。熔点为 252 ～ 256 ℃；^{1}H NMR(400 MHz, $CDCl_3$)，δ_H（ppm），9.21（s, 1H），7.77（s, 2H），7.51（t, J =7.6 Hz, 2H），7.37（d, J = 7.6 Hz, 4H），2.30（s, 12H）；^{13}C NMR（100 MHz, $CDCl_3$），δ_C（ppm），137.3、134.5、132.9、131.2、129.3、125.1、17.4; HRMS（ESI+）为［M-ClO_4^-］$^+$ $C_{19}H_{21}N_2$，理论计算值为 277.170 5，检测值为 277.170 7。

2- 胺甲基咪唑高氯酸盐（**8**）合成通法。将 1,4- 氮杂丁二烯（5×10^{-3} mol）溶于高氯酸乙酸溶液（10 mL，0.5 mol/L）。约 5 min 后，加入 40 mL 水，然后快速用二氯甲烷萃取（20 mL × 2），并用无水硫酸钠干燥，用减压蒸馏方法除去溶剂，得到 **8a**、**8b** 和 **8c**。将 **8** 放入水溶液中，加入 5%（体积分数）的盐酸，可以得到化合物 **8**。

1,3- 二环己基 -2-(环己基胺基甲基)- 盐咪唑高氯酸盐（**8a**）。白色粉末，产率为 41%。熔点为 158 ～ 162 ℃（文献值为 158.5 ～ 161.2 °C），^{1}H NMR（400 MHz, $CDCl_3$），δ_H（ppm）,8.67（s, 1H），7.58（s, 2H），4.82（m, 2H），3.60（m, 1H），1.21 ～ 2.17（m, 30H）；^{13}C NMR（100 MHz, $CDCl_3$），δ_C（ppm），143.4、136.7、120.1、70.3、58.9、33.8、33.2、25.5、25.2、24.7、23.9; HRMS（ESI+）为［$M-ClO_4^-$］$^+$ $C_{22}H_{36}N_3$，理论计算值为 342.290 9，检测值为 342.290 1。

1,3- 二异丙基 -2-（异丙基胺基甲基）- 盐咪唑高氯酸盐（**8b**）。浅黄色油状液体，产率为 18%。^{1}H NMR（400 MHz, CD_3CN），δ_H（ppm），8.23（s, 1H），7.36（s, 2H），4.92（七重峰，J = 6.8 Hz, 2H），3.49（七重峰，J = 6.0 Hz, 1H），1.20（d, J = 6.8Hz, 12H），1.00（d, J = 6.0 Hz, 6H）；^{13}C NMR（100 MHz, CD_3CN），δ_C（ppm）,143.7、119.9、117.3、62.5、51.6、22.8、21.7; HRMS（ESI+） 为［$M-ClO_4^-$］$^+$ $C_{13}H_{24}N_3$ 理论计算值为 222.197 0，检测值为 222.196 5。

1,3- 二叔丁基 -2- 叔丁基胺基甲基）- 咪唑高氯酸盐（**8c**）。白色粉末，产率为 42%，熔点为 170 ～ 174 ℃；^{1}H NMR（400 MHz, 氘代丙酮），δ_H（ppm），8.79（s, 1H），7.94（s, 2H），1.73（s, 18H），1.43（s, 9H）；^{13}C NMR（100 MHz, 氘化丙酮），δ_C（ppm），148.7、141.9、120.8、63.8、61.8、30.6、28.2; HRMS（ESI+）为［$M-ClO_4^-$］$^+$ $C_{16}H_{30}N_3$，理论计算值为 264.244 0，检测值为 264.244 3。

1,3- 二烷基咪唑高氯酸盐（**7**）的合成方法。将 2- 甲酰基咪唑（**6**）（1×10^{-3} mol）在乙醇（20 mL）中加热回流，用 TLC 检测反应物完全消失，结束反应，用减压蒸馏方法除去乙醇，剩余残留物即是化合物 **7**。

1,3- 二环己基咪唑高氯酸盐（**7a**）。白色固体，产率为 98%，熔点为 174 ～ 175 ℃（文献值为 174.2 ～ 175.3 °C）；^{1}H NMR（400 MHz, $CDCl_3$），δ_H（ppm），1.25 ～ 2.21（m, 20H），4.35（m, 2H），7.47（d, J = 1.6 Hz, 2H），8.99（s, 1H）；^{13}C NMR（100 MHz, $CDCl_3$），δ_C（ppm）24.8、33.3、60.1、77.1、120.5、133.2; HRMS（ESI+）为［$M-ClO_4^-$］$^+$ $C_{15}H_{25}N_2$，理论计算值为 233.201 8，检测值为 233.202 2。其 X 射线单晶衍射数据见表 3-15。

表 3-15 **7a** 的晶体学基本参数

晶体学基本参数	参数值	晶体学基本参数	参数值
分子式	$C_{15}H_{25}ClN_2O_4$	γ/（°）	90.00
相对分子质量	332.82	体积 V/mm³	0.004 32
晶体大小 /mm	0.20 × 0.18 × 0.12	计算密度 /（mg · m⁻³）	1.290
晶系	单斜晶系	线性吸收系数 /mm⁻¹	0.242
空间群	*P2*（*1*）/*n*	晶胞分子数 Z	4
晶胞参数		晶胞电子的数目 F_{000}	1 424
a/nm	1.208 83（2）	衍射实验温度 /K	113（2）
b/nm	2.092 2（4）	衍射波长 λ/nm	0.071 073
c/nm	1.359 8（3）	衍射光源	Mo kα
σ/（°）	90.00	衍射角度 θ/（°）	2.38~25.02
β/（°）	94.57（3）	R 因子	5.06

1,3- 二异丙基咪唑高氯酸盐（**7b**）。白色固体，产率为 97%，熔点为 117 ～ 119 ℃；^{1}H NMR（400 MHz, DMSO-d_6），δ_H（ppm），1.62（d, J = 6.4 Hz, 12H），4.81（七重峰，J = 6.4 Hz, 2H），7.87（d, J = 1.2 Hz, 2H），9.17（s, 1H）；^{13}C NMR（100 MHz, DMSO-d_6），δ_C（ppm），22.0、53.2、120.7、133.6; ^{1}H NMR（400 MHz, MeOH-d_4），δ_H（ppm），1.59（d, J = 6.8 Hz, 12H），4.67（七重峰，J = 6.8 Hz, 2H），7.76（d, 2H, J = 1.6 Hz），9.10（s, 1H）；^{13}C NMR（100 MHz, MeOH-d_4），δ_C（ppm），21.5、53.2、120.5、133.2; ^{1}H NMR（400 MHz, D_2O），δ_H（ppm），1.37（d, J = 6.8 Hz, 12H），4.46（七重峰，J = 6.8 Hz, 2H），7.39（d, 2H, J = 1.6 Hz），8.68（s, 1H）；^{13}C NMR（100 MHz, D_2O），δ_C（ppm），21.9、52.98、120.4、132.3; HRMS（ESI+）为［$M-ClO_4^-$］$^+$ $C_9H_{17}N_2$，理论计算值为 153.139 2，检测值为 153.140 4。

1,3- 二叔丁基咪唑高氯酸盐（**7c**）。白色固体，产率为 97%（**5c** 和高氯酸乙酸溶液反应，产率为 43%），熔点为 244 ～ 246 ℃；^{1}H NMR（400 MHz，氘代丙酮），δ_H（ppm），1.73（s, 18H），7.99（s, 2H），9.04（s, 1H）；^{13}C NMR（100 MHz, 氘代丙酮），δ_C（ppm），29.3、60.7、121.0、132.6; HRMS（ESI+）为［$M-ClO_4^-$］$^+$$C_{11}H_{21}N_2$，理论计算值为 181.170 5，检测值为 181.170 0。

（1E,3E）-1,4- 双（N- 取代）-2,3- 二（甲氧羰基）-2,3- 二氢吡咯酮 -1,3- 丁二烯（**10**）合成通法。将 5×10^{-3} mol 的 γ - 环糊精溶于 100 mL 水中，然后加入 20×10^{-3} mol 的 1,4- 氮杂丁二烯，超声 2 h 后，加入 30×10^{-3} mol 的丁炔酸二甲酯，继续超声 3 h；加入二氯甲烷萃取，分离有机相，干燥，浓缩，用硅胶柱层析分离（石油醚 / 乙酸乙酯 =20/1），得红色晶体 **10**。

（1E,3E）-1,4- 双（N- 环己基）-2,3- 二（甲氧羰基）-2,3- 二氢吡咯酮 -1,3- 丁二烯（**10a**）。暗红色针状晶体，产率为 46%。熔点为 238 ～ 239 ℃；^{1}H NMR（400 MHz, $CDCl_3$），δ_H（ppm），1.15 ～ 1.96（m, 20H），3.77 ～ 3.83（m, 2H），3.83（s, 6H），4.00（s, 6H），9.25（s, 2H）；^{13}C NMR（100 MHz, $CDCl_3$），δ_C（ppm）25.0、26.1、30.6、51.9、53.4、55.3、104.8、131.0、135.2、146.8、162.2、162.8、165.6; HRMS（ESI+）为［M+H］$^+$ $C_{30}H_{37}N_2O_{10}$ 理论计算值为 585.244 8，检测值为 585.240 2。

（1E,3E）-1,4- 双（N- 异丙基）-2,3- 二（甲氧羰基）-2,3- 二氢吡咯酮 -1,3- 丁二烯（**10b**）。红色粉末，产率为 52%。熔点为 163 ～ 166 ℃；^{1}H NMR（400 MHz, $CDCl_3$），δ_H（ppm），1.41（d, J = 7.2 Hz, 12H），3.85（s, 6H），3.98（s, 6H），4.22（七重峰，J = 7.2 Hz, 2H），9.23（s, 2H）；^{13}C NMR（100 MHz, $CDCl_3$），δ_C（ppm）20.5、47.2、51.9、53.4、104.8、131.0、135.1、146.5、162.2、162.7、165.5; HRMS（ESI+）为［M+H］$^+$ $C_{24}H_{29}N_2O_{10}$，理论计算值为 505.182 2，检测值为 505.184 0。

（1E,3E）-1,4- 双（N- 叔丁基）-2,3- 二（甲氧羰基）-2,3- 二氢吡咯酮 -1,3- 丁二烯（**10c**）。红色粉末，产率为 58%。熔点为 235 ～ 236 ℃；^{1}H NMR（400 MHz, $CDCl_3$），δ_H（ppm），1.58（s, 18H），3.86（s, 6H），3.96（s, 6H），9.20（s, 2H）；^{13}C NMR（100 MHz, $CDCl_3$），δ_C（ppm）28.5、51.9、53.3、59.7、105.3、130.6、134.7、147.5、162.5、164.2、166.8; HRMS（ESI+）为［M+H］$^+$ $C_{26}H_{33}N_2O_{10}$ 理论计算值为 533.213 5，检测值为 533.217 2。

（1E,3E）-1,4- 双［N-（2,4,6- 三甲基苯基）］-2,3- 二（甲氧羰基）-2,3- 二氢吡咯酮 -1,3- 丁二烯（**10f**）。深红色针状晶体，产率为 33%。熔点为 287 ～ 289 ℃；^{1}H NMR（400 MHz, $CDCl_3$），δ_H（ppm），2.17（s, 12H），2.31（s, 6H），3.70（s, 6H），3.85（s, 6H），6.94（s, 4H），9.36（s, 2H）；^{13}C NMR（100 MHz, $CDCl_3$），δ_C（ppm），17.7、21.1、52.0、53.1、105.9、128.7、129.3、130.5、135.9、137.1、139.7、147.1、161.3、162.2、164.8; HRMS（ESI+）为［M+H］$^+$ $C_{36}H_{37}N_2O_{10}$，理论计算值为 657.244 8，

检测值为 657.242 5。X 射线单晶衍射数据的剑桥号，CCDC975882。

（1E,3E）-1,4- 双（N-（2,6- 二甲基苯基））-2,3- 二（甲氧羰基）-2,3- 二氢吡咯酮 -1,3- 丁二烯（**10g**）。暗红色针状晶体，产率为 36%。熔点为 284 ～ 286 ℃；^{1}H NMR（400 MHz, $CDCl_3$），δ_H（ppm），2.22（s, 12H），3.69（s, 6H），3.85（s, 6H），7.22（m, 6H），9.38（s, 2H）；^{13}C NMR（100 MHz, $CDCl_3$），δ C（ppm）17.8、52.1、53.2、106.0、128.4、129.8、130.5、131.4、135.9、137.6、146.8、161.2、162.2、164.6; HRMS（ESI+）为［M+H］$^+$ $C_{34}H_{33}N_2O_{10}$，理论计算值为 629.213 5，检测值 629.213 8。

（1E,3E）-1,4- 双（N- 邻甲基苯基）-2,3- 二（甲氧羰基）-2,3- 二氢吡咯酮 -1,3- 丁二烯（**10h**）。暗红色针状晶体，产率为 37%。熔点为 238 ～ 239 ℃；^{1}H NMR（400 MHz, $CDCl_3$），δ_H（ppm），2.26（d, 6H），3.69（s, 6H），3.85（s, 6H），7.16 ～ 7.39（m, 8H），9.36（s, 2H）；^{13}C NMR（100 MHz, $CDCl_3$），δ_C（ppm）17.7、17.8、52.0、53.1、106.1、126.9、128.4、129.9、130.6、131.2、132.2、136.1、137.4、146.5、161.1、162.1、164.6; HRMS（ESI+）为［M+H］$^+$ $C_{32}H_{29}N_2O_{10}$，理论计算值为 601.182 2，检测值为 601.182 0。

3.3　本章节小结

本章节较为系统地介绍了 1,4- 二氢吡嗪（**1**、**2**、**4**、**5**）的合成，展示了近年来科研团队关于 N,N′- 二酰基 -1,4- 二氢吡嗪（**1**）、1- 芳基 -1,4- 二氢吡嗪（**2**）、N,N′- 二芳基 -1,4- 二氢吡嗪（**4**）的制备方法；特别是对 1,4- 二氢吡嗪（**5**）新合成方法的探索，首先以吡嗪酮［1,4- 二（邻甲基苯基）-6- 氧代 -1,4,5,6- 四氢吡嗪 -2- 甲腈］为起始原料，用二异丙基胺基锂（LDA）将吡嗪酮的羰基还原成羟基；在三氟化硼的催化下，与三甲基硅氰反应，生成氰基化吡嗪；再用 2,3- 二氯 -5,6- 二氰基 -1,4- 苯醌（DDQ）氧化，得到目标产物 N,N′- 二芳基 -1,4- 二氢吡嗪 -2,6- 二甲腈（**5**）。通过对相应 1,4- 二氢吡嗪化合物的合成工艺条件优化、图谱解析以及反应机理的探讨，得到了相应系列化合物（**5**）。然后根据第尔斯 - 阿尔德反应原理，探讨 1,4- 二氮杂丁二烯与丁炔酸二甲酯反应合成 N,N′- 二芳基 -1,4- 二氢吡嗪（**5**）的可能性。在高氯酸乙酸溶液中，将反式 1,4- 二氮杂丁二烯转化成顺式 1,4- 二氮杂丁二烯高氯酸盐，使其在立体构型上易于第尔斯 - 阿尔德反应。为使 1,4- 二氮杂丁二烯和亲二烯体能包结在同一个腔中，易于发生第尔斯 – 阿尔德反应，选择 γ - 环糊精（ γ -CD）化学，探索合成 N,N′- 二芳基 -1,4- 二氢吡嗪（**5**）的可能性。通过对相应合成工艺条件优化、图谱解析以及反应机理的探讨，未得到所设计的 1,4- 二氢吡嗪（**5**），而是得到了 2- 甲酰基咪唑高氯酸盐（**7**）、咪唑高氯酸盐（**8**）和（1E,3E）-1,4- 双［N-（2,4,6- 三甲基苯基）-2,3- 二（ 甲氧羰基）-2,3- 二氢吡咯酮］-1,3- 丁二烯（**10**）。通过核磁、质谱、XRD- 单晶结构等图谱鉴定信息分析，确定了化合物的结构。同时，根据关键中间体和产物的图谱数据支持，推测了相应的反应机理。

第 4 章　4H-1,4-噁嗪化合物的合成

4.1　试剂与仪器

本实验所用化学试剂均为市售商品，常用溶剂为分析纯，原料均为化学纯。所用硅胶薄层板为青岛海洋化工厂分厂生产的 GF254 型硅胶板。

本实验所用仪器：

SGW X-4 数字显微熔点仪（上海仪电物理光学仪器有限公司）；

ZF_7 型三用紫外分析仪（巩义市予华仪器有限公司）；

电子分析天平（梅特勒 - 托利多仪器上海有限公司）；

SHZ-D 循环水式真空泵（河南省予华仪器有限公司）；

RE-52A 型旋转蒸发仪（上海亚荣生化仪器厂）；

DLSB-10L 实验室低温冷却液循环泵（巩义市予华仪器有限公司）；

CS101-1A 电热鼓风干燥箱（广东省医疗器械厂）；

JJ-1 型定时调速机械搅拌器（上海予申仪器有限公司）；

85-1 型强磁力搅拌器（上海予申仪器有限公司）；

真空干燥箱（广东宏展科技有限公司）。

本实验所用测试仪器：

核磁共振仪（ARX400，德国 Bruker 公司）；

高分辨质谱仪（G3250AA LC/MSD TOF system，美国 Agilent 公司）；

红外光谱仪（VERTEX70，德国 Bruker 公司）；

紫外可见分光光度计（日立 UV-3010，日本日立公司）。

4.2　4H-1,4-噁嗪的合成

4H-1,4-噁嗪的合成研究是对2,4,6-三芳基-4H-1,4-噁嗪、4-芳基-4H-1,4-噁嗪的合成方法进行研究，通过对合成方法和反应机理的研究，得到高效的4H-1,4-噁嗪合成方法，并制备出一系列4H-1,4-噁嗪化合物。

4.2.1　2,4,6-三芳基-4H-1,4-噁嗪的合成

1. 2,4,6-三芳基-4H-1,4-噁嗪的合成路线

2,4,6-三芳基-4H-1,4-噁嗪（**10~13**）的结构式如如图4-1。

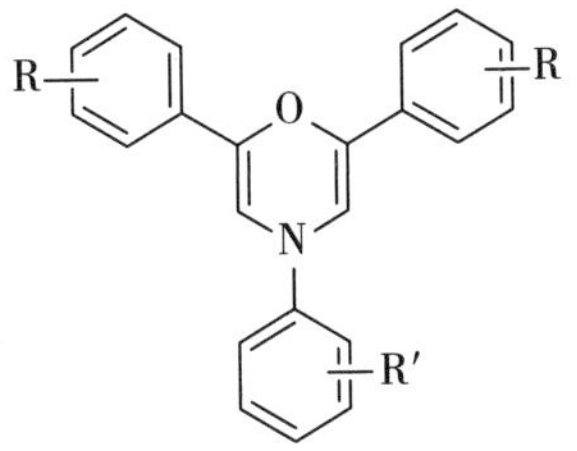

10~13

图4-1　2,4,6-三芳基-4H-1,4-噁嗪的结构式

2,4,6-三芳基-4H-1,4-噁嗪（**10~13**）的合成参考Correia的合成法，以2,4,6-三苯基-4H-1,4-噁嗪的合成方法为基础，在三氯氧磷作用下，研究2,4,6-三芳基-4H-1,4-噁嗪合成方法的适用性；以α-溴代芳乙酮和芳胺作为原料，合成N,N-二芳酰乙基芳胺（**14~17**），探讨溶剂、溶剂含水量和取代基电子效应等对中间体（**14~17**）产率的影响，以期得到高效的合成2,4,6-三芳基-4H-1,4-噁嗪的方法（图4-2）。

2,4,6-三芳基-4H-1,4-噁嗪的合成研究。2,4,6-三芳基-4H-1,4-噁嗪（**10~13**）的合成参考Correia的制备方法，以N,N-二苯酰乙基苯胺为原料，吡啶为溶剂和缚酸剂，在三氯氧磷脱水作用下，关环反应得目标化合物（图4-2）。

N,N-二芳酰乙基芳胺（**14~17**）的合成。传统的合成方法是以α-溴代芳乙酮和芳胺作为原料，二异丙基乙基胺或者碳酸钠钾为缚酸剂，经氯仿或乙醇回流得到；Ravindran等采用无溶剂研磨的方法对传统合成方法进行了改进，但无溶剂研磨法只适合于少量化合物的制备，大量制备时将导致反应时间延长、后处理困

难、产率降低等问题。

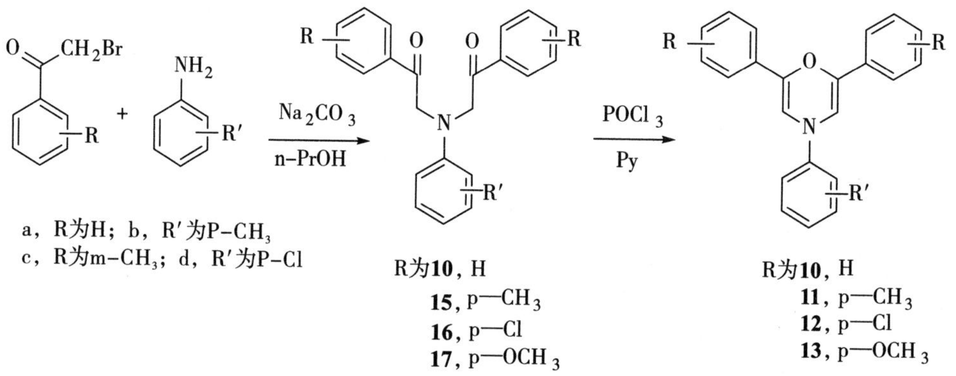

$$\xrightarrow[\text{n-PrOH}]{Na_2CO_3} \qquad \xrightarrow[\text{Py}]{POCl_3}$$

a，R为H；b，R′为P-CH_3
c，R为m-CH_3；d，R′为P-Cl

R为**10**，H
15，p—CH_3
16，p—Cl
17，p—OCH_3

R为**10**，H
11，p—CH_3
12，p—Cl
13，p—OCH_3

图 4-2　2,4,6- 三芳基 -4H-1,4- 嗯嗪的合成

以 N,N- 二苯酰乙基苯胺（**14a**）的合成为基础，研究溶剂种类（二氯甲烷、乙酸乙酯、甲苯、乙醇、正丙醇）和溶剂水含量对产率的影响。当使用沸点低的溶剂（如二氯甲烷、乙酸乙酯）时，只能得到单取代产物 N- 芳酰乙基芳胺；使用沸点高的正丙醇作为溶剂时，**14a** 的产率较高，并且副产物较少。实验中还发现，在溶剂中加入适量水，可以提高缚酸剂碳酸钠的溶解度，从而提高反应速率。因此，α - 溴代苯乙酮的投料量为 10×10^{-3} mol，苯胺投料量为 5×10^{-3} mol，选用正丙醇为溶剂，碳酸钠 11×10^{-3} mol 时，选择溶剂中水的含量为 0~7 %（体积分数）时，将反应结果列于表 4-1。在含水量为 5 %（体积分数）时，**14a** 的产率可达 86 %。

表 4-1　溶剂含水量对 14a 合成的影响

序号	H_2O 的体积分数 /%	产率 /%	时间 /h
1	0	72	5
2	1	75	4.5
3	2	78	3.5
4	3	80	3
5	4	83	2.5
6	5	86	1.5
7	6	82	1.5
8	7	77	1.5

因此，以 α-溴代芳乙酮（10×10^{-3} mol）、芳胺（5×10^{-3} mol）为原料，碳酸钠（11×10^{-3} mol）为缚酸剂，在含水量 5 %（体积分数）正丙醇溶剂中，合成了一系列 N,N- 二芳酰乙基芳胺（**14~17**）（表 4-2）。

表 4-2　N,N- 二芳酰乙基芳胺 **14~17** 的产率

化合物	R	R′	产率 /%	化合物	R	R′	产率 /%
14a	H	H	86	**16a**	p-Cl	H	89
14b	H	p—CH_3	79	**16b**	p-Cl	*p*-CH_3	80
14c	H	m—CH_3	69	**16c**	p-Cl	*m*-CH_3	74
14d	H	p—Cl	58	**16d**	p-Cl	*p*-Cl	58
15a	p—CH_3	H	73	**17a**	p-OCH_3	H	70
15b	p—CH_3	p—CH_3	75	**17b**	p-OCH_3	*p*-CH_3	76
15c	p—CH_3	m—CH_3	66	**17c**	p-OCH_3	*m*-CH_3	59
15d	p—CH_3	p—Cl	54	**17d**	p-OCH_3	*p*-Cl	43

从表 4-2 可以看出，α-溴代芳乙酮和芳胺的芳环取代基（R 和 R′）的电子效应直接影响着 N,N- 二芳酰乙基芳胺的产率。当选择相同的 R，观察不同 R′ 取代基电子效应对产率的影响时发现：R′ 为供电基高于 R′ 为吸电基化合物的产率。如 R 同为 p—CH_3 时，**15b**（R 为 p—CH_3, R′ 为 p—CH_3）和 **15c**（R 为 p—CH_3, R′ 为 m—CH_3）的产率分别为 75 % 和 66 %；而 **15d**（R 为 p—CH_3, R′ 为 p—Cl）的产率为 54 %。当选择相同的 R′，观察不同 R 取代基电子效应对产率的影响时发现：R 为吸电基高于 R′ 为供电基化合物的产率。如 R′ 同为 H 时，**16a**（R 为 H, R′ 为 p—Cl）的产率为 89 %，而 15a（R 为 p—CH_3 , R′ 为 H）和 **17a**（R 为 p—OCH_3, R′ 为 H）的产率分别为 73 % 和 70 %。由此可见，溴代芳乙酮的取代基 R 为吸电基团、芳胺的 R′ 为供电基团时，高产率的合成 N,N- 二芳酰乙基芳胺。该种现象可解释为：R 吸电基团时有利于诱导 α-溴代芳乙酮的亲电活性；而 R′ 为供电基团时有利于增强芳胺 N 上的电子云密度，从而提高芳胺的亲核活性，上述 R 和 R′ 的电子效应都将促进 α-溴代芳乙酮与芳胺的缩合反应活性，从而提高了产率。

2,4,6- 三芳基 -4H-1,4- 噁嗪（**10~13**）的合成参考 Correia 的制备方法，以 N,N- 二芳酰乙基芳胺（**14~17**）为原料，以吡啶为溶剂和缚酸剂，在三氯氧磷作用下经关环反应得到。该方法对文献方法进行了改进，将 2,4,6- 三苯基 -4H-

1,4-噁嗪的合成推广到不同取代基的 2,4,6-三芳基-4H-1,4-噁嗪(表 4-3)。

表 4-3 2,4,6-三芳基-4H-1,4-噁嗪(10~12)的产率

序号	R	R′	产率 /%	序号	R	R′	产率 /%
10a	H	H	58	**12a**	p—Cl	H	35
10b	H	p—CH_3	52	**12b**	p—Cl	*p*—CH_3	45
10c	H	m—CH_3	43	**12c**	p—Cl	*m*—CH_3	40
10d	H	p—Cl	31	**12d**	p—Cl	*p*—Cl	38
11a	p—CH_3	H	23				
11b	p—CH_3	p—CH_3	28				
11c	p—CH_3	m—CH_3	22				
11d	p—CH_3	p—Cl	20				

由表 4-3 可以看出，N,N-二芳酰乙基芳胺(**14~17**)所带取代基(R 和 R′)的电子效应是影响 2,4,6-三芳基-4H-1,4-噁嗪(**10~13**)产率的主要因素。当选择相同的R，观察不同R′取代基电子效应对产率的影响时发现：R′为供电基高于R′为吸电基化合物的产率。如R同为p—CH_3时，**10b**(R为p—CH_3, R′为p—CH_3)和**10c**(R为p—CH_3, R′为m—CH_3)的产率分别为 52 % 和 43 %；而 **10d**(R 为 p—CH_3 ,R′为 p—Cl)的产率为 31 %。当选择相同的 R′，观察不同 R 取代基电子效应对产率的影响时发现：R 为吸电子基团高于 R 为供电基化合物的产率。如 R′同为 p—Cl 时，**11d**(R 为 p—CH_3, R′为 p—Cl)的产率为 20 %，而 **12d**(R 为 p—Cl, R′为 p—Cl)的产率为 38 %。R 为给电子基团(p—OCH_3)的 **13**，通过薄层色谱观察到反应过程中产生了与其他 2,4,6-三芳基-4H-1,4-噁嗪相似的反应点，但其很快就分解消失，从而不能分离得到相应的产品(**13a~13d**)。

N,N-二芳酰乙基芳胺 **14~17** 的制备通法。在 50 mL 圆底烧瓶中，加入 15×10^{-3} mol α-溴代芳乙酮、16.5×10^{-3} mol 的 Na_2CO_3、7.5×10^{-3} mol 芳胺、20 mL 正丙醇、1 mL 水，搅拌，加热回流，薄层色谱跟踪反应进程，原料反应完毕后，冷至室温，析出固体过滤、水洗，用二氯甲烷 / 石油醚重结晶，得 N,N-二芳酰乙基芳胺 **14~17**。

N,N-二苯酰乙基芳胺(**14a**)。产率为 88.6 %；mp 为 196.2 ～ 197.4 ºC，文献值 mp 为 198.0 ºC。

N,N- 二苯酰乙基 - 对甲基苯胺（**14b**）。产率为 79.3 %；mp 为 153.2 ～ 155.5 ºC，文献值 mp 为 158.0 ºC。

N,N- 二苯酰乙基 - 间甲基苯胺（**14c**）。产率为 68.6 %；mp 为 133.2 ～ 134.5 ºC。^{1}H NMR（400 MHz, $CDCl_3$），δ2.21（s, 3H, —CH_3），4.95（s, 4H, N—CH_2—），6.48（d, *J* = 9.2 Hz, 2H, Ar—H），7.09 ～ 7.15（m, 2H, Ar—H），7.44 ～ 7.57（m, 4H, Ar—H），7.66 ～ 7.68（m,2H, Ar—H），8.00 ～ 8.05（m, 4H，Ar—H）。

N,N- 二苯乙基 - 对氯苯胺（**14d**）。产率为 58.2 %，mp 为 158.3 ～ 160.2 ºC。^{1}H NMR（400 MHz, $CDCl_3$），δ4.92（s, 4H, N—CH_2），6.45（d, *J* = 9.2 Hz, 2H, Ar—H），7.09 ～ 7.11（m, 2H, Ar—H），7.49 ～ 7.53（m, 4H, Ar—H），7.61 ～ 7.65（m,2H, Ar—H），8.00 ～ 8.02（m, 4H，Ar-H）。

N,N- 二（4- 甲基苯酰乙基）- 苯胺（**15a**）。产率为 73.4 %，mp 为 103.7 ～ 104.5 ºC，文献值 mp 为 103 ºC。

N,N- 二（4- 甲基苯酰乙基）- 对甲苯胺（**15b**）。产率为 75.2 %，mp 为 142.7 ～ 144.3 ºC，文献值 mp 为 128 ºC。

N,N- 二（4- 甲基苯酰乙基）- 间甲苯胺（**15c**）。产率为 65.7 %，mp 为 168.7 ～ 169.3 ºC。^{1}H NMR（400 MHz, $CDCl_3$），δ2.21（s, 3H, —CH_3），2.25（s, 6H, —CH_3），4.96（s, 4H, N—CH_2—），6.46（d, *J* = 9.2 Hz, 2H, Ar—H），7.09 ～ 7.16（m, 2H, Ar—H），7.44 ～ 7.58（m, 4H，Ar—H），7.64 ～ 7.68（m,2H, Ar—H），8.00 ～ 8.08（m, 4H，Ar—H）。

N,N- 二（4- 甲基苯酰乙基）- 对氯苯胺（**15d**）。产率为 59.5 %，mp 为 178.5 ～ 181.3 ºC。^{1}H NMR（400 MHz, $CDCl_3$），δ2.35（s, 6H, —CH_3），4.92（s, 4H, N—CH_2—），6.45（d, *J* = 9.2 Hz, 2H, Ar—H），7.09 ～ 7.11（m, 2H, Ar—H），7.49 ～ 7.53（m, 4H Ar—H），7.61 ～ 7.65（m, 2H, Ar—H），8.00 ～ 8.02（m, 4H, Ar—H）。

N,N- 二（4- 氯苯酰乙基）- 苯胺（**16a**）。产率为 83.4 %，mp 为 108.1 ～ 109.8 ºC，文献值 mp 为 110 ºC。

N,N- 二［4-（氯苯酰乙基）］- 对甲基苯胺（**16b**）。产率为 80.1 %，mp 为 137.3 ～ 138.1 ºC，文献值 mp 为 140 ºC。

N,N- 二（4- 氯苯酰乙基）- 间甲基苯胺（**16c**）。产率为 73.5 %，mp 为 126.7 ～ 127.3 ºC。^{1}H NMR（400 MHz, $CDCl_3$），δ2.31（s, 3H, —CH_3），4.92（s, 4H, N—CH_2—），6.44（d, *J* = 9.2 Hz, 2H, Ar—H），7.05 ～ 7.10（m, 2H, Ar—H），7.43 ～ 7.58

（m, 4H，Ar—H），7.66～7.68（m,2H, Ar—H），8.00～8.02（m, 4H，Ar—H）。

N,N-二（4-氯苯酰乙基）-对氯苯胺（**16d**）。产率为 58.4 %，mp 为 181.5～182.7 ℃。

^{1}H NMR（400 MHz, $CDCl_3$）。δ4.95（s, 4H, N—CH_2—），6.51（d, J = 8.8 Hz, 2H, Ar—H），7.08～7.10（m, 2H, Ar—H），7.43～7.58（m, 4H Ar—H），7.61～7.72（m, 2H, Ar—H），8.00～8.08（m, 4H，Ar—H）。

N,N-二（4-甲氧基苯酰乙基）-苯胺（**17a**）。产率为 72.7 %，mp 为 150.9～151.2 ℃，文献值 mp 为 152 ℃。

N,N-二（4-甲氧基苯酰乙基）-对甲苯胺（**17b**）。产率 75.5 %，mp 为 169.2～171.1 ℃，文献值 mp 为 170 ℃。

N,N-二（4-甲氧基苯酰乙基）-间甲苯胺（**17c**）。产率为 58.7 %，mp 为 153.9～155.5 ℃。^{1}H NMR（400 MHz, $CDCl_3$）：δ3.65（s, 6H, —CH_3），4.98（s, 4H, N—CH_2），6.41（m, 4H, Ar—H），7.02～7.14（m, 4H, Ar—H），8.02～8.14（m, 4H, Ar—H）。

N,N-二（4-甲氧基苯酰乙基）-对氯苯胺（**17d**）。产率为 42.8 %，mp 为 168.7～169.3 ℃。^{1}H NMR（400 MHz, $CDCl_3$），δ3.63（s, 6H, —CH_3），4.94（s, 4H, N—CH_2—），6.45（m, 4H, Ar—H），7.02～7.14（m, 4H, Ar—H），8.05～8.18（m, 4H, Ar—H）。

2,4,6-三芳基-4H-1,4-噁嗪 **10～13** 的合成通法。在 50 mL 的三口瓶中，加入 5×10^{-3} mol 的 **14～17**、1.53 g（10×10^{-3} mol）的 $POCl_3$、30 mL 干燥的吡啶，搅拌，100 ℃加热，反应完毕，将深红色的反应液倒入碎冰中，析出浅红色固体，滤出固体，干燥后用无水甲醇重结晶，得到固体 **10～13**。

2,4,6-三芳基-4H-1,4-噁嗪（**10a**）。产率为 58 %。mp 为 181.2～183.4 ℃，文献值 mp 为 183.0～185.0 ℃。

2,6-二苯基-4-对甲苯基-4H-1,4-噁嗪（**10b**）。产率为 52 %，mp 为 115.7～117.2 ℃。^{1}H NMR（400 MHz, 氘代丙酮），δ2.28（s, 3H, Ar—CH_3），6.98（s, 2H, N—CH—），7.15～7.74（m, 10H, Ar—H），7.75（d, J = 7.6 Hz, 4H, Ar—H）。HRMS-EI（m/z）为［M］$^+$ 计算值为 $C_{23}H_{19}NO$，为 325.146 7；测量值为 325.145 3。

2,6-二苯基-4-间甲苯基-4H-1,4-噁嗪（**10c**）。产率为 43 %，mp 为 107.6～108.5 ℃。^{1}H NMR（400 MHz, 氘代丙酮），δ2.35（s, 3H, Ar—CH_3），6.78（d, J = 7.6 Hz, 1H, Ar—H），7.03（s, 2H, N—CH_2—），7.09 ～ 7.43（m,

9H, Ar—H），7.760（d, J = 8.0 Hz, 4H, Ar—H）。HRMS-EI（m/z）为［M］$^+$计算值为 $C_{23}H_{19}NO$, 325.146 7; 测量值为 325.145 0。

2,6- 二苯基 -4- 对氯苯基 -4H-1,4- 噁嗪（**10d**）。产率为 31 %，mp 为 98.6 ～ 99.5 ºC。^{1}H NMR（400 MHz, 氘代丙酮），δ6.49（s, 2H, N—CH=），6.93 ～ 7.59（m, 14H, Ar—H）。HRMS-EI（m/z）为［M］$^+$计算值为 $C_{22}H_{16}ClNO$, 345.092 0; 测量值为 345.081 2。

2,6- 二（对甲苯基）-4- 苯基 -4H-1,4- 噁嗪（**11a**），产率为 23 %，mp 为 113.5 ～ 114.6 ºC。^{1}H NMR（400 MHz, 氘代丙酮），δ2.38（s, 6H, Ar—CH_3），6.51（s, 2H, N—CH=），6.99 ～ 7.47（m, 13H, Ar—H）。HRMS-EI（m/z）为［M］$^+$计算值为 $C_{24}H_{21}NO$, 339.162 3; 测量值为 339.160 2。

2,4,6- 三（对甲苯基）-4H-1,4- 噁嗪（**11b**）。产率为 28 %，mp 为 133.6 ～ 134.2 ºC。^{1}H NMR（400 MHz, 氘化丙酮），δ2.04（s, 6H, Ar—CH_3），2.27（s, 3H, Ar—CH_3），6.87（s, 2H, N—CH=），7.13 ～ 7.60（m, 12H, Ar—H）。HRMS-EI（m/z）为［M］$^+$计算值为 $C_{25}H_{23}$ NO, 353.178 0; 测量值为 353.170 2。

2,6- 二（对甲苯基）-4- 间甲苯基 -4H-1,4- 噁嗪（**11c**）。产率为 22 %，mp 为 112.5 ～ 113.2 ºC。^{1}H NMR（400 MHz, 氘代丙酮），δ2.21（s, 6H, Ar—CH_3），2.25（s, 3H, Ar—CH_3），6.47（s, 2H, N—CH=），6.91 ～ 7.45（m, 12H, Ar—H）。HRMS-EI（m/z）:［M］$^+$计算值为 $C_{25}H_{23}NO$, 353.1780; 测量值为 353.164 9。

2,6- 二（对甲苯基）-4- 对氯苯基 -4H-1,4- 噁嗪（**11d**）。产率为 20 %，mp 为 98.6 ～ 99.9 ºC。^{1}H NMR（400 MHz, 氘挖丙酮），δ2.38（s, 6H, Ar—CH_3），6.44（s, 2H, N—CH=），6.90 ～ 7.47（m, 12H, Ar—H）。HRMS-EI（m/z）:［M］$^+$计算值为 C 24 H 20 ClNO 373.123 3; 测量值为 373.112 6。

2,6- 二（4- 氯苯基）-4- 苯基 -4H-1,4- 噁嗪（**12a**）。产率为 35 %，mp 为 132.5 ～ 133.6 ºC。^{1}H NMR（400 MHz, 氘代丙酮），δ6.51（s, 2H, N—CH=），6.96 ～ 7.48（m, 13H, Ar—H）。HRMS-EI（m/z）:［M］$^+$计算值为 $C_{22}H_{15}C_{12}NO$ 379.053 1; 测量值为 379.041 6。

2,6- 二（4- 氯苯基）-4- 对甲苯基 -4H-1,4- 噁嗪（**12b**）。产率为 45 %，mp 为 153.9 ～ 154.7 ºC。^{1}H NMR（400 MHz, 氘化丙酮）：δ 2.29（s, 3H, Ar—CH_3），

6.97（s, 2H, N—CH_2—）, 7.15 ～ 7.23（m, 4H, Ar—H）, 7.39 ～ 7.42（m, 4H, Ar—H）, 7.74（d, J = 8.8 Hz, 4H, Ar—H）。HRMS-EI（m/z）:［M］+ 计算值为 $C_{23}H_{17}Cl_2NO$ 393.068 7; 测量值为 393.068 9。

2,6- 二（4- 氯苯基）-4- 间甲苯基 -4H-1,4- 噁嗪（**12c**）。产率为 40 %，mp 为 122.5 ～ 124.1 ºC。^{1}H NMR（400 MHz, 氘代丙酮）, δ2.34（s, 3H, —CH_3）, 6.81（d, J = 7.2 Hz, 1H Ar—H）, 7.07（s, 2H, N—CH_2—）, 7.10 ～ 7.74（m, 7H, Ar—H）, 7.75 ～ 7.77（m, 4H, Ar—H）。HRMS-EI（m/z）:［M］$^+$ 计算值为 $C_{23}H_{17}C_{12}$ NO 393.068 7; 测量值为 393.068 0。

2,4,6- 三（4- 氯苯基）-4H-1,4- 噁嗪（**12d**）。产率为 38 %，mp 为 145.3 ～ 146.7 ºC。^{1}H NMR（400 MHz, 氘代丙酮），δ6.45（s, 2H, $>N-\underset{H}{C}=$），6.92 ～ 7.48（m, 12H, Ar—H）。HRMS-EI（m/z）:［M］$^+$ 计算值为 $C_{22}H_{14}Cl_3NO$ 413.014 1; 测量值为 414.996 9［M+2H］$^+$。

3. 2,4,6- **三芳基 -4H-1,4- 噁嗪的结构解析**

2,6- 二苯基 -4-（4- 氯苯基）-4H-1,4- 噁嗪（**11d**）的结构解析。橙红色粉末，产率为 63%, mp 为 98.6 ～ 99.5 ºC。^{1}H NMR（400 MHz, 氘代丙酮）。δ（ppm）为 6.49（s, 2H, $>N-\underset{H}{C}=$）, 6.93 ～ 6.94（d, 2H, Ar—H）, 7.28 ～ 7.31（d, 4H, Ar—H）, 7.36 ～ 7.40（t, 4H, Ar—H）, 7.57 ～ 7.59（d, 4H, Ar—H）; ^{13}C NMR（100 MHz, 氘代丙酮）, δ（ppm）109.0、114.9、122.9、124.6、127.5、128.4、129.2、132.6、138.3、140.7. HRMS（ESI）:（m/z）计算值为 $C_{22}H_{16}ClNO$: 345.092 0［M］$^+$; 测量值为 345.081 2［M+H］$^+$.

11d 的核磁共振氢谱显示 **11d** 的结构中共有 16 个 H 原子，其中无活泼氢的峰；δ 为 7.57 ～ 7.59 对应 2- 和 6- 位苯环上的 4 个 H 原子，δ 为 7.36 ～ 7.40 对应 2- 和 6- 位苯环上的另外 4 个 H 原子；δ 为 7.28 ～ 7.31 对应 2- 和 6- 位苯环上的剩余的 2 个 H 原子和 4- 位苯环上的 2 个 H 原子；δ 为 6.93 ～ 6.94 对应 4- 位苯环上的 2 个 H 原子；δ 为 6.49 对应噁嗪环上的 2 个 H 原子。从核磁共振碳谱可以判断结构中共有不同的 10 个 C 原子峰，由于苯环以及噁嗪环结构的对称性，可以判断结构中有 22 个 C 原子，δ 值 140.7 对应 4- 位芳环上 1 个 C 原子，138.3 对应噁嗪环上另外 2 个 C 原子，δ 值从 114.9 ～ 132.6 对应芳环上 17 个 C 原子，δ 值 109.0 对应噁嗪环上 2 个 C 原子；由 HRMS 图谱，可知其分子量 345.092 0，考虑到分子离子对应为噁嗪阳离子，根据 N 规则，**11d** 中只能含有奇数 N 原子。综合谱图数据，推导出 11d 为 2,6- 二苯基 -4-（4- 氯苯基）-4H-1,4- 噁嗪。

4.2.2　4-芳基-4H-1,4-噁嗪的合成

1. 4-芳基-4H-1,4-噁嗪的合成路线

4-芳基-4H-1,4-噁嗪（**16**）的结构式如图 4-3 所示。

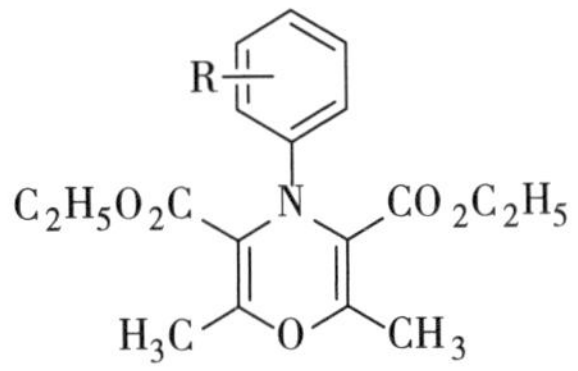

图 4-3　4-芳基-4H-1,4-噁嗪（**16**）

4-芳基-4H-1,4-噁嗪（**16**）（图 4-3）的合成参考 Wuppertal 的制备方法。以重氮乙酰乙酸乙酯和芳胺为原料，合成间体（**15**），探讨溶剂、催化剂取代基电子效应等对中间体（**15**）产率的影响；以中间体 **15** 为原料，在三氯氧磷脱水剂作用下，研究不同取代基 4-芳基-4H-1,4-噁嗪合成方法的通用性，以期得到高效的合成 4-芳基-4H-1,4-噁嗪的方法（图 4-4）。

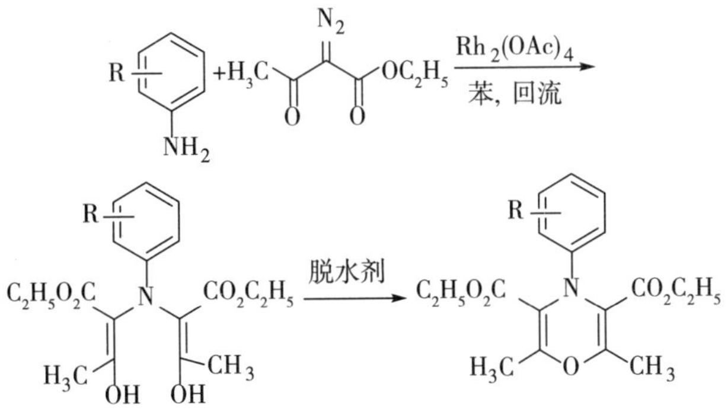

图 4-4　4-芳基-4H-1,4-噁嗪合成

中间体 **14** 的合成。以重氮乙酰乙酸乙酯和芳胺为起始原料，反应生成中间体 **15**。在制备 **15** 时，探索了催化剂用量、反应时间对目标产物产率的影响。当催化剂量较少时，反应时间长，产率低；当催化剂用量过多时，反应较剧烈，但伴随副反应多，产率低等现象。因此，催化剂的量对目标产物的产率有着重要的影响（表 4-4）。

表 4–4　催化剂量对 **15a** 产率的影响

催化剂 /%	反应时间 /min	产率 /%
0.094	120	23
0.240	50	28
0.750	35	19

研究了取代基效应对于反应产率的影响（表 4–5）。芳环上的取代基为吸电子基团时，较易得到目标产物；芳环上的取代基为供电子基团时，较难得到目标产物。

表 4–5　**15** 的产率

编号	取代基（R）	得率 /%
15a	3—NO_2	28.1
15b	2,5—diCF_3	25.2
15c	H	16.7
15d	4—Cl	26.1
15e	4—CH_3	19.1
15f	2,5—diF	26.9
15g	4—$CO_2C_2H_5$	17.1
15h	3—Cl	28.3

为什么会产生中间体产率低的问题？经研究发现，在 **15** 的合成过程，有副产物（**17**）产生。对 **17a** 的结构进行解析，确定是乙氧羰基甲酰芳胺（**17a~17f**，R 为 4CO_2Et, 3—NO_2, 4—NO_2, 4—Cl, 3—Cl, H）（图 4–5）。

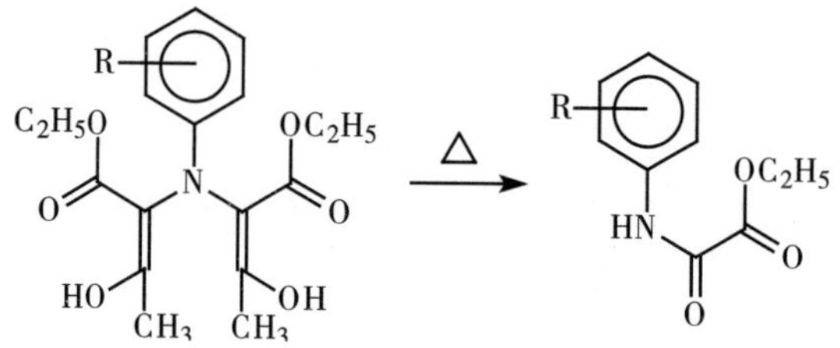

图 4–5　中间体 **15** 合成中的副产物 **17**

乙氧羰基甲酰苯胺（**17a**）结构中含有 15 个 H 原子和 13 个 C 原子，结构中有活泼氢存在，从碳氢相关的结果表明其不和 C 原子相连；红外图谱显示 **17a** 结构中含 3 个羰基；由 MS 图谱可知其分子量为奇数，根据 N 规则 **17a** 中只能含有奇数个 N 原子，因此根据反应原料推断 **17a** 中最有可能只含一个 N 原子且与活泼氢相连，通过重水交换（^{1}H NMR）活泼氢的积分面积值明显减小，证实了 N 原子与活泼氢原子是相连的。^{1}H NMR（$CDCl_3$, 400 MHz），δ 1.40（t, 3H, —CH_2CH_3），1.44（t, 3H, $ArCO_2CH_2CH_3$），4.37（m, 2H, —CH_2CH_3），4.43（m, 2H, $ArCO_2CH_2CH_3$），7.71（AB, 2H, J=8.8, Ar—H），8.06（AB, 2H, J=8.8, Ar—H），9.00（s, 1H, N—H）; IR（KBr）v: 3 365 cm^{-1}、2 983 cm^{-1}、1 732 cm^{-1}、1 707 cm^{-1}、1 610 cm^{-1}、1 544 cm^{-1}、1 525 cm^{-1}、1 282 cm^{-1}、862 cm^{-1}、768 cm^{-1}; MS: m/z（%）为 266.1（M+1），264.1（M−1）。

4- 芳基 -4H-1,4- 噁嗪化合物的合成。在合成出中间体 **15** 后，参考 Wuppertal 的制备方法，以中间体 **15** 为原料，探讨脱水剂、催化剂和溶剂等条件，对于 4- 芳基 -4H-1,4- 噁嗪化合物产率的影响（表 4-6）。

表 4–6 不同反应条件对于产率的影响

脱水剂	催化剂	溶剂
Ac_2O	$ZnCl_2$	HAc
—	TsOH	苯（dry）
P_2O_5	P_2O_5	^tBuOH
$MgSO_4$（无水）	HCl（aq）	异丙醇
—	H_2SO_4	HAc
C_2H_5ONa	C_2H_5ONa	^tBuOH
^tBuONa	^tBuONa	^tBuOH
P_2O_5	P_2O_5	甲苯
P_2O_5	P_2O_5	苯（dry）
$MgSO_4$（无水）	HCl（g）/$ZnCl_2$	^tBuOH

在 HAc、$Ac_2O/ZnCl_2$ 条件下，采用微波辐射法制备 **15a** 时，生成物复杂；改为常规方法反应，反应完毕后，发现 **15a** 与 HAc 发生了酯化反应。随后用 **15b** 在 HAc、H_2SO_4 体系中回流，也发生了相同的现象（图 4-6）。

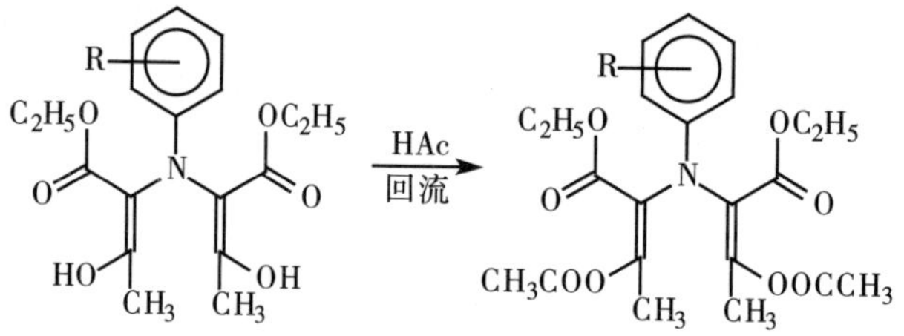

图 4-6 酸性条件下制备 **15** 的副反应

以叔丁醇为溶剂时，在碱性（C_2H_5ONa、^tBuONa）条件下生成了 **15a** 的钠盐（图 4-7）。

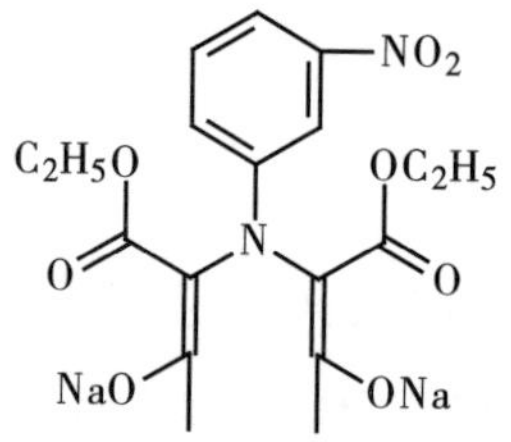

图 4-7 碱性条件下制备 **15** 的副反应

以叔丁醇为溶剂时，在 P_2O_5、$MgSO_4$（无水）、HCl（aq）条件下，均生成了化合物 **17**（图 4-8）。

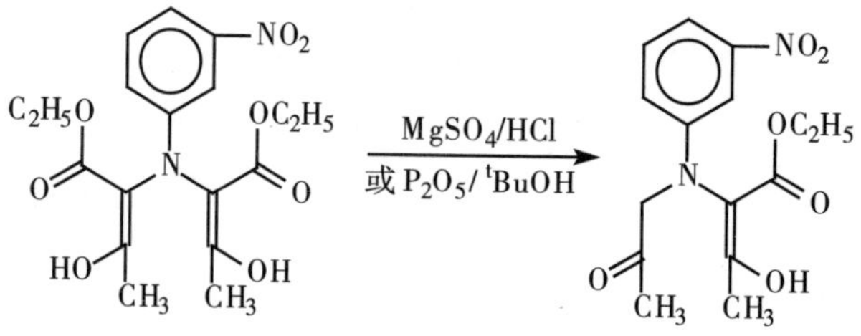

图 4-8 制备 **15** 的副反应

对 **17** 的结构进行解析，确认为 N-（2-羟基-1-乙氧羰基-丙烯基）-N-（2-氧代丙基）3-硝基苯胺。^{1}H NMR 谱有 18 个 H 原子，^{13}C NMR 有 15 个 C 原子；由 dept90 和 dept135 图谱可知（图 4-9、图 4-10），其结构中含有 7 个季碳原子，有 2 个亚甲基碳原子；碳氢相关图谱（图 4-11）表明裂分成 4 组单峰的 2 个 H 原子与同一个 C 原子相连；由质谱知其分子量为偶数（图 4-12），根据氮规则和反应物结构可判定 **54** 的结构中应含有 2 个 N 原子。^{1}H NMR（$CDCl_3$, 400 MHz），δ1.18（t, 3H, —CH_2CH_3），2.13（d, 3H, —CH_3），2.26（s, 3H, —CH_3），

4.02 ～ 4.06（s, 1H, —CH_2—）, 4.20（m, 2H, —CH_2CH_3）, 4.38 ～ 4.43（s, 1H, —CH_2—）, 6.73 ～ 7.63（m, 4H, Ar—H）, 12.45（s, 1H,—OH）; IR（KBr）*v* 2 983 cm^{-1}、1 732 cm^{-1}、1 650 cm^{-1}、1 618 cm^{-1}、1 574 cm^{-1}、1 527 cm^{-1}、1 407 cm^{-1}、1 346 cm^{-1}、736 cm^{-1}; MS: m/z（%）为 323.1（M+1）, 321.1（M−1）。

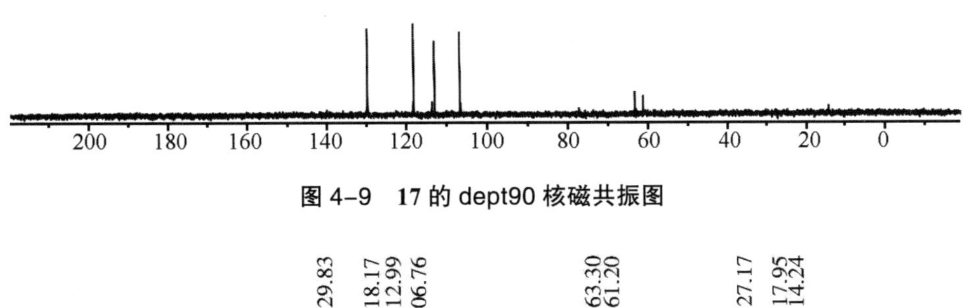

图 4-9　**17** 的 dept90 核磁共振图

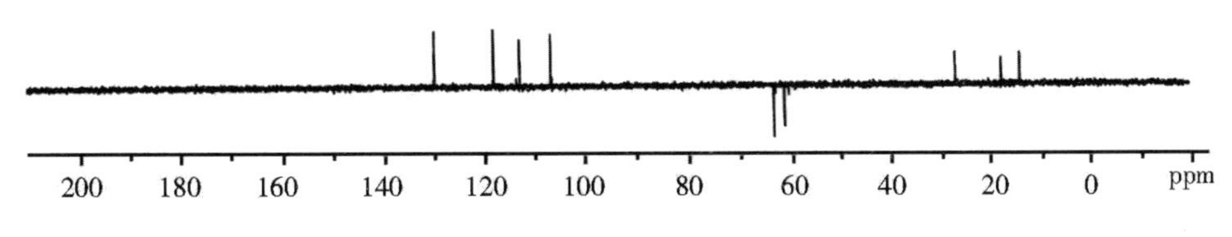

图 4-10　**17** 的 dept135 核磁共振图

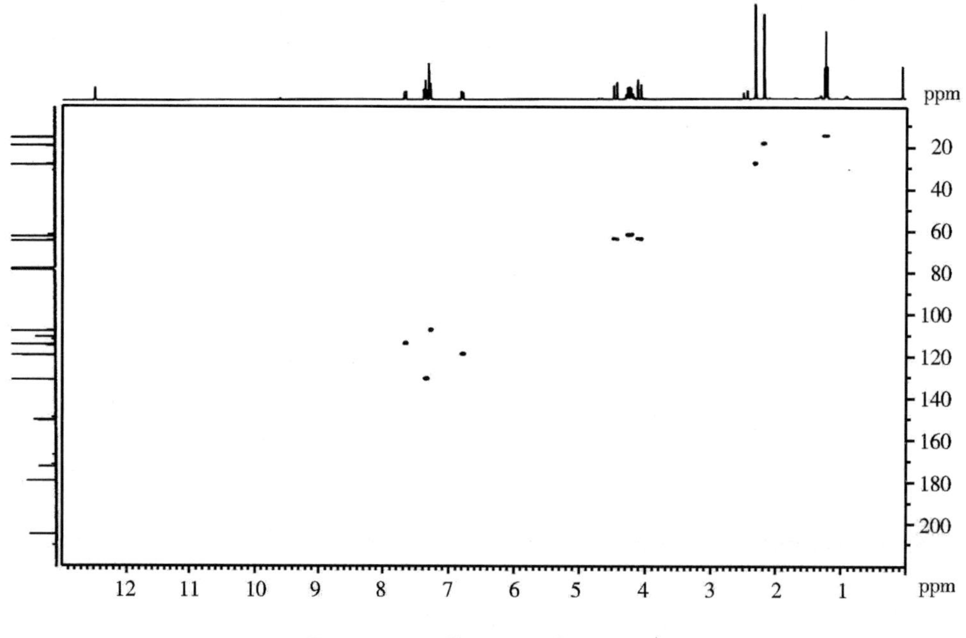

图 4-11　17 的 $^{1}H-^{13}C$ 核磁共振图

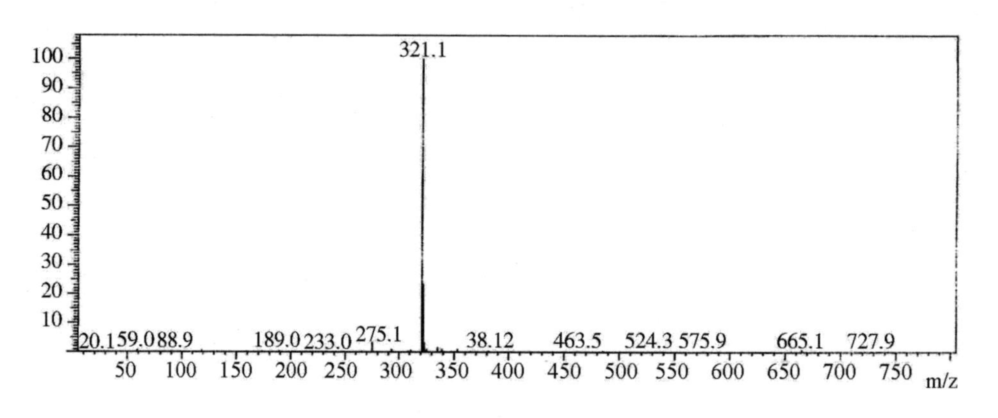

图 4-12　17 的质谱图

将反应溶剂叔丁醇换成干燥的苯或甲苯，P_2O_5 在回流的条件下用五氧化二磷，化合物**15**发生脱水关环反应，最终得到了目标化合物**16a~16c**(表4-7、图4-13)。

表 4-7　16a~16c 的产率

编号	取代基(R)	得率/%
16a	3—NO_3	31.9
16b	2,5—diCF_3	35.1

续表

编号	取代基（R）	得率 /%
16c	2,5—diF	31.6

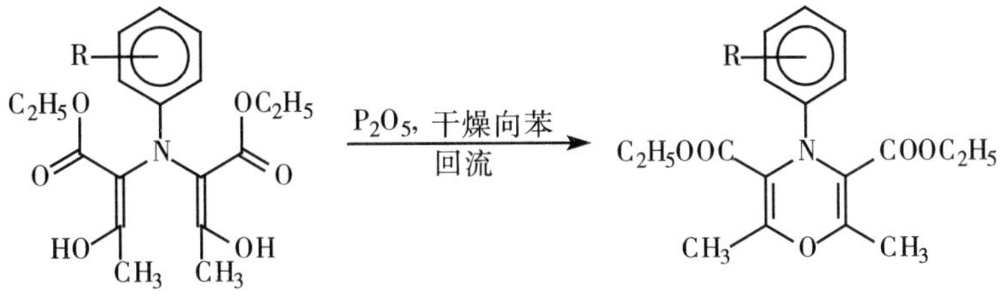

图 4-13　4- 芳基 -4H-1,4- 噁嗪的合成

2. 4- 芳基 -4H-1,4- 噁嗪的合成方法

醋酸铑二聚体［Rh_2（$OCOCH_3$）$_4$］制备通法。将 1 g 三氯化铑（$RhCl_3 \cdot 3H_2O$）、2 g 乙酸钠、20 mL 冰醋酸和 20 mL 绝对乙醇加入 100 mL 三口瓶中，氮气保护、搅拌、回流 90 min，反应过程中溶液由红色变成墨绿色。停止反应后有绿色固体析出，减压过滤出绿色粉末，并将其溶于 120 mL 沸甲醇中，搅拌 30 min，待全部溶解后过滤，把滤液浓缩至 80 mL，放入冷冻室结晶，析出墨绿色固体，即醋酸铑二聚体与甲醇的加合物；真空干燥（45 ℃）48 h，得鲜绿色的醋酸铑二聚体 0.64 g，产率为 75.9%。

对甲苯磺酰叠氮化物的制备通法。在 2 L 的锥形瓶中加入 71.5 g（1.1 mol）的叠氮化钠和 200 mL 水，待全部溶解后用 400 mL 90%（体积分数）的乙醇稀释；在搅拌（45 ℃）的条件下加入 1 L 含 190.5 g（1.0 mol）对甲苯磺酰氯的 99%（体积分数）的乙醇溶液，室温搅拌 2.5 h 后，在 35℃ /15 min 的条件下，除去溶剂，残余物在分液漏斗中与 1.2 L 水相混合，分出油状的对甲苯磺酰叠氮化物。用 2 份 100 mL 的水洗涤，无水 Na_2SO_4 干燥，得对甲苯磺酰叠氮化物 168 g，产率为 85.3%。

重氮乙酰乙酸乙酯的制备通法。在 500 mL 的三口瓶中，加入 9.1 g（0.07 mol）的乙酰乙酸乙酯、9.66 g 无水 K_2CO_3 和 300 mL 无水四氢呋喃（THF），氮气保护，滴加 13.8 g（0.07 mol）对甲苯磺酰叠氮化物的无水四氢呋喃的溶液，2 h 滴加完毕，继续反应 1 h，溶液由无色逐渐变为橘黄色。反应结束后，在烧结漏斗中铺上硅藻土、过滤，除去残渣，将滤液旋干；加入 500 mL 乙醚，搅拌 2 h，过滤，滤液旋干（<20 ℃），

经减压柱层析（硅胶：200 ～ 300 目，洗脱液：CH_2Cl_2），真空除溶剂（<20 ℃），得到浅黄色油状液体 468.2 g，产率为 75.1%。

N,N- 二（2- 羟基 -1- 乙氧羰基 - 丙烯基）-3- 硝基苯胺（**15a**）的制备。在 50 mL 三口瓶中，加入 0.5 g（0.003 6 mol）间硝基苯胺、8.6 mg 醋酸铑二聚体和 10 mL 的干苯，回流，滴加含 4.1 g（0.026 3 mol）重氮乙酰乙酸乙酯的 10 mL 绝对干燥的苯溶液，50 min 滴加完毕，停止反应（TLC 检测，石油醚 / 乙酸乙酯 =3/1）。

硅胶柱层析（石油醚 / 乙酸乙酯 =6/1），用乙酸乙酯和正己烷重结晶，得橘黄色晶体 **15a** 0.40 g，产率为 28.1%，mp 为 103 ～ 104 ℃。^1H NMR（$CDCl_3$ 400 MHz），δ1.25（t, 6H, —CH_2CH_3）, 1.86（s, 6H, —CH_3）, 4.26（m, 4H, —CH_2CH_3）, 6.94-7.59（m, 4H, Ar—H）, 12.86（d, 2H, —OH）。

N,N- 二（2- 羟基 -1- 乙氧羰基 - 丙烯基）-3,5- 二（三氟甲基）苯胺（**15b**）的制备。实验操作同 **15a**。硅胶柱层析（石油醚 / 乙酸乙酯 =6/1），乙酸乙酯和正己烷重结晶，得白色晶体 **15b** 0.44 g，产率为 25.2%，mp 为 118 ～ 119 ℃。其核磁共振数据为：^1H NMR（$CDCl_3$, 400 MHz）δ1.26（t, 6H, —CH_2CH_3）, 1.87（s, 6H, —CH_3）, 4.27（m, 4H, —CH_2CH_3）, 6.99（s, 2H, Ar—H）, 7.24（s, 1H, Ar—H）, 12.93（s, 2H, —OH）。

N,N- 二（2- 羟基 -1- 乙氧羰基 - 丙烯基）苯胺（**15c**）的制备。实验操作同 **15a**。硅胶柱层析（石油醚 / 乙酸乙酯 =6/1），乙酸乙酯和正己烷重结晶，析出浅黄色晶体 **15c** 0.21 g，产率为 16.7%。其核磁共振谱数据为：^1H NMR（$CDCl_3$, 400 MHz），δ1.25（t, 6H, —CH_2CH_3）, 1.84（s, 6H, —CH_3）, 4.23（m, 4H, —CH_2CH_3）, 6.63（d, 2H, Ar—H）, 6.72（m, 1H, Ar—H）, 7.18（m, 2H, Ar—H）, 12.81（s, 2H, —OH）。

N,N- 二（2- 羟基 -1- 乙氧羰基 - 丙烯基）-4- 氯苯胺（**15d**）的制备。实验操作同 **15a**。硅胶柱层析（石油醚 / 乙酸乙酯 =6/1），得 **15d** 的粗产品 0.36 g，产率为 26.1%。

N,N- 二（2- 羟基 -1- 乙氧羰基 - 丙烯基）-4- 甲基苯胺（**15e**）的制备。实验操作同 **15a**。硅胶柱层析（洗脱液为石油醚 / 乙酸乙酯 =6/1），得 **15e** 的粗产品 0.25 g，产率为 19.1%。

N,N- 二（2- 羟基 -1- 乙氧羰基 - 丙烯基）-2,5- 二氟苯胺（**15f**）的制备。实验操作同 **15a**。硅胶柱层析（石油醚 / 乙酸乙酯 =6/1），得 **15f** 的粗产品 0.40 g，产率为 26.9%。

N,N-二（2-羟基-1-乙氧羰基-丙烯基）-4-甲酸乙酯基苯胺（**15g**）的制备。实验操作同**15a**。硅胶柱层析（石油醚/乙酸乙酯=6/1），得**15g**的粗产品0.26 g，产率为17.1%。

N,N-二（2-羟基-1-乙氧羰基-丙烯基）-3-氯苯胺（**15h**）的制备。实验操作同**15a**。硅胶柱层析（石油醚/乙酸乙酯=6/1），得**15h**的粗产品0.39 g，产率为28.3%。

4-芳基-4H-1,4-噁嗪化合物（**16**）的合成。4-（3-硝基苯基）-2,6-二甲基-4H-1,4-噁嗪-3,5-二羧酸乙酯（**16a**）。在25 mL三口瓶中，加入0.1 g（0.25×10^{-3} mol）N,N-二（2-羟基-1-乙氧羰基-丙烯基）-3-硝基苯胺**15a**，1.0 g P_2O_5，10 mL干苯，回流，TLC检测（石油醚/乙酸乙酯=3/1），置反应完毕。

硅胶柱层析（石油醚/乙酸乙酯=6/1），乙酸乙酯和正己烷重结晶，析出橘黄色晶体**16a**0.03 g，产率为31.9%，mp为83～85 ℃。其核磁共振数据为：^1H NMR（$CDCl_3$, 400 MHz），δ1.30（t, 6H, —CH_2CH_3），2.45（s, 6H, —CH_3），4.31（m, 4H, —CH_2CH_3），7.01-7.78（m, 4H, Ar—H）；其红外谱数据为IR（KBr）*v*: 2 990 cm^{-1}、2 950 cm^{-1}、1 711 cm^{-1}、1 662 cm^{-1}、1 621 cm^{-1}、1 578 cm^{-1}、1 529 cm^{-1}、1 482 cm^{-1}、1 350 cm^{-1}、1 311 cm^{-1}、1 276 cm^{-1}、1 229 cm^{-1}、1 181 cm^{-1}、1 087 cm^{-1}、1 058 cm^{-1}、1 021 cm^{-1}、827 cm^{-1}、780 cm^{-1}、731 cm^{-1}；其质谱数据：MS: m/z（%）为377.2（M+1），415.1（M+K），计算值为$C_{18}H_{20}N_2O_7$，C 57.44, H 5.36, N 7.44; 测量值为C 57.45, H 5.38, N 7.42。

4-［3,5-二（三氟甲基）苯基］-2,6-二甲基-4H-1,4-噁嗪-3,5-二羧酸乙酯（**16b**）。实验操作同**16a**。硅胶柱层析（石油醚/乙酸乙酯=8/1），得**16b** 0.034 g，产率为35.1%。其核磁共振谱数据为：^1H NMR（$CDCl_3$, 400 MHz），δ1.28（t, 6H, —CH_2CH_3），2.47（s, 6H, —CH_3），4.30（m, 4H, —CH_2CH_3），7.06（s, 2H, Ar—H），7.40（s, 1H, Ar—H）；其红外谱数据为IR（KBr）*v*: 2 984 cm^{-1}、2 930 cm^{-1}、1 718 cm^{-1}、1 666 cm^{-1}、1 619 cm^{-1}、1 470 cm^{-1}、1 391 cm^{-1}、1 375 cm^{-1}、1 313 cm^{-1}、1 277 cm^{-1}、1 233 cm^{-1}、1 185 cm^{-1}、1 134 cm^{-1}、1 092 cm^{-1}、1 057 cm^{-1}、1 021 cm^{-1}、875 cm^{-1}、781 cm^{-1}、682cm^{-1}；其质谱数据：MS，*m/z*（%）为505.9（M+K），计算值为$C_{20}H_{19}F_6NO_5$，C 51.40, H 4.10, N 3.00; 测量值为C 51.41, H 4.12, N 2.99。

4-（2,5-二氟苯基）-2,6-二甲基-4H-1,4-噁嗪-3,5-二羧酸乙酯（**16c**）。实验操作同**16a**。硅胶柱层析（石油醚/乙酸乙酯=8/1），得**16c** 0.03 g，产率为31.6%。其核磁共振数据为：^1H NMR（$CDCl_3$, 400 MHz），δ1.30（t, 6H,

$—CH_2CH_3$), 2.45 (s, 6H, $—CH_3$), 4.10 (m, 4H, $—CH_2CH_3$), 6.81~8.22 (m, 3H, Ar—H)；其红外数据为：IR (KBr) ν 2 988 cm^{-1}、1 724 cm^{-1}、1 633 cm^{-1}、1 540 cm^{-1}、1 358 cm^{-1}、1 180 cm^{-1}、1 010 cm^{-1}、921 cm^{-1}、818 cm^{-1}、665 cm^{-1}、557 cm^{-1}。

4.3 本章节小结

本章节以 2,4,6- 三芳基 -4H-1,4- 噁嗪、4- 芳基 -4H-1,4- 噁嗪为研究对象，通过对 2,4,6- 三芳基 -4H-1,4- 噁嗪、4- 芳基 -4H-1,4- 噁嗪的合成方法进行研究，探索溶剂、物料比、催化剂等反应因素对于反应的影响，得到相应化合物的最佳合成工艺条件。

2,4,6- 三芳基 -4H-1,4- 噁嗪 (**10~13**) 的合成参考 Correia 的合成法，以 α- 溴代芳乙酮和芳胺为原料，合成中间体 N,N- 二芳酰乙基芳胺 (**14~17**)，探讨溶剂、溶剂含水量和取代基电子效应等对中间体 (**14~17**) 产率的影响，得到中间体最佳工艺条件为：以 α- 溴代芳乙酮 (10^{-3} mol × 10)、芳胺 (10^{-3} mol × 5)、碳酸钠 (10^{-3} mol × 11) 在含水量 5 % (体积分数) 的正丙醇溶剂中；以吡啶为溶剂和缚酸剂，在三氯氧磷作用下，关环反应得到 2,4,6- 三芳基 -4H-1,4- 噁嗪，并研究了不同取代基对于合成方法的适用性；以期得到高效的合成 2,4,6- 三芳基 -4H-1,4- 噁嗪的方法。

4- 芳基 -4H-1,4- 噁嗪 (**16**) 的合成参考 Wuppertal 的制备方法。以重氮乙酰乙酸乙酯和芳胺为原料，合成间体 (**15**)，探讨溶剂、催化剂取代基电子效应等对中间体 (**15**) 产率的影响；以中间体 **15** 为原料，在三氯氧磷脱水剂作用下，研究不同取代基 4- 芳基 -4H-1,4- 噁嗪合成方法的通用性，以期得到高效的合成 4- 芳基 -4H-1,4- 噁嗪的方法。

结合化合物的核磁氢谱、核磁碳谱、质谱以及 XRD 单晶衍射数据的支持，对反应机理进行研究，分析影响产率的因素，以期得到高效的 4H-1,4- 噁嗪合成方法，并制备出一系列 4H-1,4- 噁嗪化合物。

第 5 章　1,4- 二氢吡嗪化合物的光化学性质研究

5.1　试剂与仪器

本实验所用化学试剂均为市售商品，常用溶剂为分析纯，原料均为化学纯。所用硅胶薄层板为青岛海洋化工厂分厂生产的 GF254 型硅胶板。

本实验所用仪器：

SGW X-4 数字显微熔点仪（上海仪电物理光学仪器有限公司）；

ZF_7 型三用紫外分析仪（巩义市予华仪器有限公司）；

电子分析天平（梅特勒 - 托利多仪器上海有限公司）；

SHZ-D 循环水式真空泵（河南省予华仪器有限公司）；

RE-52A 型旋转蒸发仪（上海亚荣生化仪器厂）；

DLSB-10L 实验室低温冷却液循环泵（巩义市予华仪器有限公司）；

CS101-1A 电热鼓风干燥箱（广东省医疗器械厂）；

JJ-1 型定时调速机械搅拌器（上海予申仪器有限公司）；

85-1 型强磁力搅拌器（上海予申仪器有限公司）；

MCR-3 微波化学反应器（上海泓冠仪器设备有限公司）；

光化学反应器（ACE，美国 ACE Glass 公司）；

超声合成仪（GEX750-5C，美国 Geneq 公司）；

真空干燥箱（广东宏展科技有限公司）。

本实验所用测试仪器：

核磁共振仪（ARX400，德国 Bruker 公司）；

高分辨质谱仪（G3250AA LC/MSD TOF system，美国 Agilent 公司）；

红外光谱仪（VERTEX70，德国 Bruker 公司）；
紫外可见分光光度计（日立 UV-3010，日本日立公司）；
电子顺磁共振波谱仪（A300，德国 Bruker 公司）。

5.2　1,4- 二氢吡嗪的光化学性质研究

选取 1,4- 二氢吡嗪（**1**、**2**、**4**、**5**）进行光化学性质研究，分别采用紫外分光光度法或荧光光谱法研究结构与光谱的关系；采用紫外 - 可见光谱法和薄层色谱检测的方法，研究各种光波下化合物的光稳定性，确定适合光化学研究的光波范围；1,4- 二氢吡嗪的光化学反应研究，在选定的光波范围内，探讨溶剂、溶液浓度、光敏剂、化合物取代基效应等因素对光化学反应的影响，并利用 ^{1}H NMR、^{13}CNMR、IR、MS 以及 X 射线单晶衍射等手段确定光化学产物的结构。

5.2.1　1,4- 二氢吡嗪的光谱性质研究

1. 1- 芳基 -1,4- 二氢吡嗪（2）的紫外 - 可见光谱性质

为了研究 1- 芳基 -1,4- 二氢吡嗪（**2**）的光化学性质，在甲醇中，样品溶液浓度为 10^{-5} mol/L，测定了化合物 **2a**（X 为 H）、**2b**（X 为 4—CH_3）和 **2d**（X 为 4—NO_2）257 nm 和 370 ～ 379 nm 区域，**2** 的紫外 - 可见光谱吸收光谱具有相似的吸收峰波形。245 ～ 257 nm 区域对应化合物的苯环紫外吸收带，芳环带有吸电基团 **2d** 比不带取代基化合物 **2a** 发生了 12 nm 红移，而供电基团化合物 **2b** 比不带取代基化合物 **2a** 发生了 1 nm 红移。370 ～ 371 nm 区域对应化合物的共轭吸收带，芳环带有吸电基团 **2d** 比不带取代基化合物 **2a** 发生了 9 nm 蓝移，而供电基团化合物 **2b** 比不带取代基化合物 **2a** 发生了 7 nm 蓝移。芳环上引入取代基，由于基团的空间因素，降低了化合物的共轭程度，相对于不带取代基的化合物 **2a** 发生了蓝移（图 5-1）。

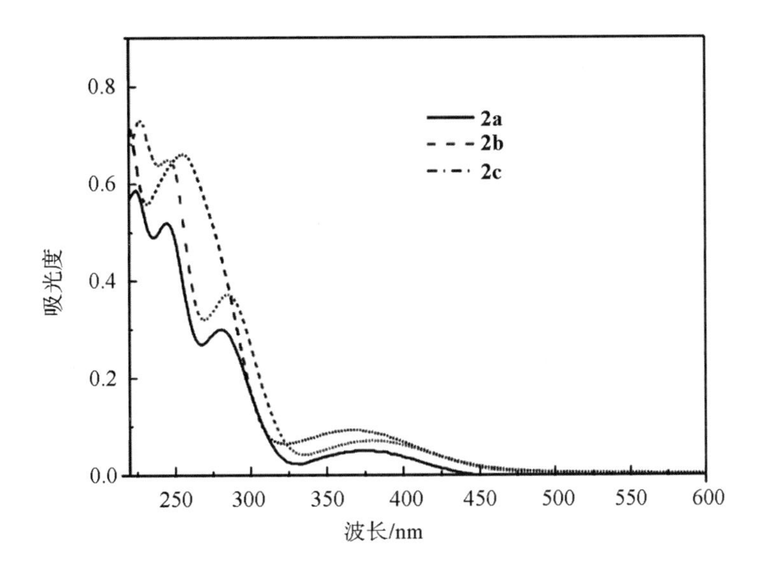

图 5–1　1– 芳基 –1,4– 二氢吡嗪（2）的紫外可见光谱图

表 5–1　1– 芳基 –1,4– 二氢吡嗪（2）的紫外 - 可见吸收光谱

化合物	波长 /nm	摩尔吸光系数 / ($L \cdot mol^{-1} \cdot cm^{-1}$)
2a	245、281、379	52 000、30 000、500
2b	246、285、372	64 890、37 205、707
2d	257、370	65 920、928

2. 1,4– 二芳基 –1,4– 二氢吡嗪（4）的紫外 – 可见光谱性质

为了研究 1,4– 二芳基 –1,4– 二氢吡嗪（**4**）的光化学性质，在样品溶液浓度为 10^{-5} mol/L 的甲醇溶液中，测定了带有不同取代基化合物 **4a**（X 为 H, Y 为 H）、**4b**（X 为 H,Y 为 4—Me）、**4c**（X 为 H, Y 为 4—Cl）、**4f**（X 为 4—Me, Y 为 4—Cl）和 **4i**（X 为 4—Cl, Y 为 4—Cl）的紫外 – 可见光谱。由图 5–2 以及表 5–2 可以看出，在波长 287 ～ 292 nm 区域，**4** 的紫外 – 可见光谱具有相似吸收峰波形。

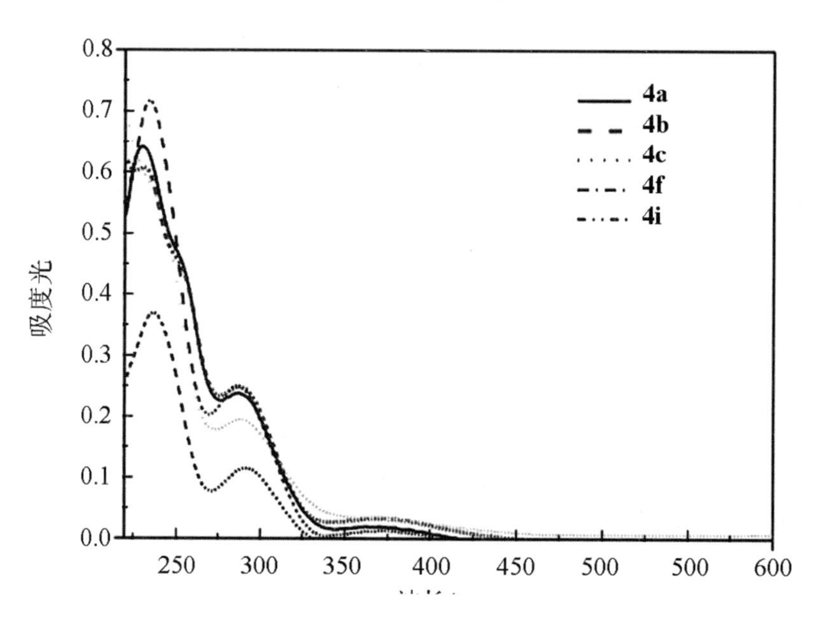

图 5-2　1,4- 二芳基 -1,4- 二氢吡嗪（4）的紫外可见光谱图

表 5-2　1,4- 二芳基 -1,4- 二氢吡嗪（4）的紫外 - 可见吸收光谱

化合物	波长 /nm	摩尔吸光系数 /（$L \cdot mol^{-1} \cdot cm^{-1}$）
4a	231、287	64 100、23 800
4b	231、289	6 070、24 800
4c	289	19 500
4f	234、289	71 700、25 000
4i	237、292	36 900、11 500

由图 5-2 和表 5-2 可以看出，1,4- 二芳基 -1,4- 二氢吡嗪的紫外 - 可见光谱吸收与化合物所带取代基的性质有关。当取代基 X 为 H 时，可以看到 **4b**（X 为 H, Y 为 4—Me）和 **4c**（X 为 H, Y 为 4—Cl）的紫外 - 可见光谱的最大吸收波长都为 289 nm；而 **4a**（X 为 H, Y 为 H）的最大吸收波长为 287 nm。**4b**、**4c** 比 **4a** 相应的紫外 - 可见光谱的最大吸收波长分别红移了 2 nm；而当取代基 Y 为 4—Cl 时，则可以看到 **4i**（X 为 4—Cl, Y 为 4—Cl）的紫外 - 可见光谱的最大吸收波长 292 nm，比 **4c**（X 为 H, Y 为 4—Cl）的紫外 - 可见吸收光谱最大吸收波长为发生 3 nm 红移。由以上数据可见，**4** 的取代基 X 和 Y 为供电基—CH_3 或助色团—Cl 时，化合物紫外 - 可见光谱产生了红移。

3. 1,4- 二氢吡嗪（1、4、5）的紫外 - 可见光谱特征

在四氢呋喃溶剂中，样品溶液浓度为 2.5×10^{-6} mol/L，测定 1,4- 二氢吡嗪 **1a**、**1b**、**4p** 和 **5** 的紫外 - 可见光谱，测定结果如图 5-3 所示。由图 5-3 可知，**1a** 在 330 nm 附近有最大吸收峰，是由苯酰基共轭体系中 n → π * 跃迁产生的；**1b** 在 290 nm 附近有最大吸收峰，是由乙酰基的 n → π * 跃迁产生的；4p 在 280 nm 和 350 nm 附近有 2 个吸收峰，分别属于苯环的 E2 和 B 吸收带，是由 π → π * 跃迁产生，由于苯环经与 N 原子与双键相连，发生吸收带红移，吸收强度增强。**5** 在 260 nm、300 nm 和 420 nm 附近各有一吸收峰，260 nm、300 nm 两峰分别属于苯环的 E2 和 B 吸收带，420 nm 的峰属于 R 吸收带，由共轭体系中 n → π * 跃迁产生。**4p** 和 **5** 的最大吸收波长比 **1a** 和 **1b** 的要长，**4p** 和 **5** 的最大吸收波长的强度比 **1a** 和 **1b** 的强度要强，是由于 N,N′- 二芳基 -1,4- 二氢吡嗪（**4** 和 **5**）含有苯环和电子共轭结构，而 N,N′- 二酰基 -1,4- 二氢吡嗪（**1**）没有苯环和电子共轭结构（图 5-3）。

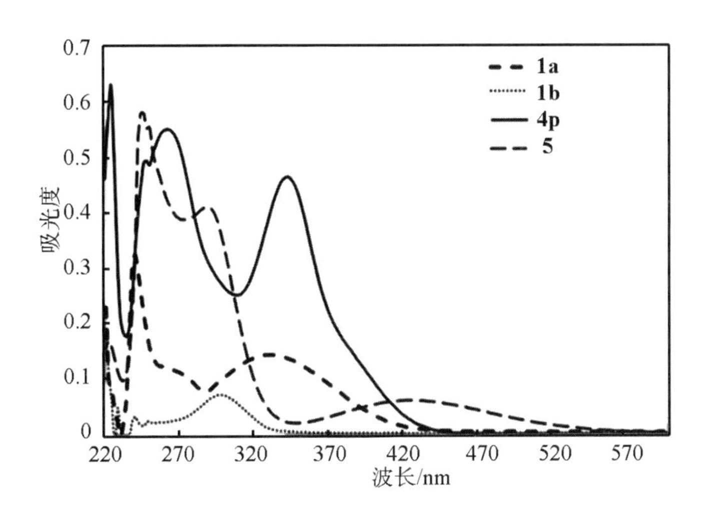

图 5-3　1,4- 二氢吡嗪的紫外 - 可见光谱

4. 1,4- 二氢吡嗪的荧光光谱研究

（1）1- 芳基 -1,4- 二氢吡嗪（**2**）的荧光光谱。甲醇溶液中，1- 芳基 -1,4- 二氢吡嗪（**2**）的溶液浓度为 10^{-5} mol/L，测定了 **2a**（X 为 H）、**2b**（X 为 4—CH_3）和 **2d**（X 为 4—NO_2）的荧光光谱。其荧光强度都在 10~25 a.u.（图 5-4）。

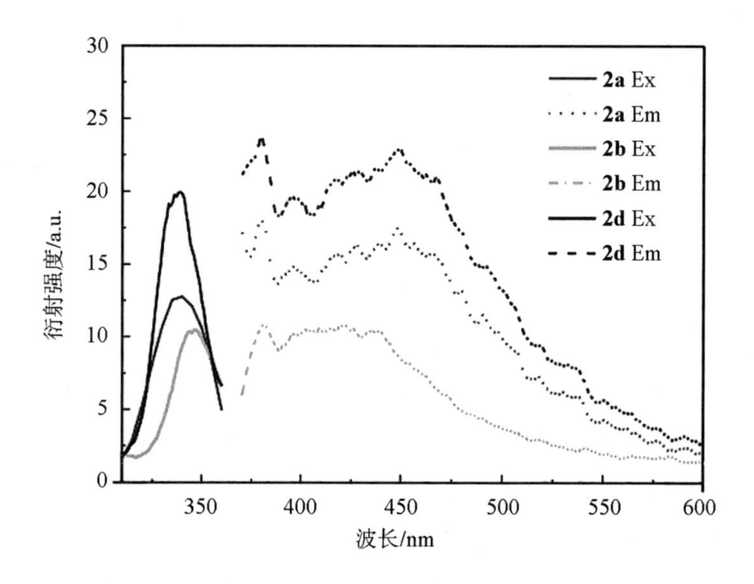

图 5-4　1- 芳基 -1,4- 二氢吡嗪（2）的荧光光谱

（2）1,4- 二芳基 -1,4- 二氢吡嗪（**4**）的荧光光谱光谱。在甲醇溶液中，样品溶液浓度为 10^{-5} mol/L，测定了 **4a**（X 为 H, Y 为 H）、**4b**（X 为 H, Y 为 4—Me）和 **4c**（X 为 H, Y 为 4—Cl）的荧光光谱。发现此类物质荧光强度都小于 25 a.u.。例如，**4a** 的荧光激发光谱和荧光发射光谱吸收强度小于 5 a.u.（图 5-5）。

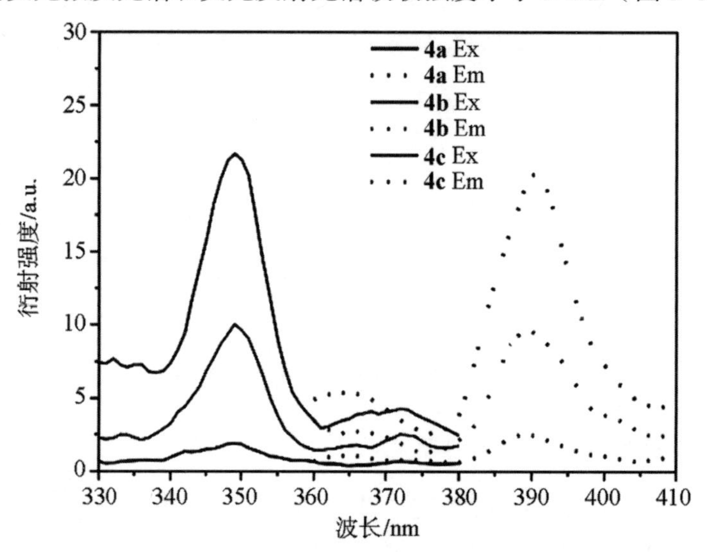

图 5-5　1,4- 二芳基 -1,4- 二氢吡嗪（4）的荧光光谱

5. 1,4- 二氢吡嗪的光稳定性研究

（1）1,4- 二氢吡嗪（**1**、**4**、**5**）的光稳定性研究。在四氢呋喃溶剂中，样品溶液浓度为 2.5×10^{-6} mol/L，考察 1,4- 二氢吡嗪在不同光波范围内的稳定性。选用的光源分别为：全波长光波≥200 nm（450 W 中压汞灯直接照射）、320～540 nm 光波（450 W 中压汞灯，通过 25%［体积分数，0.44 g $CuSO_4 \cdot 5H_2O$/25 mL（$NH_3 \cdot H_2O$）溶液］、280～320 nm 光波（450 W 中压汞灯，经过 UVB 滤光片）和 200～280 nm 光波（450 W 中压汞灯，经过 UVC 滤光片）。采用薄层色谱方法，对光照溶液进行跟踪，确定合适的光化学反应波长范围。

（2）N,N′- 二酰基 -1,4- 二氢吡嗪（**1**）的光稳定性研究。N,N′- 二酰基 -1,4- 二氢吡嗪 **1a** 和 **1b** 的光稳定性研究，全波长光波直接照射条件下，**1a** 在 16 h 内反应完全，**1b** 在 8 h 内反应完全，薄层色谱检测产物复杂；在 320～540 nm 光波作为光源时，**1a** 在 20 h 内反应完全，薄层色谱检测主产物明显，**1b** 在 10 h 内反应完全，薄层色谱检测产物复杂；在 280～320 nm 紫外光波作为光源时，**1a** 在 14 h 内反应完全，产物与 320～540 nm 光波照射的产物相同，**1b** 在 8 h 内反应完全，主产物明显；在 200～280 nm 光源下照射，薄层色谱检测 **1a** 和 **1b** 在 6 h 内反应完全，产物复杂。因此，通过在不同波长范围内的光稳定性的研究以及薄层色谱对反应液的检测，选定 280～320 nm 光作为 **1** 的光化学反应光波长（图 5-6、图 5-7）。

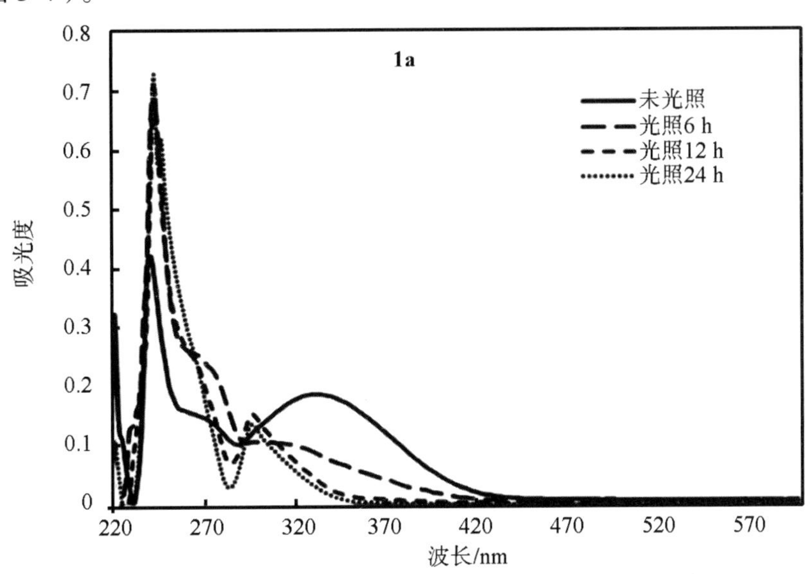

图 5-6 光照条件下 1a 的紫外 - 可见吸收光谱变化

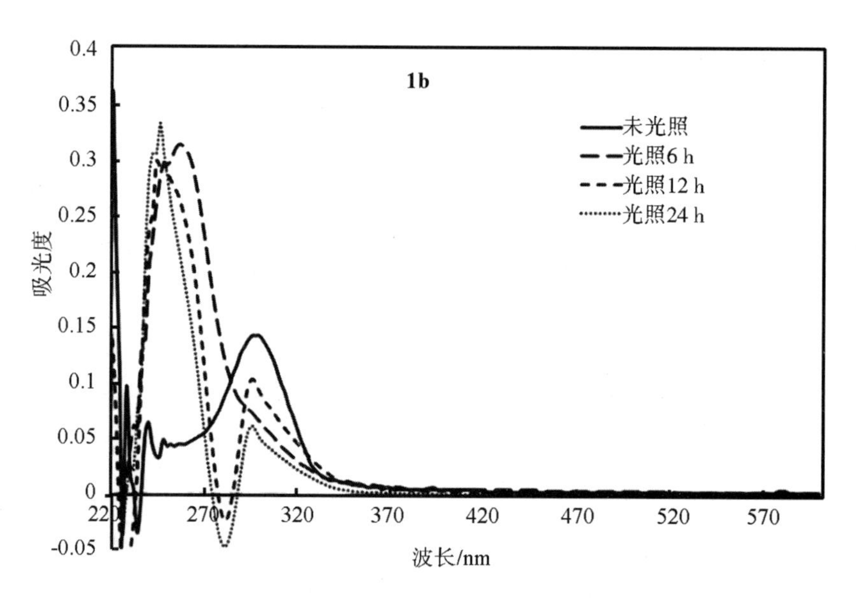

图 5-7　光照条件下 1b 的紫外 – 可见吸收光谱变化

在选定的光照条件下（280 ～ 320 nm），样品浓度为 2.5×10^{-6} mol/L，四氢呋喃溶液，采用紫外 – 可见吸收光谱分析的方法，对 **1a** 和光照前、光照 6 h、光照 12 h、光照 24 h 的溶液进行紫外 – 可见光谱的测定，结果如图 5-7 所示。从图 5-7 可以看出，光照 6 h 时，**1a** 在 334 nm 处的最大吸收峰基本消失，245 nm 处的峰增强；光照 12 h 时，在 286 nm 处出现一峰谷，在 298 nm 处出现 1 个弱的吸收峰；光照 24 h 时，286 nm 和 298 nm 处的吸收变弱。由图 5-6 可知，在光照条件下，**1b** 和 **1a** 有变化相似，化合物 **1b** 在光照 6 h，300 nm 的最大吸收峰消失，在 260 nm 处出现一最大吸收峰；光照 12 h 时，在 284 nm 处出现一峰谷，在 298 nm 处出现一吸收峰；光照 24 h 后，284 nm 和 298 nm 处的吸收开始变弱。由此推测 **1a** 和 **1b** 经过光化学反应，产物的结构发生了较大的变化。

N,N′- 二芳基 -1,4- 二氢吡嗪（4 和 5）的光稳定性研究通过对 **4p** 和 **5** 在不同波长范围内的光化学反应情况以及薄层色谱对反应液的检测，发现 **4p** 和 **5** 在 320 ～ 540 nm 紫外光波光照下，48 h 反应完全后，薄层色谱检测主产物明显。因此选定 320 ～ 540 nm 紫外 – 可见光波作为光源，样品浓度为 2.5×10^{-6} mol/L，四氢呋喃溶液，采用紫外 – 可见吸收光谱分析的方法，对 N,N′- 二芳基 -1,4- 二氢吡嗪进行光稳定性进行研究（图 5-8、图 5-9）。

采用紫外 – 可见吸收光谱分析的方法，对 **4p** 和 **5** 的样品溶液在光照前、光照 12 h、光照 24 h 和光照 48 h 的样品溶液测定紫外 – 可见光谱，结果如图 5-8 和

图 5-9。由图 5-7 可知，**4p** 在 264 nm 和 346 nm 处有 2 个最大吸收峰，随着光照时间的增加，346 nm 处最大吸收峰变得越来越小，光照 48 h 时基本消失，在 296 nm 处出现一肩峰，在264 nm 处的吸收峰变弱。由图5-9 可知,5在光照 12 h后，300 nm 附近的峰基本消失，400 nm 附近的峰变强；光照 24 h 时，2 个峰基本消失，48 h 后，320 nm 以后几乎没有吸收。从吸收光谱波形发生的显著的变化，推测 **4p** 和 **5** 经过光化学反应，共轭结构逐渐消失，产物的结构发生了较大的变化。

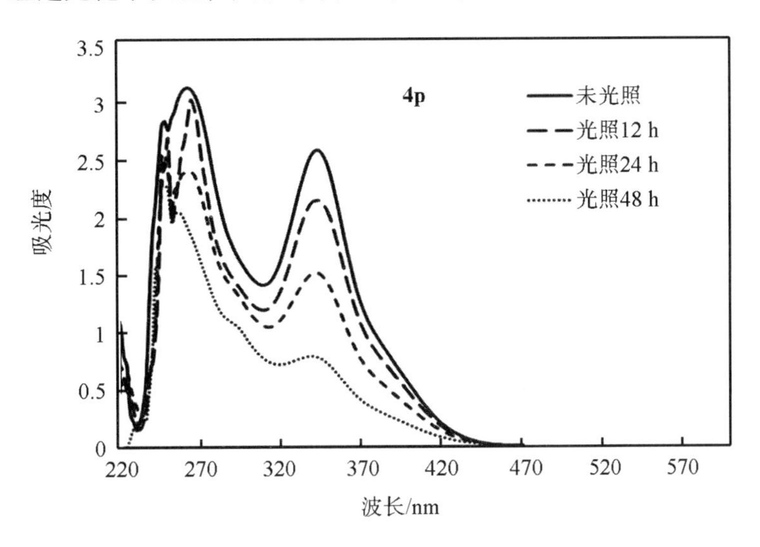

图 5-8 光照条件下 **2d** 的紫外 - 可见吸收光谱变化

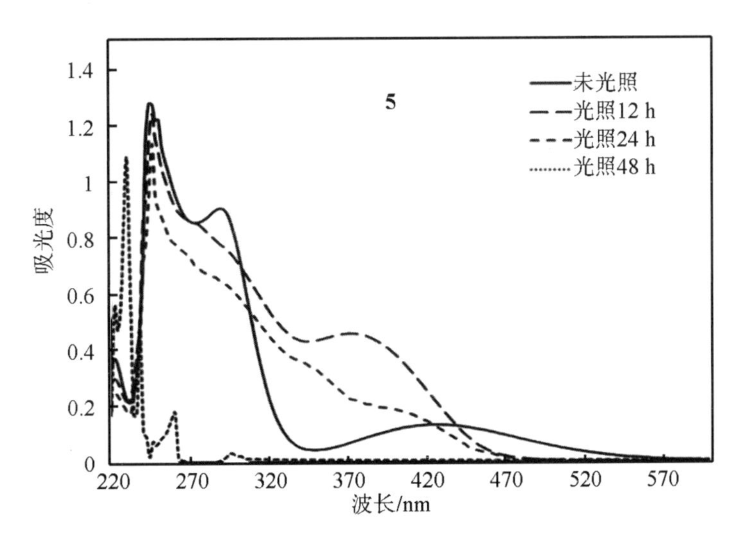

图 5-9 光照条件下 5 的紫外 - 可见吸收光谱的变化

（3）1- 芳基 -1,4- 二氢吡嗪（**2**）的光稳定性。为了研究 1,4- 二氢吡嗪的光稳定性，使用甲醇溶剂，样品溶液浓度为 10^{-5} mol/L，观察了 1- 芳基 -1,4- 二氢吡嗪（**2a**）在不同光波长范围内的稳定性。选用全波长光波 200 ～ 1 000 nm（450 W 中压汞灯直接照射）；320 ～ 440 nm 紫外 - 可见光波［450 W 中压汞灯，通过 $CuSO_4 \cdot 5H_2O$ 0.44 g/25 mL $NH_3 \cdot H_2O$（25 %，体积分数）溶液］；280 ～ 320 nm 紫外光波（450 W 中压汞灯，经过 UVB 带通滤光片）；200 ～ 280 nm 紫外光波（450 W 中压汞灯，经过 UVC 带通滤光片）；分别测定了 **2a** 的光稳定性。采用薄层色谱方法，对光照产物进行跟踪。结果发现，全波长直接照射条件下，**2a** 在 2 h 内反应完全，薄层色谱检测产物复杂；320 ～ 440 nm 紫外光波作为光源，**2a** 在 5 h 反应完全，薄层色谱检测主产物明显，可以进行分离；280 ～ 320 nm 以及 200 ～ 280 nm 紫外光波作为光源，**2a** 在 2 h 反应完全，薄层色谱检测产物较多。因此，通过 **2a** 在不同波长范围内的光反应情况以及薄层色谱对反应点的检测，选定 320 ～ 440 nm 紫外 - 可见光波作为光源，进行光反应研究。

在选定的光照条件下（320～440 nm 紫外 - 可见光波），样品浓度为 10^{-5} mol/L，甲醇溶液，采用紫外 - 可见吸收光谱分析的方法，对 **2a** 光照前、光照 2.5 h 和光照 5 h 的溶液进行紫外 - 可见光谱测定，对光化学变化进行了跟踪。从图 5-10 可以看出，化合物 **2a** 光照 2.5 h，245 nm、281 nm 和 380 nm 处紫外 - 可见吸收光谱吸收峰强度明显减小；光照 5 h，245 nm 和 380 nm 处吸收峰分别发生了 5 nm 和 9 nm 蓝移，281 nm 的吸收峰已经消失，吸收光谱的波形发生了显著变化。由此推测 **2a** 经过光化学反应，产物的结构发生了较大的变化。

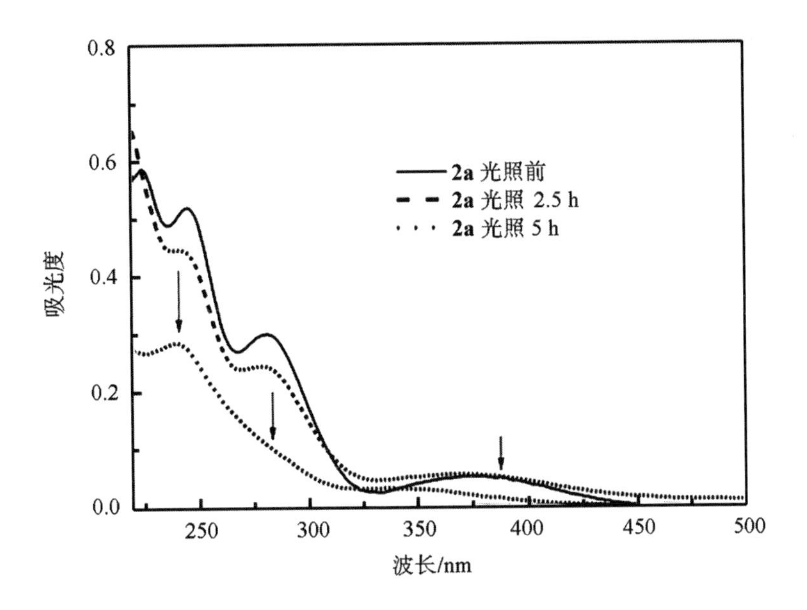

图 5–10　光照条件下 1– 芳基 –1,4– 二氢吡嗪 （2a）紫外 – 可见吸收光谱的变化

1,4- 二芳基 -1,4- 二氢吡嗪（**4**）的光稳定性。溶剂甲醇，样品溶液浓度为 10^{-5} mol/L，检测方法同 **2a**，观察了 1,4- 二芳基 -1,4- 二氢吡嗪（**4a**）在不同光波长范围内的稳定性。发现 **4a** 与 1- 芳基 -1,4- 二氢吡嗪（**2a**）具有相似的光稳定性。即 320 ～ 440 nm 紫外光波为光源，**4a** 在 6 h 反应完全，薄层色谱检测主产物明显，并且可以进行分离。因此，通过对 **4a** 在不同波长范围内的光反应情况以及薄层色谱对反应点的检测，选定 320 ～ 440 nm 紫外 - 可见光波作为光源，进行光反应的研究。

在选定的光照条件下（320 ～ 440 nm 紫外 - 可见光波），样品浓度为 10^{-5} mol/L，甲醇溶液，采用紫外 - 可见吸收光谱分析的方法，对 **4a** 光照前、光照 3 h 和光照 6 h 的溶液进行紫外 - 可见光谱的测定，对光化学变化进行了跟踪。从图 5-11 可以看出，化合物 **4a** 光照 6 h，231 nm 处紫外 - 可见吸收光谱发生了 3 nm 蓝移，287 nm 处紫外 - 可见吸收光谱吸收峰消失，吸收光谱波形发生了显著的变化。由此推测 **4a** 经过光化学反应，产物的结构也发生了较大变化。

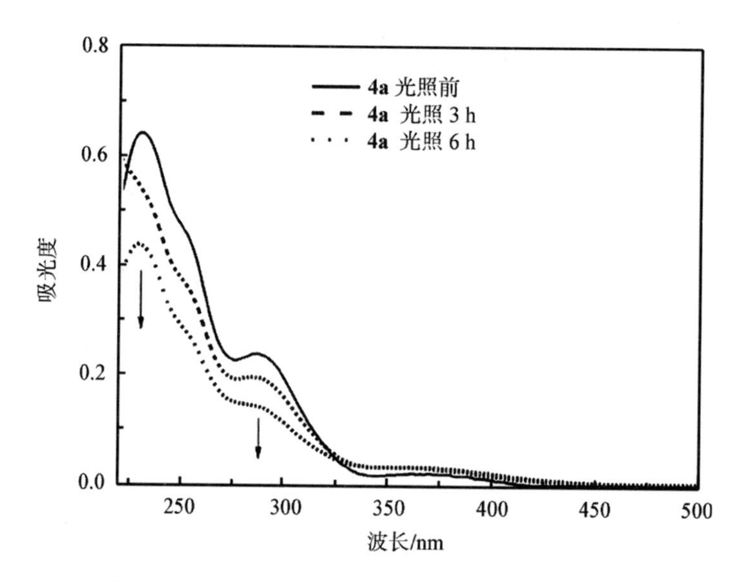

图 5-11　光照条件下 1,4- 二芳基 -1,4- 二氢吡嗪（4a）紫外 - 可见吸收光谱的变化

5.2.2　1,4- 二氢吡嗪的光化学反应研究

1,4- 二氢吡嗪的液相光化学反应研究。在选定的光化学反应的光波照射下，对 1,4- 二氢吡嗪液相光化学反应进行研究，探讨溶剂、浓度、光敏剂等因素对 1,4- 二氢吡嗪光化学反应的影响。

1. N,N′- 二酰基 -1,4- 二氢吡嗪（1）的光化学反应

选择苯、乙腈、四氢呋喃、丙酮和乙酸乙酯等作为 **1a** 的光化学反应溶剂，研究溶剂对 **1** 的液相光化学反应的影响。光化学反应条件：浓度为 0.05 mol/L，280 ～ 320 nm 光源（450 W 中压汞灯，经过 UVB 滤光片）照射，溶剂对 **1** 的光反应的影响结果见表 5-3。在反应结束后，分离得到了（2R,3R）-2,3- 二羟基 -2,3- 二氢吡嗪 -1,4- 二苯甲酮（**24**）。由表 5-3 可知，以丙酮为溶剂的光化学反应的产率最高，所以采用丙酮作液相光化学反应的溶剂（图 5-12）。

表 5-3　1 在不同溶剂中的产率

溶剂	光照时间 /h	产率 /%
苯	18	29
乙腈	12	16
四氢呋喃	12	25
丙酮	15	32
乙酸乙酯	12	20

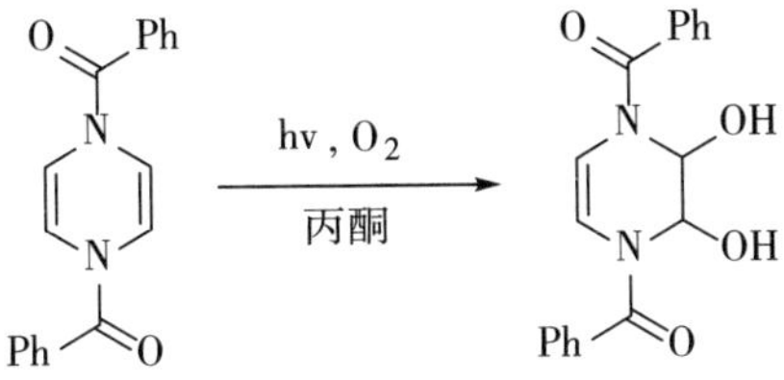

$$\mathbf{1a} \xrightarrow[\text{丙酮}]{h\nu,\ O_2} \mathbf{24}$$

图 5-12　1,4- 二芳基 -1,4- 二氢吡嗪（**1a**）光化学

以丙酮作溶剂，选择 **1a** 溶液的浓度分别为 0.001 mol/L、0.005 mol/L、0.02 mol/L、0.1 mol/L，光化学反应条件为 280 ～ 320 nm 光源（450 W 中压汞灯，经过 UVB 滤光片）照射，考察溶液浓度对 **1a** 液相光化学反应的影响，结果见表 5-4。由表 5-4 可知，随着样品浓度的减小，光化学反应时间也变短；**1a** 在的浓度为 0.02 mol/L 时，光化学转化为 **24** 的产率最高，为 36%。所以，选择 0.02 mol/L 为光化学反应溶液的浓度。

表 5-4　**24** 在不同溶液浓度中的产率

浓度 /（$mol \cdot L^{-1}$）	光照时间 /h	产率 /%
0.001	9	24
0.005	12	30
0.02	12	36
0.1	18	20

选取苯乙酮、二苯甲酮和蒽酮等光敏剂，考察光敏剂对 **1a** 液相光化学反应的影响。光化学反应条件为：280 ～ 320 nm 的光源照射，丙酮作溶剂，溶液浓度为 0.02 mol/L，光敏剂的加入量为 **1a** 的 5%（摩尔分数）。以苯乙酮、二苯甲酮和蒽酮为光敏剂时，在 15 h 内反应完全，产率分别为 28%、32%、26%。由实验结果可知，加入光敏剂后，产率和反应时间没有明显的变化。因此，在后续的反应中，没有使用光敏剂。

通过对 **1a** 液相光化学反应条件的研究，确定 N,N′- 二酰基 -1,4- 二氢吡嗪（**1**）的反应条件是：280 ～ 320 nm 的光源照射，丙酮作溶剂，溶液浓度为 0.02 mol/L。在 N,N′- 二酰基 -1,4- 二氢吡嗪（**1**）的光化学反应中，均分离得到 1,4- 二氢吡嗪的各类氧化产物，即 **1** 均发生的是光氧化反应。**1b** 生成的氧化产物是 1,4- 二乙酰基 -1,2,3,4- 四氢吡嗪 -2,3- 二醇二乙酸酯（**25**）和（2S,3S）-2- 羟基 -3- 甲氧

基 -1,2,3,4- 四氢吡嗪 -1,4- 二乙酮（**26**），**1i** 生成了 2- 羟基 -3- 甲氧基 -1,2,3,4- 四氢吡嗪 -1,4- 二甲酸叔丁酯（**27**），**1j** 生成了 1,4- 二苯基 -7,8- 氧杂 -2,5- 氮杂二环［4.2.0］3- 辛烯 -2,5- 二甲酸叔丁酯（**28**）和（E）-2- 苯基 -N- 苯甲酰基 -N- 甲酰基 - 乙烯 -1,2- 二叔丁氧基甲酰胺（**29**），**1k** 生成了 2- 羟基 -3- 甲氧基 -1,2,3,4- 四氢吡嗪 -1,2,4,5- 四甲酸 -1,4- 二叔丁酯 -2,5- 甲酯（**30**）和（Z）-2-（N- 叔丁氧羰基甲酰胺基）-3- 叔丁氧羰基胺基丙烯酸甲酯（**31**）。**1c~1h** 的光氧化反应溶液产物较复杂，难以分离鉴定，其原因可能是由于 **1c~1f** 的 1,4- 二氢吡嗪环上都含有供电子基团，在光照条件下，更容易发生反应，导致产物变多，难以分离，而 **1g** 和 **1h** 产物复杂的原因则与酰基取代基的空间位阻有关。

1a 液相光化学反应产物 **24** 的结构是吡嗪环的双键被氧化，生成邻二醇。推测其产生的原因是在光照的过程中，有 O_2 进入反应体系，O_2 参与了 **1a** 的氧化反应。O_2 与吡嗪环的双键发生［2+2］反应，生成的二氧杂环丁烷。二氧杂环丁烷中的 O—O 键比 C—C 键更容易断裂，断开生成活泼的氧自由基，氧自由很容易发生氢提取反应变成羟基。在对反应体系绝对除水和无氧的情况下，发现 **1a** 几乎不发生氧化反应。关于氢的来源，推测可能来自于溶剂中的水。为了验证此推测，在 **1a** 的光化学反应中，当改用无水丙酮作为溶剂时，光化学反应进行得非常缓慢，光照 13 h 时，没有反应完全；当改用含水丙酮作为溶剂时，光照 6 h 时，反应基本完全。由此可以说明光化学反应产物的羟基氢来自溶剂中的水。

1b 的液相光氧化反应生成了 1,4- 二乙酰基 -1,2,3,4- 四氢吡嗪 -2,3- 二醇二乙酸酯（**25**）和（2S,3S）-2- 羟基 -3- 甲氧基 -1,2,3,4- 四氢吡嗪 -1,4- 二乙酮（**26**），产率分别为 23% 和 31%。从产物结构可知，**1b** 吡嗪环上的一个双键被氧化成单键，生成类似 **1a** 的光氧化产物邻二醇，邻二醇与体系中的乙酰基和甲基自由基等反应，生成 **25** 和 **26**。乙酰基和甲基自由基等的来源认为是来自与溶剂丙酮，根据诺里什 - Ⅰ光反应，在光照条件下，丙酮可产生乙酰自由基和甲基自由基（图 5-13）。

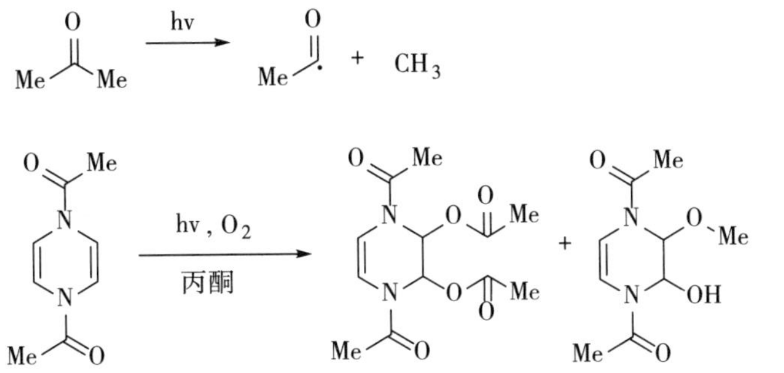

1b　　25　　26

图 5-13　1,4- 二芳基 -1,4- 二氢吡嗪（**1b**）光化学

1i 的液相光氧化反应生成了 2- 羟基 -3- 甲氧基 -1,2,3,4- 四氢吡嗪 -1,4- 二甲酸叔丁酯（**27**），产率为 34%。**1i** 吡嗪环上的一个双键被氧化成单键，生成类似 **1a** 的光氧化产物邻二醇，邻二醇与体系中的甲基反应生成 **27**（图 5-14）。

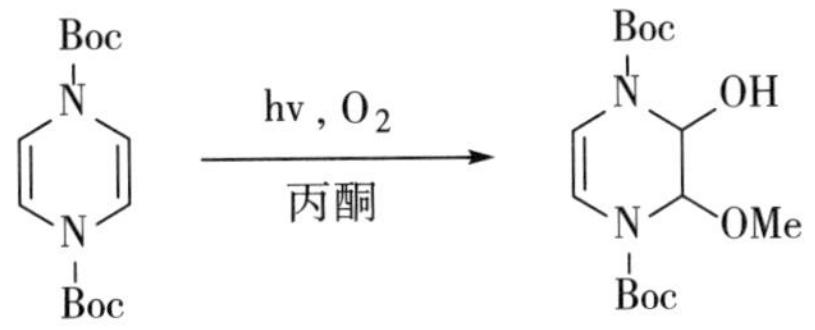

1i　　27

图 5-14　1,4- 二芳基 -1,4- 二氢吡嗪（**1b**）光化学

1j 的液相光氧化反应生成了 1,4- 二苯基 -7,8- 氧杂 -2,5- 氮杂二环［4.2.0］3- 辛烯 -2,5- 二甲酸叔丁酯（**28**）和（E）-2- 苯基 -N- 苯甲酰基 -N- 甲酰基 - 乙烯 -1,2- 二叔丁氧基甲酰胺（**29**），产率分别为 22% 和 24%。从产物 **28** 和 **29** 结构可知，吡嗪环上的双键和 O_2 发生了［2+2］反应。Adam 等人报道了在低温 -78 ℃时，二噁英的双键和单线态氧反应可以生成二氧杂环丁烷结构，此结构不稳定，可以降解生成羰基化合物。由此推断，**1j** 也经历了先与单线态 O_2 反应生成二氧杂环丁烷结构 **28**，再进一步降解成羰基化合物 **29**（图 5-15）。

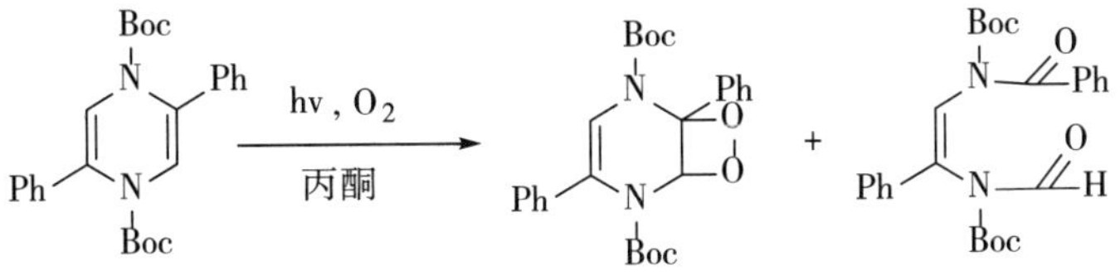

1j　　28　　29

图 5-15　1,4- 二芳基 -1,4- 二氢吡嗪（**1j**）光化学

1k 的液相光氧化反应生成了 2- 羟基 -3- 甲氧基 -1,2,3,4- 四氢吡嗪 -1,2,4,5- 四甲酸 -1,4- 二叔丁酯 -2,5- 甲酯（**30**）和（Z）-2-（N- 叔丁氧羰基甲酰胺基）-3- 叔丁氧羰基胺基丙烯酸甲酯（**31**），产率分别为 22% 和 23%。**30** 是 **1k** 吡嗪环上的一个双键被氧化成单键，生成类似 **1a** 的光氧化产物邻二醇，邻二醇与体系中的乙酰基和甲基自由基反应而生成的。**31** 的生成与 **1i** 生成 **29** 的反应过程类似，然后经过诺里什 – Ⅰ光反应生成（图 5-16）。

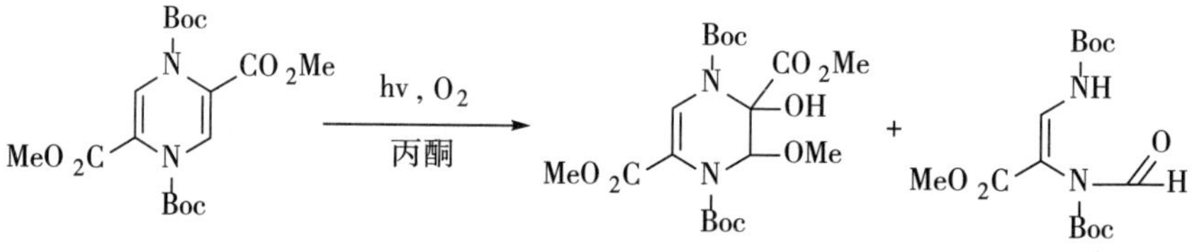

Boc, CO_2Me, MeO_2C, Boc → (hv, O_2; 丙酮) → Boc, CO_2Me, OH, OMe, MeO_2C, Boc + Boc, NH, O, MeO_2C, N, H, Boc

1k **30** **31**

图 5-16 1,4- 二芳基 -1,4- 二氢吡嗪（**1k**）光化学

在 N,N′- 二酰基 -1,4- 二氢吡嗪（**1**）的液相光氧化反应过程中，均是吡嗪环的双键和 O_2 发生氧化反应，生成与 O_2 的［2+2］加成产物二氧杂环丁烷，二氧杂环丁烷与丙酮光照产物乙酰基和甲基自由基进一步反应。为了研究 N,N′- 二酰基 -1,4- 二氢吡嗪（**1**）在液相光化学反应过程中产生的主要自由基的类型，采用自旋捕获电子共振（ESR）技术，以苯亚甲基叔丁基氮氧化合物（PBN）为捕获剂，对 **1** 液相光化学反应的机理进行研究。

ESR 谱的测定条件是样品浓度为 5×10^{-2} mol/L 的苯溶液，由选定的光源照射样品溶液约 20 min，在 ESR 谱仪测定 ESR 谱。捕捉剂（PBN：苯亚甲基叔丁基氮氧化合物）和 **1a** 的苯溶液均不呈现任何 ESR 信号。但在相同条件下，**1a**-PBN 的苯脱氧气溶液经光照后，表现三组二重峰，而 **1a**-PBN 的苯未脱氧气溶液经光照后，表现出多类自由基叠加的多重峰（图 5-17），这说明体系呈现的三组两重峰不是来自溶剂中的氧。

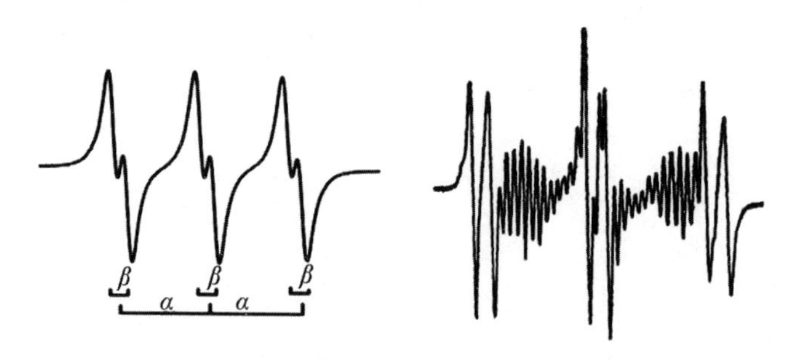

图 5-17 无氧和有氧的 **1a**-PBN 体系光照 20 min 的 ESR 谱

由图 5–16 可以看出，**1a**–PBN 的 ESR 谱图所示的三组二重峰（α 为 14.0 G，β 为 2.35 G），其相对强度和裂分常数表明在光化学反应过程主要产生的是碳自由基，而不是氧自由基和氮自由基。按照相同的方法，分别测定了 **1**–PBN 的 ESR 谱图，其 ESR 信号均和 **1a**–PBN 的信号一样，为三组二重峰，α 值均为 14.0 G，β 值为 2.10 G ~ 2.50 G。由此表明，N,N′– 二酰基 –1,4– 二氢吡嗪（**1**）在光化学反应过程主要产生的是碳自由基。根据以上分析，提出了 N,N′– 二酰基 –1,4– 二氢吡嗪的光氧化反应机理，如图 5–18 所示。

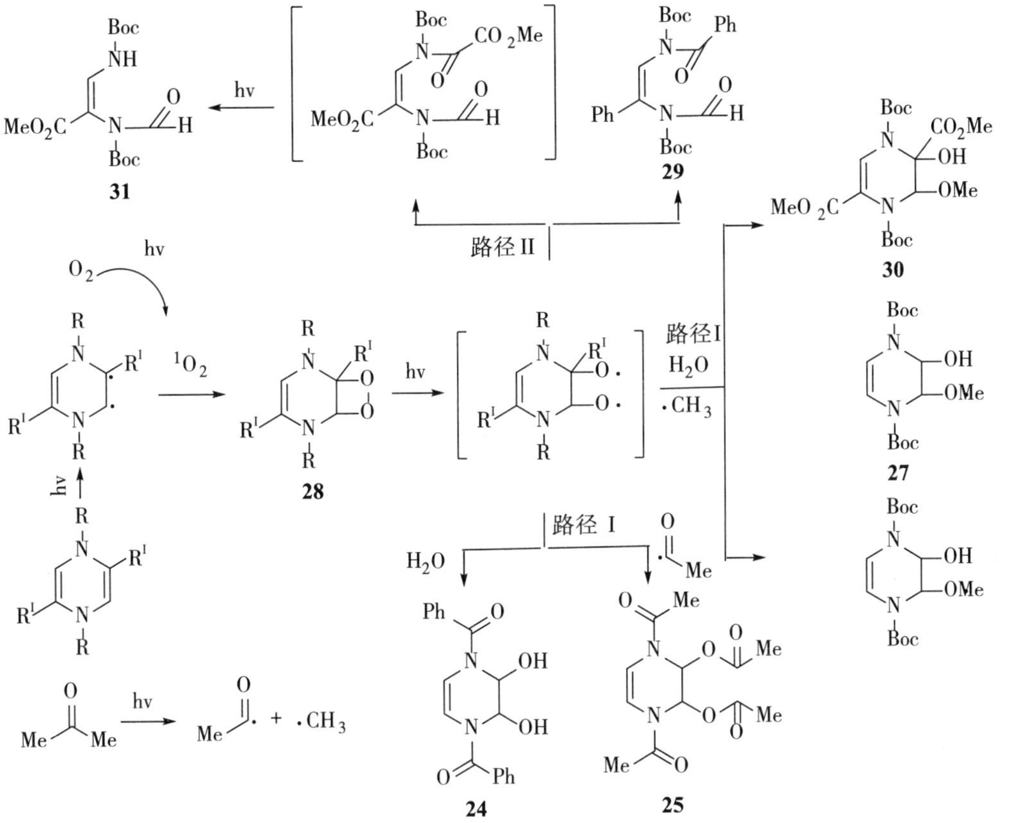

图 5–18　N,N′– 二酰基 –1,4– 二氢吡嗪（1）的液相光氧反应机理

N,N′– 二酰基 –1,4– 二氢吡嗪环上的双键，经光照后产生碳自由基，然后和单线态氧发生环合反应生成二氧杂环丁烷 **28**，**28** 经过两种途径发生降解反应。第一种反应途径是 **28** 的 O—O 键断裂，形成氧自由基，然后与丙酮产生的自由基（乙酰基自由基和甲基自由基）结合，形成未开环的 1,2,3,4– 四氢吡嗪光氧产物 **11~27** 和 **30**。第二种反应途径是 **28** 的 C—C 键和 O—O 键断裂，直接生成酰胺开

环产物 **29** 和 **31**。

2. N,N′- 二芳基 -1,4- 二氢吡嗪（**4m~q** 和 **5**）的光化学反应

选择苯、乙腈、四氢呋喃、丙酮和乙酸乙酯等为 **4m** 光化学反应溶剂，研究溶剂对 N,N′- 二芳基 -1,4- 二氢吡嗪液相光化学反应的影响。光化学反应条件：浓度为 0.05 mol/L，320 ～ 420 nm 的光源［450 W 中压汞灯，25%（体积分数）（0.44 g $CuSO_4 \cdot 5H_2O$/25 mL $NH_3 \cdot H_2O$）溶液过滤光波］照射。在反应结束后，从 **4m** 的光化学反应中，分离得到了 N- 苯基苯甲酰胺（**32m**），产率在 20% 左右，结果见表。由表 5-5 可知，以丙酮为溶剂的光化学反应时间为 18 h，反应产率最高，所以采用丙酮作液相光化学反应的溶剂（图 5-19）。

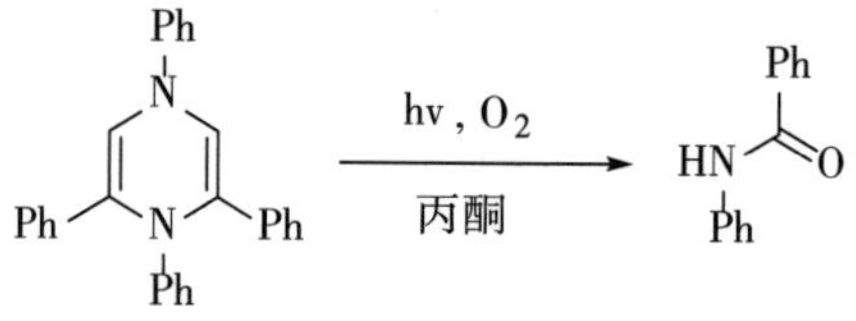

图 5-19　N,N′- 二芳基 -1,4- 二氢吡嗪（**4m**）的液相光氧反应机理

表 5-5　**32m** 在不同溶剂中的产率

溶剂	照射时间 /h	产率 /%
苯	15	16
乙腈	15	21
四氢呋喃	15	19
丙酮	18	28
乙酸乙酯	15	23

以丙酮为溶剂，选择 **4m** 溶液的浓度分别为 0.002 mol/L、0.005 mol/L、0.02 mol/L 和 0.1 mol/L，研究溶液浓度对 **4m** 光化学反应的影响。光化学反应条件：340 ～ 420 nm 波长的光源［450 W 中压汞灯，25%（体积分数）（0.44 g $CuSO_4 \cdot 5H_2O$/25 mL $NH_3 \cdot H_2O$）溶液过滤光波］照射，结果见表 5-6。由表 5-6 可知，**4m** 在浓度为 0.005 mol/L 时转化为 **32m** 的产率最高，为 36%。所以，选择 0.005 mol/L 为光化学反应的浓度。通过对 **4m** 的液相光氧化反应条件的研究，确定 4 和 5 的光化学反应的条件是：320 ～ 420 nm 的光源［450 W 中压汞灯，

25 %（体积分数）（0.44 g $CuSO_4 \cdot 5H_2O$/25 mL $NH_3 \cdot H_2O$）溶液过滤光波］照射，丙酮作溶剂，溶液浓度为 0.005 mol/L。

表 5–6　**32m** 在不同溶液浓度中的产率

浓度 /（mol•L⁻¹）	照射时间 /h	产率 /%
0.002	12	23
0.005	15	32
0.05	18	28
01	12	20

在 **4m** 的液相光氧化反应中，除分离得到 **32m** 之外，还分离得到 N- 苯基苯并亚胺酸（**33m**）和 N-（2- 胺基 -2- 苯基亚乙基）苯胺（**34m**）。**4m** 发生氧化开环反应，生成 **33m** 和 **34m**，**33m** 发生类似于酮 – 烯醇互变异构的反应生成 **32m**。在光的照射下，**34m** 亚胺酸可以通过贝克曼重排反应生成酰胺，因此，可以推测 **32m** 可由 **33m** 经过贝克曼重排反应产生（图 5–20）。

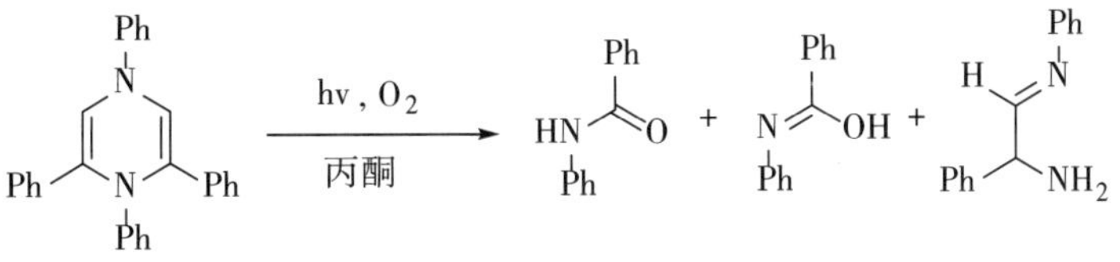

4m　　**32m**　　**32m**　　**32m**

图 5–20　N,N′– 二芳基 –1,4– 二氢吡嗪（**4m**）的液相光氧反应机理

在 **4n** 的液相光氧化反应中，分离得到了 N- 苯基苯甲酰胺（**32n**），产率为 30%（图 5–21）。

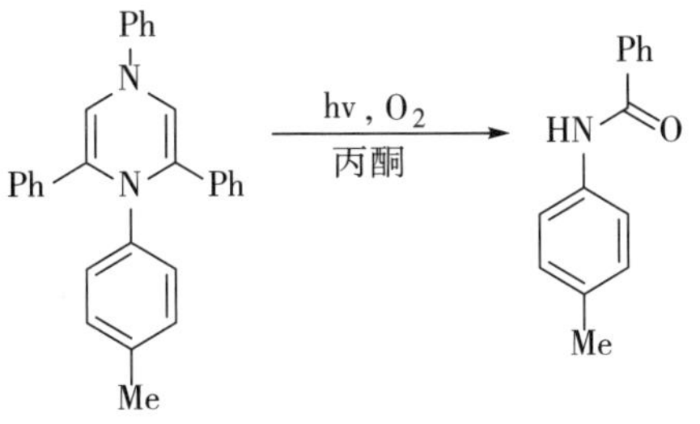

4n　　**32n**

图 5–21　N,N′– 二芳基 –1,4– 二氢吡嗪（**4n**）的液相光氧反应机理

在**4o**的液相光氧化反应中，分离得到了N-苯基苯甲酰胺（**32o**），产率为26%（图5-22）。

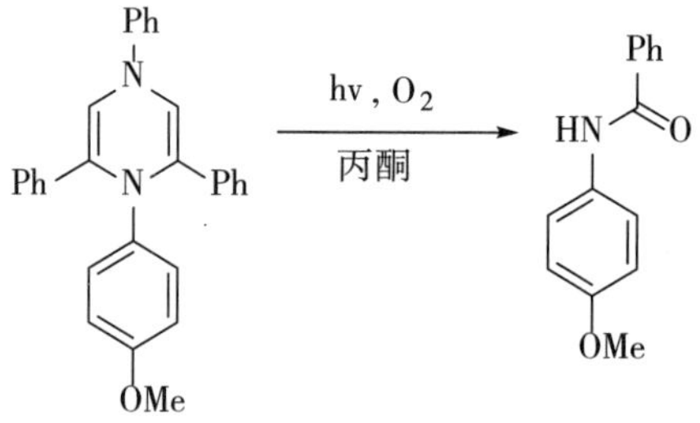

Ph N Ph N Ph OMe → hv, O_2 丙酮 → Ph HN O OMe

4o **32o**

图5-22　N,N′-二芳基-1,4-二氢吡嗪（4o）的液相光氧反应机理

在**4p**的液相光氧化反应中，除了分离出**32p**(产率为23%)外，也分离出N-氯苯基苯并亚胺酸**33p**（产率为17%）(图5-23)。

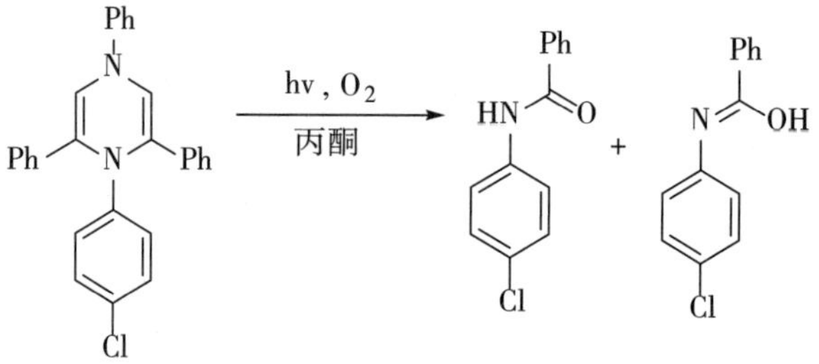

Ph N Ph N Ph Cl → hv, O_2 丙酮 → Ph HN O Cl + Ph N OH Cl

4p **32p** **33P**

图5-23　N,N′-二芳基-1,4-二氢吡嗪（4p）的液相光氧反应机理

4的液相光氧化反应主要发生的是吡嗪环上的双键和O_2的［2+2］反应，生成二氧杂环丁烷结构，此结构不稳定，可以降解生成羰基化合物**32**和**33**。与**122**的氧化产物比较，没有经历单键氧化成邻二醇的过程，即没有丙酮溶剂参与反应的产物生成。由此推断，在光照射下，**4**也经历了先与单线态O_2反应生成二氧杂环丁烷结构，再进一步降解成羰基化合物。

在**5**的液相光氧化反应中，分离得到了化合物**35**。与N,N′-二酰基-1,4-二氢吡嗪1液相光化学反应产物**31**的结构相比较，可以推测**35**的产生过程和31的产生过程基本相同。**35**的产生过程是：**5**和O_2反应产生一个类似**31**的结构，然后经过诺里什-Ⅰ光反应和1,3-H迁移生成**35**（图5-24）。

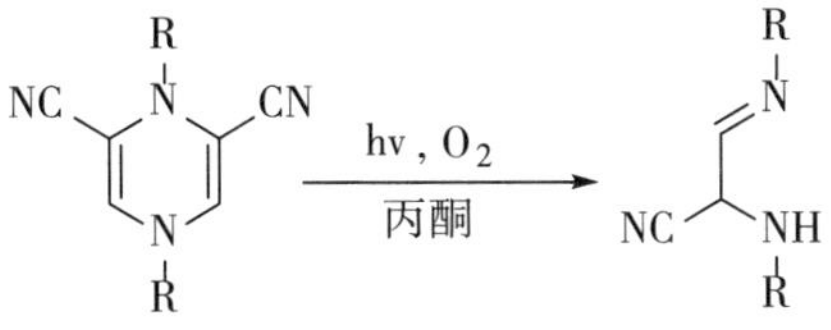

hv，O_2
丙酮

5　　R为3–甲基苯基　　35

图 5–24　1,4–二氢吡嗪（5）的液相光氧反应机理

为了研究N,N′–二芳基–1,4–二氢吡嗪（**4**和**5**）光氧化反应过程中游离基的类型，进行了ESR谱图测定，检测结果与N,N′–二酰基–1,4–二氢吡嗪（**1**）的基本相同，即在光引发下，**4**和**5**先生成碳自由基，与单线氧反应生成二氧杂环丁烷，再进一步降解成羰基化合物。也从另一个方面说明，N,N′–二芳基–1,4–二氢吡嗪（**1**）和N,N′–二酰基–1,4–二氢吡嗪（**4**和**5**）的液相光化学反应机理基本相同。因此，提出了**4**和**5**的液相光化学反应机理，如图5–24所示。

在光引发下，**4**和**5**的吡嗪环的双键产生碳自由基，然后与单线态氧结合，产生二氧杂环丁烷。二氧杂环丁烷开环重排生成二酰胺结构，在光的作用下，脱去一分子CO，生成单酰胺，再经1,3–σH迁移生成单酰胺**36**；在光的作用下，**36**在位置1–处断开，产生1个酰胺自由基，经过氢提取反应，得到**32**；由于苯的共轭作用，**36**也会产生1个相对稳定的苯亚胺自由基，经氢提取反应生成**33**，再经贝克曼重排反应生成**32**。在光的作用下，**36**在位置2–处断开，就会生成**35**，**35**在光的作用下离去芳基，可生成**34**（图5–25）。

综上所述，N,N′–二酰基–1,4–二氢吡嗪（**1**）和N,N′–二芳基–1,4–二氢吡嗪（**4**和**5**）在液相中具有光不稳定性，易与O_2发生光氧化反应，共分离得到17个氧化产物。采用自旋捕获电子共振技术，确定了1,4–二氢吡嗪液相光氧化反应的机制是，在光引发下，1,4–二氢吡嗪产生碳自由基，然后和O_2发生反应，生成二氧杂环丁烷，二氧杂环丁烷进一步分解反应，即可得到吡嗪环双键的氧化产物和开环的酰胺产物等。

3. 1,4–二氢吡嗪的固相光化学反应

在450 W的中压汞灯照射下，对N,N′–二酰基–1,4–二氢吡嗪**1b**、N,N′–二芳基–1,4–二氢吡嗪**4m**和**5**的晶体进行固相光照，经240 h时，薄层色谱检测**1b**发生反应，而**4m**和**5**没有发生反应。**1b**和**5**的晶体排列方式如图5–26所示，**1b**的—C＝C—间距离为0.406 4 nm，可以发生反应；**5**的—C＝C—间距离为

0.553 3 nm，不满足施密特规则，不发生反应（图 5-26）。

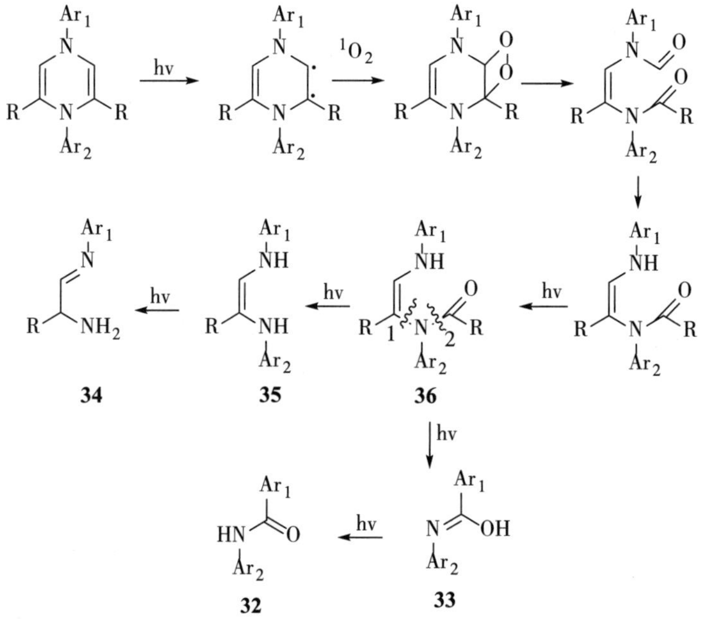

图 5-25　N,N′- 二芳基 -1,4- 二氢吡嗪（4 和 5）的光氧反应机理

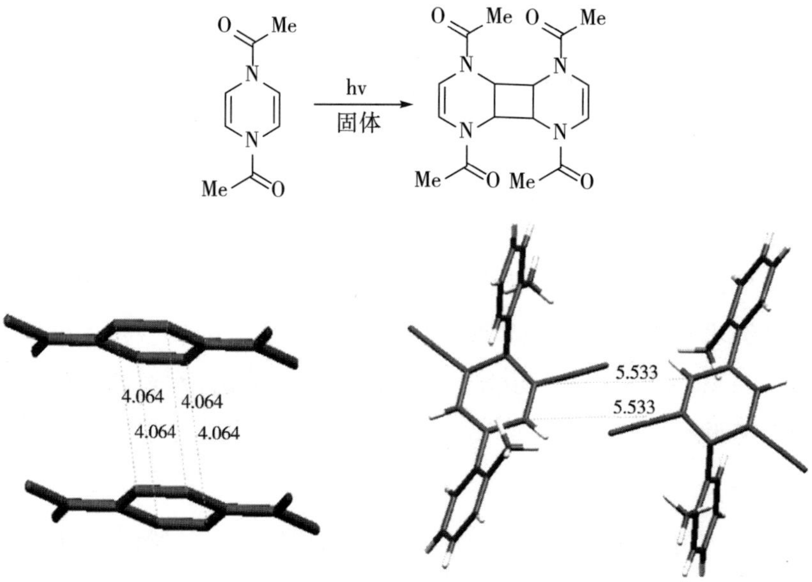

图 5-26　**1b** 和 **5** 的晶体堆积图

4. 1,4- 二氢吡嗪的固相模板引导的光化学反应

采用固相模板引导的方法，对 1,4- 二氢吡嗪的固相［2+2］光环合反应进行研究，以期得到 1,4- 二氢吡嗪的光环合产物。光环会模不仅化合物筛选结果见表 5-7。

表 5-7　光环合模板化合物筛选结果

化合物	光环合模板	化合物	光环合模板
1a	无	**1j**	硫脲、间苯二甲酸
1b	硫脲、间苯二酚、间苯二甲酸	**1k**	硫脲、间苯二甲酸
1c	硫脲、间苯二酚	**4m**	无
1d	硫脲、间苯二酚	**4n**	无
1e	硫脲、间苯二酚	**4o**	无
1f	硫脲、间苯二酚	**4p**	间苯二甲酸
1g	硫脲、间苯二酚、间苯二甲酸	**4q**	硫脲、间苯二甲酸
1h	硫脲、间苯二酚、间苯二甲酸	**5**	硫脲、间苯二甲酸
1i	硫脲、间苯二酚		

首先，通过热台显微筛选方法，筛选可以和 1,4- 二氢吡嗪形成共晶的光环合模板化合物。筛选的模板化合物有：硫脲、间苯二酚、邻苯二酚、间苯二甲酸和邻苯二胺，筛选结果见表 5-8。由表 5-8 可知，**1**（除 **1a** 外）均可以和硫脲或间苯二酚等模板形成共晶，原因是由分子中的 N- 酰基的羰基氧发挥的作用，而 **1a** 未形成共晶的原因可能是 1- 位和 4- 位的苯环的空间位阻。**4** 中的 **4p**、**4q** 和 **5** 可以和硫脲或间苯二酚形成共晶，从结构上分析，**4m**、**4n** 和 **4o** 不能形成共晶。虽然 **4** 可以与模板分子上的氢形成氢键，但由于 2,6- 二芳基的空间位阻较大，影响了 **4m**、**4n** 和 **4o** 共晶的生成。其次，选用苯和甲醇混合溶剂挥发方法制备共晶，共晶制备结果见表 5-8。

表 5-8　共晶制备结果

化合物	共晶体	化合物	共晶体
1b	硫脲共晶、间苯二酚共晶	**1i**	分解[a]
1c	硫脲共晶	**1j**	分解[a]
1d	硫脲共晶	**1k**	分解[a]

续表

化合物	共晶体	化合物	共晶体
1e	硫脲共晶	**4p**	分解[a]
1f	硫脲共晶	**4q**	混晶[b]
1g	硫脲共晶、间苯二酚共晶	**5**	分解
1h	硫脲共晶		

a: 样品分解；b: 样品和模板晶体的混合物。

由表 5-8 可知，**1b~1h** 容易和模板化合物形成共晶，**1i~1k** 在共晶制备过程中分解。**4p** 和 **5** 在共晶制备过程中分解，**4q** 产生的是混晶。

参照 N,N′- 二酰基 -1,4- 二氢吡嗪光稳定性的研究，选定 280~320 nm 光波（450 W 中压汞灯，经过 UVB 滤光片），对 **1b** 的硫脲共晶体进行光照。在光照 80 h 后，分离得到了 **1b** 的［2+2］光化合物产物 **37b**，产率为 98%。在同样的条件下，**1b** 的间苯二酚共晶体光照也可以生成 **37b**（图 5-27）。

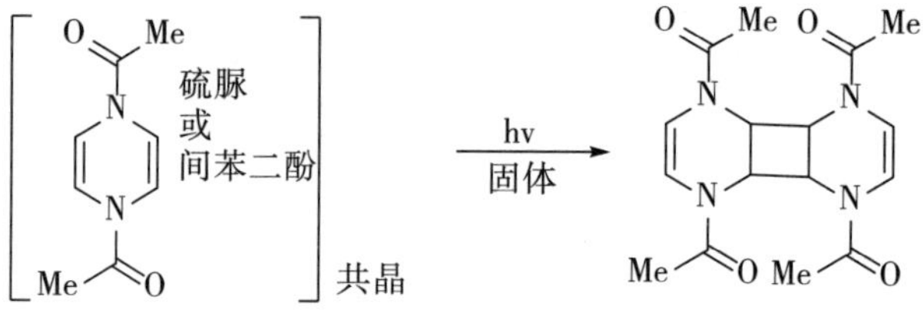

图 5-27　**1b** 共晶光化学

对其他 1,4- 二氢吡嗪共晶体进行光照，并分离光化学反应产物，结果见表 5-9。由表 5-9 可知，**1g** 硫脲和 **1g** 间苯二酚的共晶体也可发生［2+2］光环合反应，生成 **37g**，其他的共晶体在此条件下没有发生反应（图 5-28）。

表 5-9　共晶体［2+2］光环合反应结果

化合物	共晶体	光照产物	化合物	共晶体	光照产物
1b	硫脲	**37b**	**1f**	硫脲	无
1b	间苯二酚	**37b**	**1g**	硫脲	**37g**
1c	硫脲	无	**1g**	间苯二酚	**37g**
1d	硫脲	无	**1h**	硫脲	无

续表

化合物	共晶体	光照产物	化合物	共晶体	光照产物
1e	硫脲	无			

硫脲
或
间苯二酚
共晶
hv
固体
37g

图 5–28　**1g** 共晶光化学

为了分析固相模板引导的［2+2］环合反应的机制，对 **1b**、**1c** 和 **1d** 与硫脲的共晶体进行 X 射线单晶衍射研究。

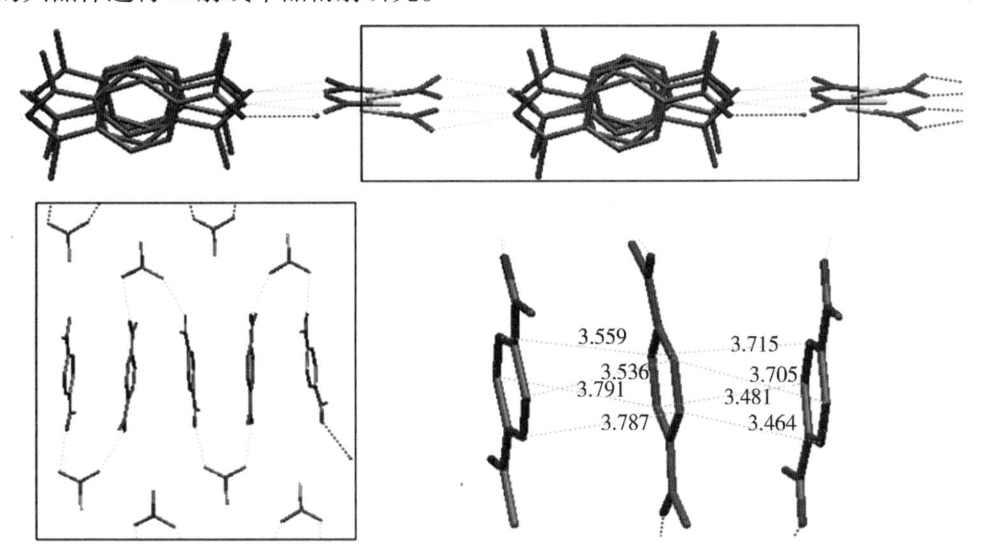

图 5–29　**1b** 在共晶体中的排列。

对 **1b** 与硫脲的共晶体的单晶衍射数据（CCDC1002294）进行分析。由图 5–29 可知，硫脲分子是按照预想的线状方式排列，**1b** 分子按照垂直于线性硫脲模板的方式排列，**1b** 分子呈平面构象，分子平面之间按照平行方式排列。**1b** 双键上的 4 个碳与前后相邻分子双键碳的最小距离不同，一侧的距离分别是：0.355 9 nm、0.359 6 nm、0.379 1 nm、0.378 7 nm，平均距离小于 0.42 nm；另一侧的距离分别是 0.371 5 nm、0.370 5 nm、0.348 1 nm、0.346 4 nm，平均距离小于 0.42 nm。相邻分子的双键距离满足固相光照条件下发生［2+2］环合反应的基本条件，即双键之间平行排列且距离在 0.42 nm 之内。因此，N,N′- 二乙酰基 -1,4- 二氢吡嗪（**1b**）在硫脲模板中能顺利发生［2+2］光环合反应。

对 **1c** 与硫脲的共晶体的 X 射线单晶衍射数据（CCDC1002295）进行分析，由图 5-30 可知，硫脲分子是按照预想的线状方式排列，**1c** 分子按照近似垂直于线性硫脲模板的方式排列，**1c** 的吡嗪环呈船式构象，吡嗪环上甲基与船头 N 原子伸展方向不一致，**1c** 分子之间按照近似平行的方式排列，但 1,4- 二氢吡嗪环上甲基与 N- 取代基的伸展方向不一致，阻碍了分子之间近距的排列。**1c** 分子双键上 4 碳与前后相邻分子双键碳的最小距离不同，一侧的距离分别是：0.406 4 nm、0.428 0 nm、0.424 3 nm、0.445 6 nm，平均距离超过 0.42 nm；另一侧的距离分别是 0.373 2 nm、0.494 0 nm、0.364 2 nm、0.475 1 nm，平均距离超过了 0.42 nm。由此可知，**1c** 分子之间双键的距离超过了 0.42 nm，所以共晶体没有发生［2+2］光环合反应。

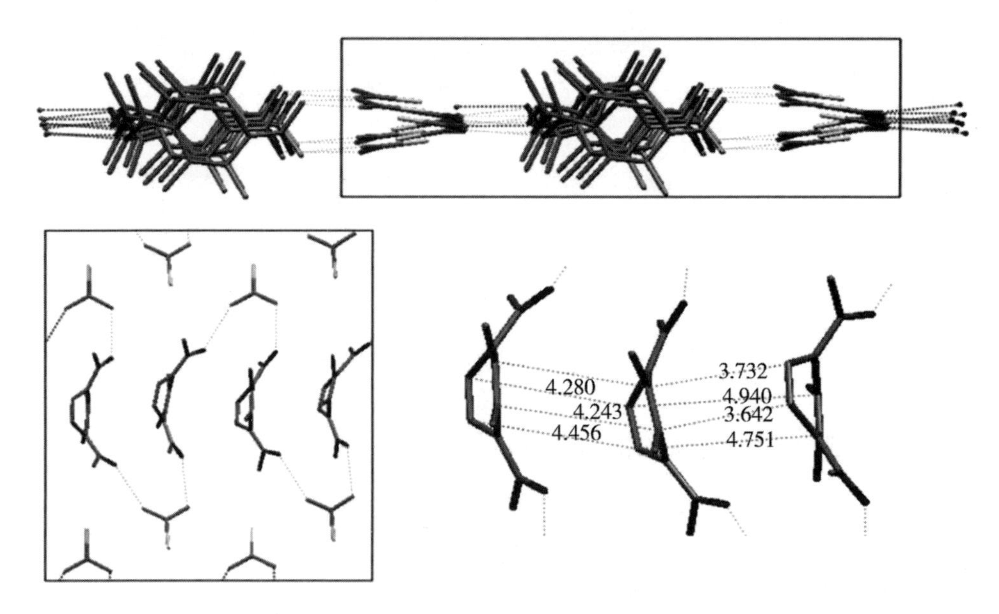

图 5-30　1c 在共晶中的排列

对 **1d** 与硫脲的共晶体的 X 射线单晶衍射数据（CCDC 1002346）进行分析，由图 5-31 可知，硫脲分子按照预想的线状方式排列，**1d** 分子按照近似垂直于线性硫脲模板的方式排列，**1d** 的吡嗪环呈船式构象，吡嗪环上甲基与船头 N 原子的伸展方向不一致，**1d** 分子之间按照近似平行的方式排列。但 1,4- 二氢吡嗪环双键上取代基与 N- 取代基伸展方向不一致，阻碍了分子之间近距的排列。**1d** 双键上 4 个碳与相邻分子双键碳的最小距离分别是：0.425 1 nm、0.416 3 nm、0.445 7 nm 和 0.436 9 nm，平均距离超过 0.42 nm，因此不能发生［2+2］光环合反应。

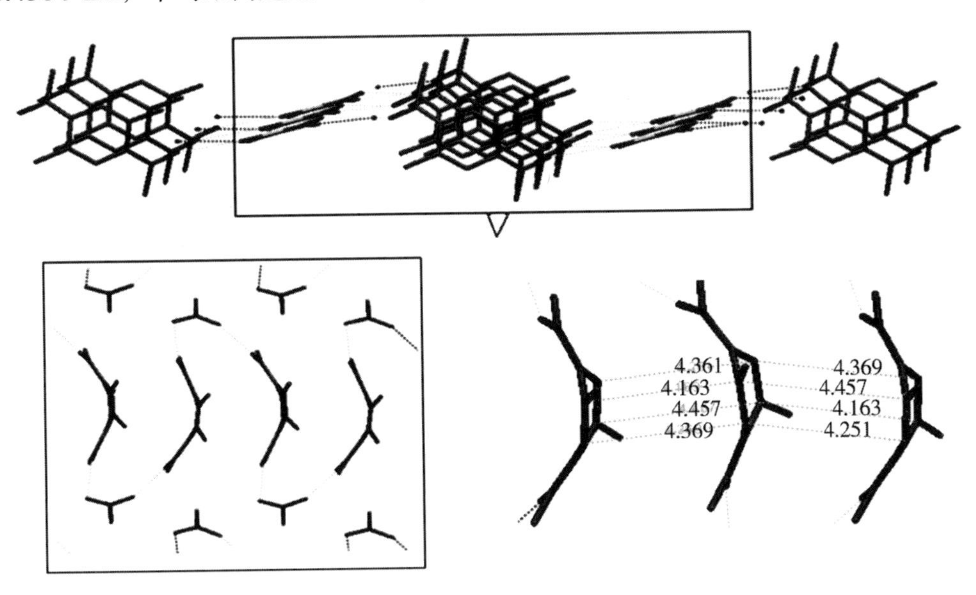

图 5–31　**1d** 在共晶体中的排列

通过对 **1b**、**1c** 和 **1d** 与硫脲的共晶体的 X 射线单晶衍射数据的分析可知，固相模板按照预想的线状方式排列，目标分子按照垂直于线性模板的方式排列，分子之间按照平行方式排列；只有 1,4- 二氢吡嗪分子之间的双键满足平行排列且距离在 0.42 nm 之内的要求才可发生［2+2］环合反应，如 **1b** 和 **1g**。1,4- 二氢吡嗪双键上的取代基阻碍分子之间近距的排列，导致相邻分子双键的距离大于 0.42 nm，不能发生［2+2］环合反应，如 **1c** 和 **1d** 等。

5. 2,5,8,11- 四氮杂四星烷的固相光化学合成

对 **1b** 的共晶体连续光照 140 h，发现反应停留在 **37b**。对从模板中分离出来的 **37b**，固相光照 80 h 后，得到了 **38b**，产率为 100%。同样，**37g** 固相光照 80 h 后，也可得到了 **38g**，产率为 100%。（图 5–32）

在固相光照条件下，**37** 可以生成四氮杂四星烷 **38**，与其分子自身的构象和双键之间距离有关。从单晶结构图（图 5–33）可知，**37b** 是顺式结构，两个双键的碳原子的最小距离分别是 0.356 4 nm 和 0.360 1 nm，满足小于 0.42 nm 的要求，

可以进一步反应。

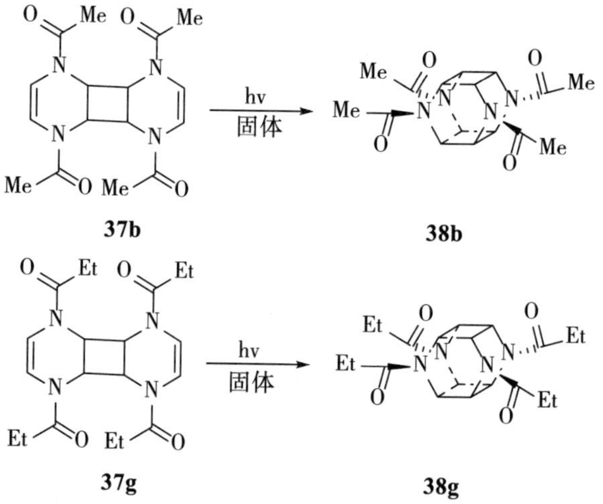

hv 固体

37b　　38b

hv 固体

37g　　38g

图 5-32　**37b 和 38g 的光化学**

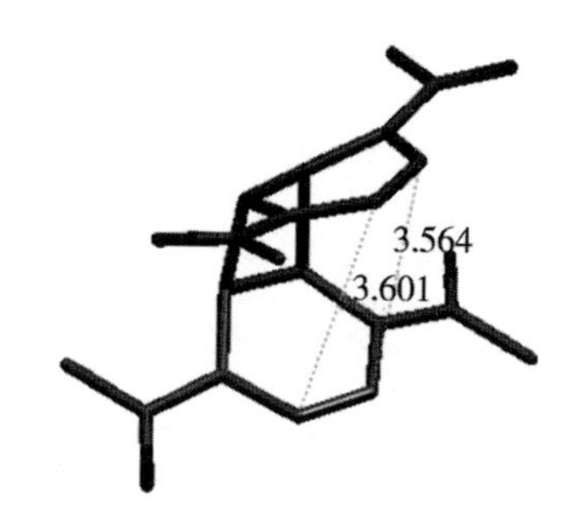

图 5-33　**37b 的单晶衍射图**

综上所述，固相模板引导的 1,4- 二氢吡嗪的［2+2］光环合反应具有反应定向、副反应少、产物纯度高、产率高、无溶剂影响等优点。在共晶体中，由于光环合模板的引导作用，分子之间以近似平行的方式排列。由于吡嗪环双键上取代基的存在，分子之间双键的距离不一定在 0.42 nm 之内；只有双键之间的距离在 0.42 nm 之间，才可顺利发［2+2］光环合反应。N,N′- 二酰基 -1,4- 二氢吡嗪的硫脲或者间苯二酚共晶体，可顺利发生［2+2］光环合反应，得到 2 个顺式 -1,4,5,8- 四酰基 -1,4,4a,4b,5,8,8a,8b- 八氢双吡嗪和 2 个 2,5,8,11- 四乙酰基 -2,5,8,11- 四氮杂四星烷。目前未见关于四氮杂四星烷合成的文献报道，固相模板引导的 1,4- 二氢吡嗪［2+2］光环合反应的研究，为其他四星烷及多面体烷的合成提供了很好的理论和实验基础。

6. 1,4-二氢吡嗪（1）的光化学反应产物结构解析

（2S,3S）-2-羟基-3-甲氧基-1,2,3,4-四氢吡嗪-1,4-二乙酮（**26**）。^{1}H NMR（400 MHz, DMSO-d_6），δ_H（ppm）2.14~2.23（m, 6H），3.17~3.28（m, 3H），5.25~5.83（m, 2H），6.10~6.47（m, 3H）；^{13}C NMR（100 MHz, DMSO-d_6），δ_C（ppm）21.0、21.1、21.3、21.7、21.8、21.8、54.6、55.4、55.5、69.3、69.8、74.7、75.1、78.0、78.3、82.9、83.1、104.5、105.6、106.7、107.0、107.9、108.0、109.5、167.7、167.8、168.1、168.3、169.6、169.7; HRMS（ESI+）为［M+Na］$^+$，$C_9H_{14}N_2NaO_4$ 理论计算值为 237.085 1，检测值为 237.083 6；X 射线单晶衍射数据的剑桥号：CCDC995230（图 5-34、表 5-10）。

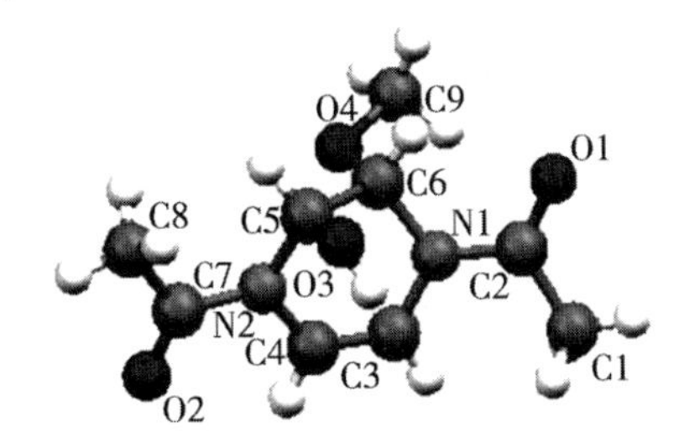

图 5-34 **26** 的单晶衍射图

在核磁氢谱上，δ2.14~2.23（m, 6H）峰属于乙酰基上的氢，δ3.17~3.28（m, 3H）峰属于甲氧基的氢，δ5.25~5.83（m, 2H）属于吡嗪环上手性碳的氢，δ6.10~6.47（m, 3H）峰属于吡嗪环上双键的氢和羟基氢。碳谱数据为 δ21.0, 21.1、21.3、21.7、21.8、21.8 峰属于乙酰基上甲基碳，δ54.6、55.4、55.5 峰属于甲氧基碳，δ69.3、69.8、74.7、75.1、78.0、78.3、82.9、83.1 峰属于 2 个手性碳；δ104.5、105.6、106.7、107.0、107.9、108.0、109.5 峰属于吡嗪环上双键的 2 个碳；δ167.7、167.8、168.1、168.3、169.6、169.7 峰属于 2 个乙酰基的羰基碳。

表 5-10 **26** 的晶体学基本参数

晶体学基本参数	参数值	晶体学基本参数	参数值
分子式	$C_9H_{14}N_2O_4$	γ /（°）	90.00
相对分子质量	214.22	体积 V/mm^3	0.004 32
晶体大小 /mm	0.20 × 0.18 × 0.12	计算密度 /（mg · m^{-3}）	1.436
晶系	单斜晶系	线性吸收系数 /mm^{-1}	0.114

续表

晶体学基本参数	参数值	晶体学基本参数	参数值
空间群	*Pna*2（1）	晶胞分子数 Z	4
晶胞参数		晶胞电子的数目 F_{000}	456
a/nm	0.657 88（13）	衍射实验温度 /K	113（2）
b/nm	2.185 7（4）	衍射波长 λ/nm	0.071 073
c/nm	0.688 98（4）	衍射光源	Mo kα
σ/（°）	90.00	衍射角度 θ/（° ）	1.86~27.93
β/（°）	90.00	R 因子	3.32

在高分辨质谱上，［M+Na］$^+$（$C_9H_{14}N_2NaO_4$）检测值为 237.083 6，理论计算值为 237.085 1，分子离子峰的值和其理论理论计算值基本一致。由 X 射线单晶数据给出的结构可知（图 5-33），推测的结构是正确的；吡嗪环没有开环，其中一侧的双键没有变化；另一侧的双键变成单键，分别连接甲氧基和羟基，形成 2 个手性中心（2S,3S）。

25 ℃、50 ℃和 80 ℃时，**26** 的变温核磁氢谱说明在核磁谱图上氢和碳表现为多重裂分的原因是分子的构象异构（图 5-35）。25 ℃时 **26** 的裂分非常复杂，因为 N—CO 键转动会产生多种构象，根据甲氧基裂分的峰数（δ3.16、3.18、3.24、3.27）可以判断有四种构象；当温度逐渐升高，克服 N—CO 键转动的限制，裂分变得简单。80 ℃时，甲氧基在 δ3.24（s, 3H）处只有 1 个峰，在 δ2.17（s, 3H）和 δ2.21（s, 3H）处分别是 2 个乙酰基甲基峰，δ（ppm）5.54（q, 2H）处分别是 2 个新形成的烷基氢的峰，δ（ppm）6.17（s, 2H）是烯烃上的 2 个氢，δ6.45（s, 1H）是羟基氢。

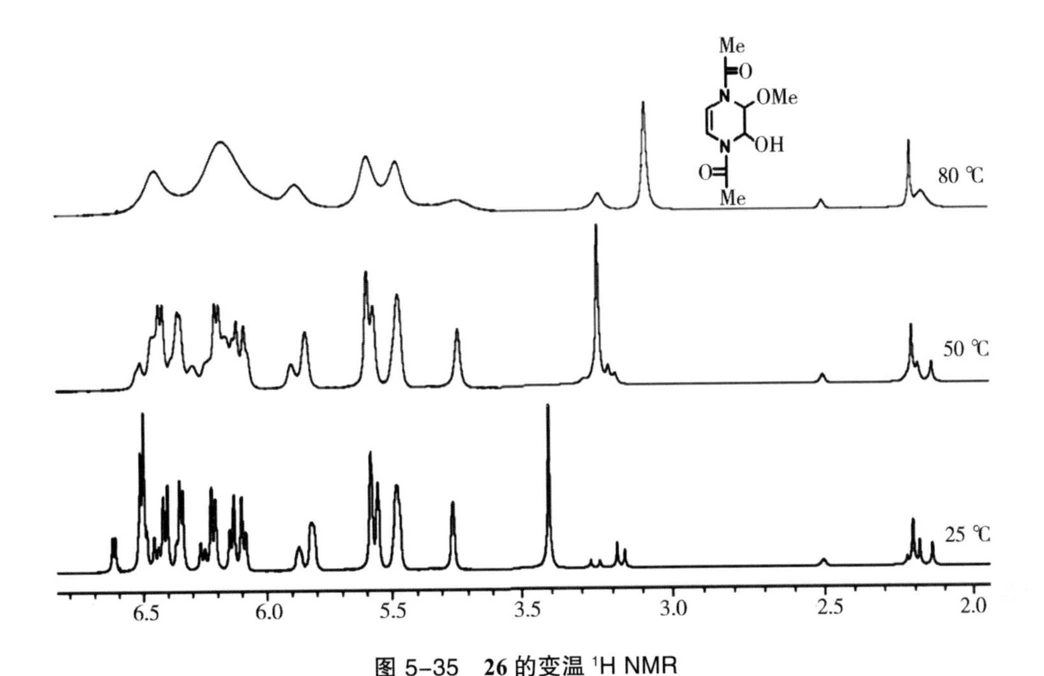

图 5-35　**26** 的变温 ^{1}H NMR

（Z）-2-（N-（叔丁氧羰基）甲酰胺基）-3-（叔丁氧羰基胺基）丙烯酸甲酯（**31**）。^{1}H NMR（400 MHz, $CDCl_3$），δ_H（ppm）1.52（s, 18H），3.77（s, 3H），6.61（s, 1H），8.01（s, 1H），9.26（s, 1H）；^{13}C NMR（100 MHz, $CDCl_3$），δ_C（ppm）28.0、52.0、85.1、150.8、151.1、162.0、163.9；HRMS（ESI+），[M+H]$^+$ $C_{15}H_{25}N_2O_7$ 理论计算值为 345.166 2，检测值为 345.166 2。X 射线单晶衍射数据的剑桥号为 CCDC915249。在核磁氢谱上，δ1.52（s, 18H）归属于 2 个叔丁基的氢，δ3.77（s, 3H）峰对应甲氧羰基的氢，δ6.61（s, 1H）和 8.01（s, 1H）峰归属于双键和胺基上的氢，δ9.26（s, 1H）对应甲酰基上的氢。从结构上判断，2 个叔丁基的化学环境不同，应该呈现 2 个峰，但是出现 1 个峰的，可能是叔丁基的氢的化学位移相近造成 2 个峰重合。

在核磁碳谱上，δ27.8 和 28.0 峰归属于 2 个叔丁基上甲基的碳；δ52.0 峰归属于 2 个叔丁基的季碳；δ150.8 和 151.1 归属于双键上的碳，δ162.0 和 163.9 对应甲酰基的碳和酯基上的羰基碳。从高分辨质谱数据可以看出，分子离子峰［M+H］$^+$ 的检测结果与其分子组成［M+H］$^+$（$C_{15}H_{25}N_2O_7$）基本一致，检测数据为 345.166 2，理论值为 345.166 2。根据 X 射线单晶数据给出的结构可知，推测的结构正确（图 5-36）。吡嗪环一侧的双键已经断开，另一侧双键没有变化，N- 叔丁氧羰基还存在，其中 1 个氮原子连接 1 个氢原子，另 1 个氮原子连接 1 个甲酰基（表 5-11）。

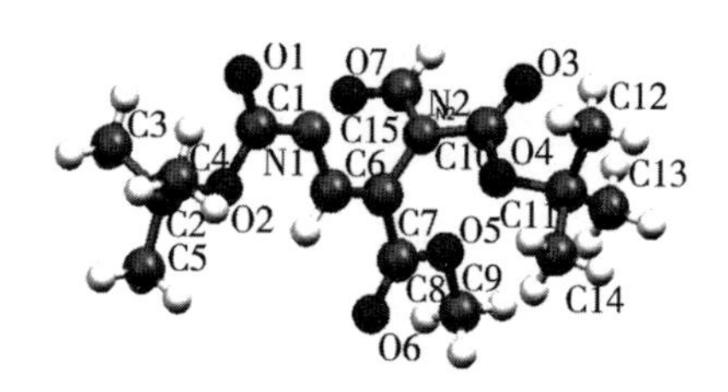

图 5–36　**31** 的 X 射线单晶衍射图

表 5–11　**31** 的晶体学基本参数

晶体学基本参数	参数值	晶体学基本参数	参数值
分子式	$C_{24}H_{26}N_2O_4$	体积 V/mm³	0.004 32
相对分子质量	406.47	计算密度 /（mg·m^{-3}）	1.271
晶体大小 /mm	0.20 × 0.18 × 0.12	线性吸收系数 /mm^{-1}	0.19
晶系	单斜晶系	晶胞分子数 Z	4
空间群	$P2_1/n$	晶胞电子的数目 F_{000}	960
晶胞参数		衍射实验温度 /K	113（2）
a/nm	1.016 0（2）	衍射波长 λ/nm	0.071 073
b/nm	1.752 2（4）	衍射光源	Mo kα
c/nm	1.382 1（3）	衍射角度 θ/（°）	1.6 ～ 27.9
β/（°）	90.00	R 因子	4.8

7. 1,4– 二氢吡嗪（1）固相光化学化合物结构解析

1,4,5,8– 四乙酰基 –1,4,4a,4b,5,8,8a,8b– 八氢双吡嗪（**37b**）。^{1}H NMR（400 MHz, DMSO–d$_6$），δ_H（ppm）：2.07 ～ 2.32（m, 12H），4.53 ～ 4.76（m, 2H），5.11 ～ 5.27（m, 2H），5.85 ～ 5.95（m, 2H），6.82 ～ 7.28（m, 2H）；^{13}C NMR（100 MHz, DMSO–d$_6$），δ_C（ppm）21.1、21.2、21.3、21.3、21.4、46.7、48.8、49.0、49.3、50.4、50.8、51.4、51.8、53.0、76.7、77.0、77.3、106.0、106.5、107.0、107.2、107.6、108.1、108.1、108.4、108.7、166.7、166.9、167.5、167.8、167.9; HRMS（ESI+）为［M+H］$^+$，$C_{16}H_{21}N_4O_4$ 理论计算值为 333.156 3，检测值为 333.154 5；X 射线单晶衍射数据的剑桥号为 CCDC1002343。在核磁氢谱上，δ2.07 ～ 2.32（m, 12H）归属于 4 个甲基的氢，δ4.53 ～ 4.76（m, 2H）和 5.11 ～ 5.27（m, 2H）归属于四元环上的 4 个氢，δ5.85 ～ 5.95（m, 2H）

和 6.82 ～ 7.28（m, 2H）归属于吡嗪上 2 个双键的氢。从甲基和羰基峰的数量可知，其 4 个甲基不完全等价，这可能是羰基的转动受到了限制造成的。**1b** 在经过［2+2］反应生成 1,4,5,8- 四乙酰基 -1,4,4a,4b,5,8,8a,8b- 八氢双吡嗪后，吡嗪环上 2 个氢质子的化学位移发生了明显的变化，从低场 6 ppm 附近迁移至高场 5 ppm 附近。

在碳谱上，δ21.1、21.2、21.3、21.3、21.4 峰来自甲基碳，δ46.7、48.8、49.0、49.3、50.4、50.8、51.4、51.8、53.0、76.7、77.0、77.3 峰来自四元环上碳，δ106.0、106.5、107.0、107.2、107.6、108.1、108.1、108.4、108.7 是来自 2 个双键碳的峰，δ166.7、166.9、167.5、167.8、167.9 明显属于羰基碳的峰。**1b** 在经过［2+2］反应生成 1,4,5,8- 四乙酰基 -1,4,4a,4b,5,8,8a,8b- 八氢双吡嗪后，发生反应的碳的化学位移也发生了明显的变化，对应的碳原子的化合位移从低场 110 ppm 附近迁移至高场 60 ppm 附近，是双键变为单键的原因。

从 X 射线单晶衍射数据分析，可以证明其是顺式结构（图 5-37、表 5-12）。

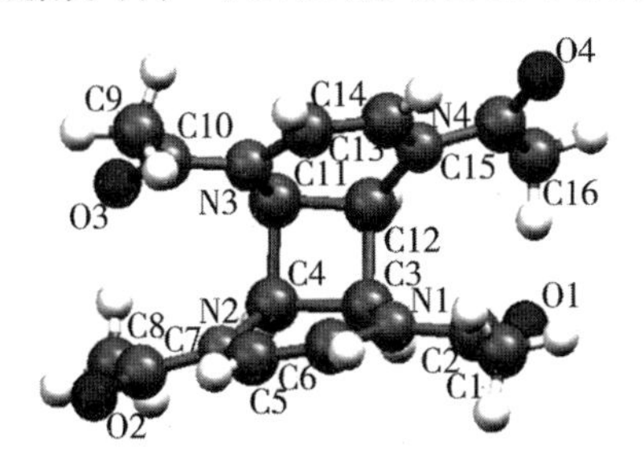

图 5–37　**37b** 的单晶衍射图

表 5–12　**37b** 的晶体学基本参数

晶体学基本参数	参数值	晶体学基本参数	参数值
分子式	$C_{16}H_{20}N_4O_4$	γ/（°）	90.00
相对分子质量	332.36	体积 V/mm³	0.004 32
晶体大小 /mm	0.20 × 0.18 × 0.12	计算密度 /（mg · m⁻³）	1.415
晶系	正交晶系	线性吸收系数 /mm⁻¹	0.104
空间群	*Pnma*	晶胞分子数 Z	8
晶胞参数		晶胞电子的数目 F_{000}	1 408
a/nm	1.217 7（2）	衍射实验温度 /K	113（2）
b/nm	1.028 3（2）	衍射波长 λ/nm	0.071 073

续表

晶体学基本参数	参数值	晶体学基本参数	参数值
c/nm	2.491 8（5）	衍射光源	Mo kα
σ/（°）	90.00	衍射角度 θ/（°）	2.14 ～ 25.02
β/（°）	90.00	R 因子	7.32

37b 的变温核磁氢谱表明，分子的构象异构导致其核磁氢谱的多重裂分（图 5–38）。从图 5–38 中可以看出，随着温度的升高，N—CO 键转速加快，多种稳定构象趋于一种构象，从复杂的裂分变为单一裂分。100 ℃时，乙酰基的 4 个甲基在 2.08 ppm 处变为单峰，四元环上的 4 个氢在 4.98 ppm 处变为 1 个单峰，而烯烃上的 4 个氢在 6.25 ppm 处表现为耦合的两重峰。

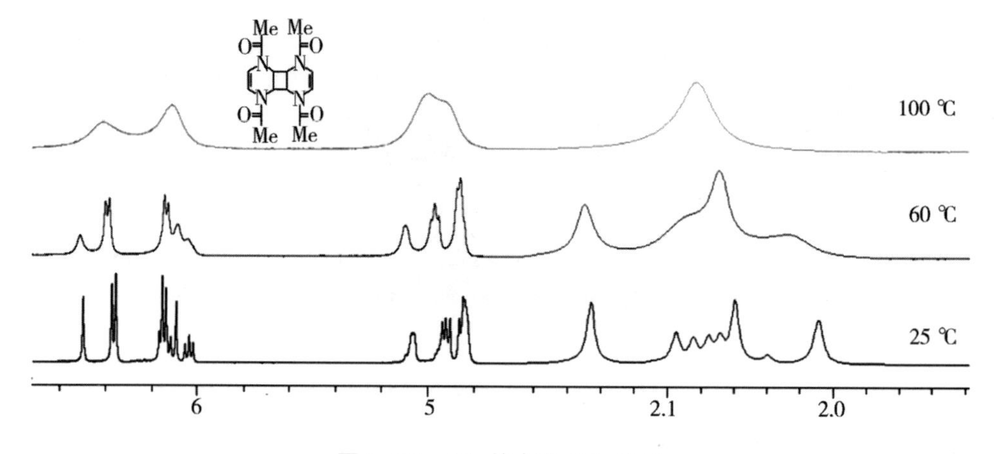

图 5–38　**37b** 的变温 1H NMR

8. 2,5,8,11– 四乙酰基 –2,5,8,11– 四氮杂四星烷（**38b**）

^{1}H NMR（400 MHz, DMSO–d$_6$），δ_H（ppm）1.95（q, 12H），4.89 ～ 4.97（m, 4H），5.27 ～ 5.42（m, 4H）；^{13}C NMR（100 MHz, DMSO–d$_6$），δ_C（ppm）20.9、21.0、21.2、46.7、46.9、47.3、47.4、47.9、52.3、52.6、52.7、53.0、53.2、79.1、79.4、79.8、169.3、169.5、169.8; HRMS（ESI+），［M+H］$^+$ $C_{16}H_{21}N_4O_4$ 理论计算值为 333.156 3，检测值为 333.154 4。

在核磁氢谱上，δ1.95（q, 12H）峰属于甲基氢，δ4.89 ～ 4.97（m, 4H）峰和 δ5.27 ～ 5.42（m, 4H）峰属于 2 个四元环上的氢。在碳谱上，δ20.9、21.0、21.2 峰属于甲基碳，δ46.7、46.9、47.3、47.4、47.9、52.3、52.6、52.7、53.0、53.2、

79.1、79.4、79.8 峰属吡嗪环上碳，δ169.3、169.5、169.8 属于羰基碳。从核磁谱图上可以看出，甲基和吡嗪环山的氢，乙酰基和吡嗪环上的碳不完全等价；与 **37b** 相比，双键区的核磁信号消失，出现了与 **37b** 四元环相同的核磁峰，说明发生了［2+2］光环合反应。在高分辨质谱上，分子离子峰［M+H］$^+$的检测结果为 333.154 4 与其分子组成（$C_{16}H_{21}N_4O_4$）基本一致，理论值为 333.156 3。

9. N,N′- 二酰基 -1,4- 二氢吡嗪的光化学反应研究

N,N′- 二酰基 -1,4- 二氢吡嗪光化学反应通法。将 1.0×10^{-3} mol N,N′- 二酰基 -1,4- 二氢吡嗪，100 mL 丙酮加入到光化学反应器，采用 450 W 中压汞灯作为光源，经过 UVB 滤光片滤光，在室温条件下进行光化学反应，薄层色谱跟踪反应进程，产物经快速柱层析分离（石油醚 / 乙酸乙酯 = 10/1）。

（2R,3R）-2,3- 二羟基 -1,2,3,4- 四氢吡嗪 -1,4- 二苯甲酮（**24**）。产率为 36%，熔点为 174 ～ 175 ℃ ; ^{1}H NMR（400 MHz, $CDCl_3$），δ_H（ppm）5.33 ～ 6.88（m, 6H），7.51 ～ 7.69（m, 10H）; ^{13}C NMR（100 MHz, DMSO-d_6），δ_C（ppm）72.4、77.3、105.3、108.0、110.9、128.3、128.8、130.1、131.1、134.6、168.3; HRMS（ESI+）为［M+Na］$^+$，$C_{18}H_{16}N_2NaO_4$ 理论计算值为 347.100 9，检测值为 347.100 4。X 射线单晶衍射数据的剑桥号为 CCDC995232（图 5-39，表 5-13）。

表 5-13　**24** 的晶体学基本参数

晶体学基本参数	参数值	晶体学基本参数	参数值
分子式	$C_{18}H_{16}N_2O_4$	γ/（°）	90.00
相对分子质量	324.33	体积 V/mm^3	0.004 32
晶体大小 /mm	0.20 × 0.18 × 0.12	计算密度 /（mg · m^{-3}）	1.377
晶系	正交晶系	线性吸收系数 /mm^{-1}	0.099
空间群	*Pna2*（*1*）	晶胞分子数 Z	4
晶胞参数		晶胞电子的数目 F_{000}	680
a/nm	2.043 6（3）	衍射实验温度 /K	113（2）
b/nm	0.674 50（12）	衍射波长 λ/nm	0.071 073
c/nm	1.134 90（16）	衍射光源	Mo kα
σ/（°）	90.00	衍射角度 θ/（°）	1.99 ～ 27.90
β/（°）	90.00	R 因子	4.9

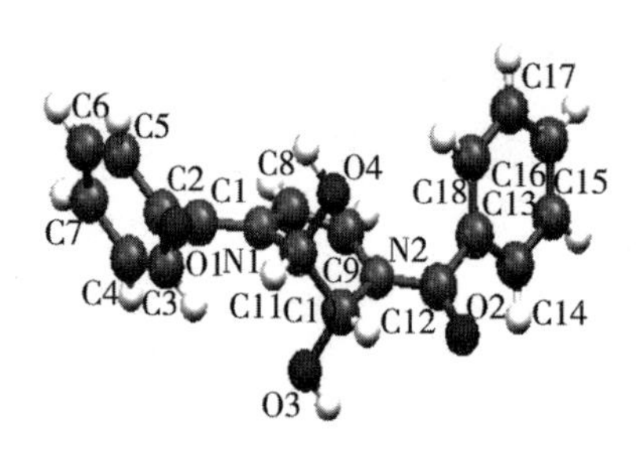

图 5-39　**24** 的 X 射线单晶衍射图

1,4- 二乙酰基 -1,2,3,4- 四氢吡嗪 -2,3- 二醇二乙酸酯（**25**）。产率为 23%，熔点为 150 ~ 152 ℃；^{1}H NMR（400 MHz, $CDCl_3$），δ_H（ppm）2.03（m, 6H），2.30 ~ 2.32（d, 6H），6.07 ~ 7.28（m, 4H）；^{13}C NMR（100 MHz, $CDCl_3$），δ_C（ppm）20.6、20.7、20.8、21.2、69.6、70.3、73.3、73.9、105.6、106.6、107.2、108.2、167.7、168.0、169.0、169.1、169.4；HRMS［M+Na］$^{+}$（ESI+）为 $C_{12}H_{16}N_2NaO_6$ 理论计算值为 307.090 6，检测值为 307.089 9（图 5-40、图 5-41）。

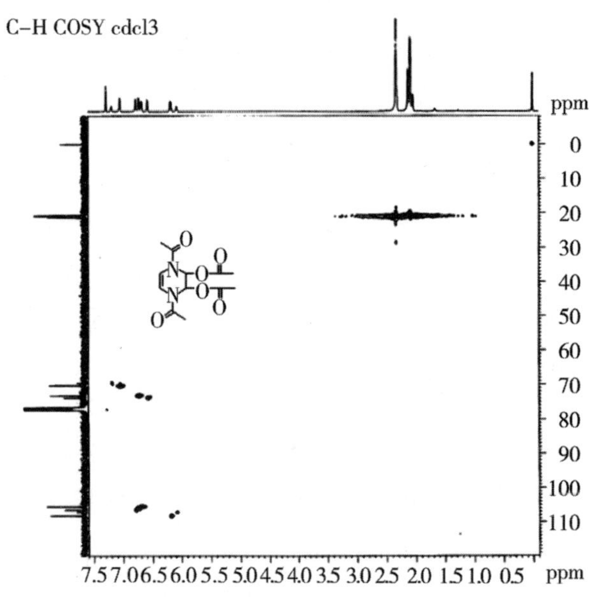

图 5-40　**25** 的 ^{13}C-^{1}H COCY 谱

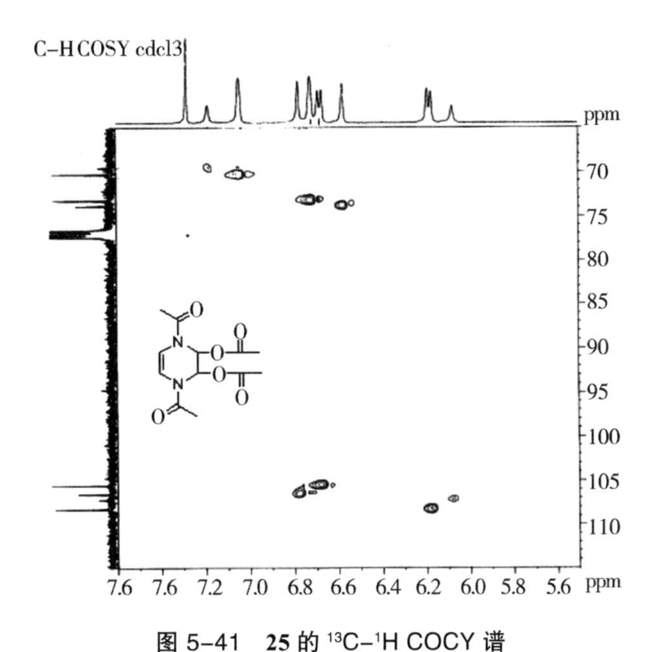

图 5-41 **25** 的 ^{13}C-^{1}H COCY 谱

（2S,3S）-2-羟基-3-甲氧基-1,2,3,4-四氢吡嗪-1,4-二乙酮（**26**）。产率为 31%。熔点为 141 ～ 143 ℃；^{1}H NMR（400 MHz, DMSO-d_6），δ_H（ppm）2.14 ～ 2.23（m, 6H），3.17 ～ 3.28（m, 3H），5.25 ～ 5.83（m, 2H），6.10 ～ 6.47（m, 3H）；^{13}C NMR（100 MHz, DMSO-d_6），δ_C（ppm）21.0、21.1、21.3、21.7、21.8、21.8、54.6、55.4、55.5、69.3、69.8、74.7、75.1、78.0、78.3、82.9、83.1、104.5、105.6、106.7、107.0、107.9、108.0、109.5、167.7、167.8、168.1、168.3、169.6、169.7; HRMS（ESI+）为［M+Na］$^+$，$C_9H_{14}N_2NaO_4$ 理论计算值为 237.085 1，检测值为 237.083 6。X 射线单晶衍射数据的剑桥号为 CCDC 995230。

2-羟基-3-甲氧基-1,2,3,4-四氢吡嗪-1,4-二甲酸叔丁酯（**27**）。产率为 34%；熔点为 141 ～ 143℃；^{1}H NMR（400 MHz, DMSO-d_6），δ_H（ppm）1.45（d, 18H），3.20（d, 3H），5.17 ～ 5.55（m, 2H），5.94 ～ 6.39（m, 2H），6.44（d, 1H）；^{13}C NMR（100 MHz, DMSO-d_6），δ_C（ppm）28.2、28.3、55.1、73.3、81.5、81.6、82.0、106.5、107.4、151.4、152.5; HRMS（ESI+） 为［M+H］$^+$，$C_{15}H_{27}N_2O_6$ 理论计算值为 331.186 9，检测值为 331.187 2。

1,4-二苯基-7,8-二氧杂-2,5-氮杂二环［4.2.0］3-辛烯-2,5-二甲酸叔丁酯（**28**）。产率为 22%，熔点为 153 ～ 158 ℃；^{1}H NMR（400 MHz, $CDCl_3$），δ_H（ppm）1.23（s, 9H），1.31（s, 9H），6.96（s, 1H），7.28 ～ 7.75（m, 10H），9.13（s, 1H）；

^{13}C NMR（100 MHz, $CDCl_3$），δ_C（ppm）27.4、27.5、84.3、123.7、125.2、125.3、128.2、128.4、128.5、129.1、132.5、135.5、136.1、151.2、151.6、161.0、170.5; HRMS（ESI+）为［M+Na］$^+$ $C_{26}H_{30}N_2NaO_6$，理论计算值为 489.200 2，检测值为 489.200 0。

（E）–2– 苯基 –N– 苯甲酰基 –N– 甲酰基 – 乙烯 –1,2– 胺二叔丁氧基甲酰胺（**29**）。产率为24%，熔点为135～136 ℃；^{1}H NMR（400 MHz, $CDCl_3$），δ_H（ppm）1.10（s, 9H），1.36（s, 9H），6.52（s, 1H），7.24～7.53（m, 10H），9.44（s, 1H）；^{13}C NMR（100 MHz, $CDCl_3$），δ_C（ppm）27.2、27.7、83.9、84.6、127.1、127.9、128.0、128.3、128.5、128.7、130.1、131.8、134.7、135.4、151.3、152.1、162.8、171.3; HRMS（ESI+）为［M+Na］$^+$，$C_{26}H_{30}N_2NaO_6$ 理论计算值为 489.200 2，检测值为 489.199 7。X 射线单晶衍射数据的剑桥号为 CCDC 935240（图 5–42，表 5–14）。

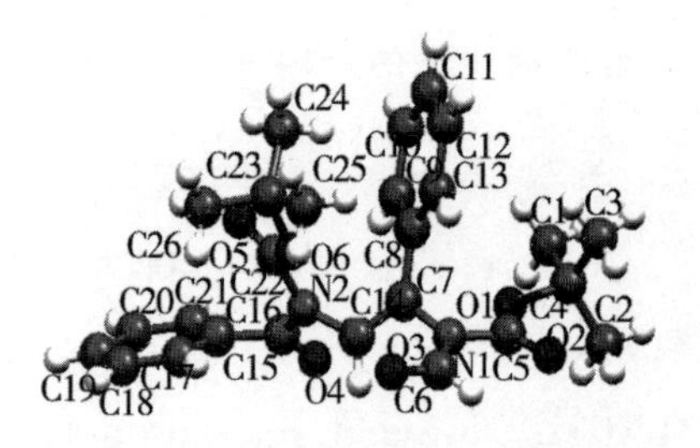

图 5–42　**29** 的 X 射线单晶衍射图

表 5–14　**29** 的晶体学基本参数

晶体学基本参数	参数值	晶体学基本参数	参数值
分子式	$C_{26}H_{30}N_2O_6$	γ/（°）	97.574（16）
相对分子制动量	466.52	体积 V/mm^3	0.004 32
晶体大小 /mm	0.20 × 0.18 × 0.12	计算密度 /（mg · m^{-3}）	1.299
晶系	三斜晶系	线性吸收系数 /mm^{-1}	0.088
空间群	*P-1*	晶胞分子数 Z	2
晶胞参数		晶胞电子的数目 F_{000}	496
a/nm	0.926 3（7）	衍射实验温度 /K	113（2）
b/nm	0.969 5（7）	衍射波长 λ/nm	0.071 073
c/nm	1.434 4（10）	衍射光源	Mo kα

续表

晶体学基本参数	参数值	晶体学基本参数	参数值
σ/（°）	98.285（10）	衍射角度 θ/（°）	1.44 ～ 25.02
β/（°）	92.56（2）	R 因子	8.01

2-羟基-3-甲氧基-1,2,3,4-四氢吡嗪-1,2,4,5-四甲酸-1,4-二叔丁酯-2,5-甲酯（**30**）。产率为22%，熔点为169 ～ 171 ℃；^{1}H NMR（400 MHz, $CDCl_3$），δ_H（ppm）1.47（s, 9H），1.50（s, 9H），3.37（s, 3H），3.79（s, 3H），3.84（s, 3H），4.48（d, 1H），5.42（d, 1H），7.41（m, 1H）；^{13}C NMR（100 MHz, $CDCl_3$），δ_C（ppm）27.9、51.8、53.7、55.3、82.3、83.7、84.7、109.5、122.2、150.7、152.8、164.3、169.3; HRMS（ESI+）为［M+H］$^+$ $C_{19}H_{31}N_2O_{10}$，理论计算值为447.197 9，检测值为447.197 8。

（Z）-2-［N-（叔丁氧羰基）甲酰胺基］-3-（叔丁氧羰基胺基）丙烯酸甲酯（**31**）。产率为23%，熔点为169 ～ 171 ℃；^{1}H NMR（400 MHz, $CDCl_3$），δ_H（ppm）1.52（s, 18H），3.77（s, 3H），6.61（s, 1H），8.01（s, 1H），9.26（s, 1H）；^{13}C NMR（100 MHz, $CDCl_3$），δ_C（ppm）28.0、52.0、85.1、150.8、151.1、162.0、163.9；HRMS（ESI+）为［M+H］$^+$，$C_{15}H_{25}N_2O_7$，理论计算值为345.166 2，检测值为345.166 2。X射线单晶衍射数据的剑桥号：CCDC915249。

10. N,N′-二芳基-1,4-二氢吡嗪（**4m~4q**）的光化学反应研究

N,N′-二芳基-1,4-二氢吡嗪（**4m～4q**）光化学反应通法。将 1.0×10^{-3} mol N,N′-二芳基-1,4-二氢吡嗪和200 mL丙酮加入光化学反应器，用450 W中压汞灯照射［（25 %，体积分数）（0.44 g $CuSO_4\cdot5H_2O$/25 mL $NH_3\cdot H_2O$）溶液为滤光液］，在室温条件下进行光化学反应，薄层色谱跟踪反应进程，产物经快速柱层析分离（石油醚/乙酸乙酯=10/1）。

N-苯基苯甲酰胺（**32m**）。白色块状晶体，产率为32%，熔点为161~164 ℃（文献值为162 ～ 164 ℃）；^{1}H NMR（400MHz, $CDCl_3$），δ_H（ppm）7.89（d, J = 7.2 Hz, 3H），7.66（d, J = 7.8 Hz, 2H），7.57 ～ 7.48（m, 4H），7.17（t, J = 15.5 Hz, 2H）；^{13}C NMR（100 MHz, $CDCl_3$），δ_H（ppm）165.4、137.6、134.7、131.5、128.7、128.4、126.7、124.2、119.9; HRMS（ESI+）为［M+H］$^+$，$C_{13}H_{12}$NO理论计算值为198.091 8, 检测值为198.093 3。

N- 对甲基苯基苯甲酰胺（**32n**）。产率为 30%，熔点为 155 ～ 157 ℃（文献值为 158 ～ 159 ℃）；^{1}H NMR（400 MHz, $CDCl_3$），δ_H（ppm）7.87（d, J = 6.7 Hz, 2H），7.56 ～ 7.47（m, 6H），7.19（d, J = 8.1Hz, 2H），2.35（s, 3H）；^{13}C NMR（100 MHz, $CDCl_3$），δ_H（ppm）165.9、137.0、135.5、133.2、131.9、129.5、128.8、128.0、120.9、20.9; HRMS（ESI+）为［M+H］$^+$，$C_{14}H_{14}NO$ 理论计算值为 212.107 5, 检测值为 212.106 9。

N- 对甲氧基苯基苯甲酰胺（**32o**）。产率为 26%，熔点为 160 ～ 162 ℃（文献值为 166 ～ 167 ℃）；^{1}H NMR（400 MHz, $CDCl_3$），δ_H（ppm）7.56（s, 1H），7.30（d, J = 7.7 Hz, 2H），7.21（t, 1H, J = 7.3 Hz），7.15（t, J = 7.3 Hz, 2H），6.95（d, J = 8.8 Hz, 2H），6.72（d, J = 8.8 Hz, 2H），3.71（s, 3H）；^{13}C NMR（100 MHz, $CDCl_3$），δ_H（ppm）170.8、157.9、137.8、136.2、129.5、128.7、128.1、127.8、114.3、55.4。

N- 对氯胺苯基苯甲酰胺（**32p**）。产率为 23%，熔点为 199 ～ 201 ℃（文献值为 199 ～ 200 ℃）；^{1}H NMR（400 MHz, $CDCl_3$），δ_H（ppm）7.87（d, J = 6.9 Hz, 2H），7.85 ～ 7.48（m, 6H），7.35（d, J = 6.5 Hz, 2H）；^{13}C NMR（100 MHz, $CDCl_3$），δ_H（ppm）166.2、138.5、135.1、132.2、129.0、128.9、128.1、127.8、122.4。

N- 对硝基苯基苯甲酰胺（**32q**）。产率为 19%，熔点为 197 ～ 199 ℃（文献值为 198 ～ 199 ℃）；^{1}H NMR（400 MHz, $CDCl_3$），δ_H（ppm）8.28（d, J = 9.0 Hz, 2H），8.06 ～ 7.84（m, 4H），7.62 ～ 7.52（m, 4H）；^{13}C NMR（100 MHz, $CDCl_3$），δ_H（ppm）166.9、145.8、142.9、134.6、132.7、129.0、128.3、125.2、120.4; HRMS（ESI+）为［M+H］$^+$，$C_{13}H_{11}N_2O_3$ 理论计算值为 243.077 0, 检测值为 243.077 9。

（Z）-N- 苯基苯并亚胺酸（**33m**）。白色块状晶体，产率为 16%，熔点为 152 ～ 154 ℃；^{1}H NMR（400 MHz, $CDCl_3$），δ_H（ppm）7.18（t, J = 7.4 Hz, 1H），7.40（t, J = 7.6 Hz, 2H），7.52（t, J = 7.4 Hz, 2H），7.58（t, J = 7.0 Hz, 1H），7.67（d, J = 8.4 Hz, 2H），7.82（s, 1H, —OH），7.89（d, J = 7.6 Hz, 2H）；^{13}C NMR（100 MHz, $CDCl_3$），δ_H（ppm）120.2、124.6、127.0、128.8、129.1、131.9、135.0、137.9、165.7; HRMS（ESI+）为［M+H］$^+$，$C_{13}H_{12}NO$ 理论计算值为 198.091 9，检测值为 198.095 4。X 射线单晶衍射数据的剑桥号为 CCDC1002344（图 5-43，表 5-15）。

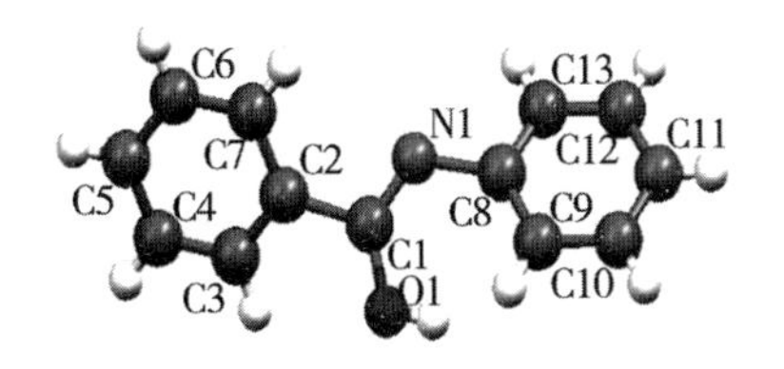

图 5–43　**33m** 的单晶衍射图

表 5–15　**33m** 的晶体学基本参数

晶体学基本参数	参数值	晶体学基本参数	参数值
分子式	$C_{13}H_{11}NO$	*σ*/（°）	72.70（3）
相对分子质量	197.23	*β*/（°）	78.72（3）
晶体大小 /mm	0.20 × 0.18 × 0.12	*γ*/（°）	89.94（3）
晶系	三斜晶系	体积 *V*/mm³	0.004 32
空间群	*P-1*	晶胞分子数 *Z*	2
晶胞参数		衍射实验温度 /K	113（2）
a/nm	0.537 31（11）	衍射波长 *λ*/nm	0.071 073
b/nm	0.805 85（16）	衍射光源	Mo kα
c/nm	1.249 3（3）	衍射角度 *θ*/（°）	1.99~27.90

（Z）-N- 氯苯基苯并亚胺酸（**33p**）。白色粉末，产率为 17%，熔点为 176 ～ 177 ℃，^{1}H NMR（400 MHz, $CDCl_3$），δ_H（ppm）7.36（d, *J* = 8.8 Hz, 2H），7.52（t, *J* = 7.6 Hz, 2H），7.58（t, *J* = 7.2 Hz, 1H），7.62（d, *J* = 8.8 Hz, 2H），7.84（s, 1H），7.88（d, *J* = 7.6 Hz, 2H）；^{13}C NMR（100 MHz, $CDCl_3$），δ_C（ppm）121.4、127.0、128.9、129.1、129.6、132.1、134.7、136.5、165.7; HRMS（ESI+）为［M+H］$^+$，$C_{13}H_{11}ClNO$ 理论计算值为 232.052 9，检测值为 232.054 1。

（±）-N-（2- 胺基 -2- 苯基亚乙基）苯胺（**34m**）。浅绿色固体，产率为 26%，熔点为 230 ～ 232 ℃；^{1}H NMR（400 MHz, $CDCl_3$），δ_H（ppm）5.32（q, 1H），5.89（s, 1H），6.62（d, 2H），6.82（t, 1H），7.20 ～ 7.30（m, 6H），7.47（t, 1H），7.77（d, 2H）；^{13}C NMR（100 MHz, $CDCl_3$），δ_C（ppm）65.9、69.3、113.4、119.0、128.4、128.5、129.4、133.6、135.9、145.0、196.8; HRMS（ESI+）为［M+H］$^+$，$C_{14}H_{15}N_2$ 理论计算值为 211.123 5，检测值为 211.125 4。

2-（邻甲苯基氨基）-3-（邻甲苯基亚氨基）丙腈（**35**）。白色固体，产率为 21%，熔点为 130 ～ 132 ℃；^{1}H NMR（400 MHz, $CDCl_3$），δ_H（ppm）2.10（s, 3H），2.30（s, 3H），4.47（s, 1H），6.75 ～ 7.27（m, 9H），7.47（d, 1H）；^{13}C NMR（100 MHz, $CDCl_3$），δ_C（ppm）17.0、17.5、87.2、112.5、114.3、119.7、120.3、123.1、123.4、125.1、127.4、127.5、130.9、131.2、137.9、140.3、141.9; HRMS（ESI）为［M+H］$^+$ $C_{17}H_{18}N_3$，理论计算值为 264.150 1，检测值为 264.149 5。

11. 1,4- 二氢吡嗪的固相光化学反应研究

筛选共晶模板：将少量的 1,4- 二氢吡嗪和备选模板分别平铺在载玻片的两侧，然后缓慢升高温度，随着温度升高，一部分物质熔化，一部分保持固态，在两种物质之间形成 1 个条状的接触区，再缓慢降温冷却至室温。在热载台显微镜下，缓慢升温，同时观察两种物质相互接触区，如果只出现 1 个低共熔点，说明两种物质之间没有相互作用，不能形成共晶；如果出现 2 个低共熔点和 1 个共晶点，两种物质之间能够形成共晶。

制备共晶：先向 1,4- 二氢吡嗪滴加苯，一边振荡一边滴加，直到 1,4- 二氢吡嗪完全溶解，再向此溶液加入等物质的量的模板化合物，然后一边振荡一边加入甲醇，直到所有样品完全溶解。盛样品溶液的容器不完全密封，让溶剂慢慢挥发；等溶剂剩余约 1/3 时，把析出的固体过滤分离。

检测共晶：先通过薄层色谱方法检测是否含有 1,4- 二氢吡嗪和光环合模板两种化合物；如果含有两种化合物，再用熔点仪检测晶体熔点是否单一熔点，或者用核磁共振确认两种化物的比例是否基本成整数比例。如果这些条件不满足，可以判断没有形成共晶；如果 2 个条件都满足，可以用 X 射线单晶衍射技术进一步确认。

N,N′- 二乙酰基 -1,4- 二氢吡嗪（**1b**）与硫脲的共晶数据：X 射线单晶衍射数据的剑桥号为 CCDC1002294，共晶数据见表 5-16。

表 5-16　**1b** 和硫脲共晶的晶体学基本参数

晶体学基本参数	参数值	晶体学基本参数	参数值
分子式	$C_{53}H_{80}N_{22}O_{12}S_5$	γ/（°）	90.00
相对分子质量	1 377.69	体积 V/mm³	0.004 32
晶体大小 /mm	0.20 × 0.18 × 0.12	计算密度 /（mg · m^{-3}）	1.377
晶系	单斜晶系	线性吸收系数 /mm^{-1}	0.249
空间群	$C2/c$	晶胞分子数 Z	4

续表

晶体学基本参数	参数值	晶体学基本参数	参数值
晶胞参数		晶胞电子的数目 F_{000}	2 912
a/nm	4.001 2（8）	衍射实验温度 /K	113（2）
b/nm	1.618 6（3）	衍射波长 λ/nm	0.071 073
c/nm	1.028 2（2）	衍射光源	Mo kα
σ/（°）	90.00	衍射角度 θ/（°）	2.265 ~ 27.860
β/（°）	93.64（3）	R 因子	4.87

表 5-17　**1c** 和硫脲共晶的晶体学基本参数

晶体学基本参数	参数值	晶体学基本参数	参数值
分子式	$C_{22}H_{36}N_8O_4S_2$	γ /（°）	90.00
相对分子质量	540.71	体积 V/mm³	0.004 32
晶体大小 /mm	0.20 × 0.18 × 0.12	计算密度 /（mg · m^{-3}）	1.282
晶系	单斜晶系	线性吸收系数 /mm^{-1}	0.232
空间群	$P2（1）/c$	晶胞分子数 Z	4
晶胞参数		晶胞电子的数目 F_{000}	1 152
a/nm	1.528 6（3）	衍射实验温度 /K	293（2）
b/nm	1.095 8（2）	衍射波长 λ/nm	0.071 073
c/nm	1.673 5（3）	衍射光源	Mo kα
σ/（°）	90.00	衍射角度 θ/（°）	2.221 9 ~ 27.882 4
β/（°）	91.88（3）	R 因子	5.46

N,N′- 二乙酰基 -2,3- 二甲基 -1,4- 二氢吡嗪（**1c**）与硫脲的共晶数据：X 射线单晶衍射数据剑桥号为 CCDC 1002295，共晶数据见表 5-17。

N,N′- 二乙酰基 -2,5- 二甲基 -1,4- 二氢吡嗪（**1d**）与硫脲的共晶数据：X 射线单晶衍射数据剑桥号为 CCDC 1002346，共晶数据见表 5-18。

表 5–18　**1d** 和硫脲共晶的晶体学基本参数

晶体学基本参数	参数值	晶体学基本参数	参数值
分子式	$C_{11}H_{18}N_4O_2S$	γ/（°）	90.00
相对分子质量	270.35	体积 V/mm³	0.004 32
晶体大小 /mm	0.40 × 0.10 × 0.10	计算密度 /（mg · m⁻³）	1.248
晶系	正交晶系	线性吸收系数 /mm⁻¹	0.226
空间群	*P21*	晶胞分子数 Z	4
晶胞参数		晶胞电子的数目 F_{000}	576
a/nm	0.852 71（17）	衍射实验温度 /K	293（2）
b/nm	1.120 7（2）	衍射波长 λ/nm	0.071 073
c/nm	1.505 9（3）	衍射光源	Mo kα
σ/（°）	90.00	衍射角度 θ/（°）	2.265 ～ 27.860
β/（°）	90.00	R 因子	4.29

N,N′- 二酰基 -1,4- 二氢吡嗪（**1**）共晶光化学通法：用 450 W 中压汞灯照射（经过 UVB 滤光片）共晶体，在室温条件下进行光化学反应，薄层色谱跟踪反应进程，当化合物 **1** 完全消失，将共晶放入二氯甲烷溶液，用水洗涤，干燥，除去二氯甲烷，得到产物 37。

顺式 -1,4,5,8- 四乙酰基 -1,4,4a,4b,5,8,8a,8b- 八氢双吡嗪（**37b**）。白色固体，产率为 98%，熔点为 283 ～ 286 ℃；^{1}H NMR（400 MHz, DMSO-d_6），δ_H（ppm）2.07 ～ 2.32（m, 12H），4.53 ～ 4.76（m, 2H），5.11 ～ 5.27（m, 2H），5.85 ～ 5.95（m, 2H），6.82 ～ 7.28（m, 2H）；^{13}C NMR（100 MHz, DMSO-d_6），δ_C（ppm）21.1、21.2、21.3、21.3、21.4、46.7、48.8、49.0、49.3、50.4、50.8、51.4、51.8、53.0、76.7、77.0、77.3、106.0、106.5、107.0、107.2、107.6、108.1、108.1、108.4、108.7、166.7、166.9、167.5、167.8、167.9; HRMS（ESI+）为［M+H］$^+$，$C_{16}H_{21}N_4O_4$ 理论计算值为 333.156 3，检测值为 333.154 5。X 射线单晶衍射数据的剑桥号为 CCDC1002343（图 5–44）。

顺式 -1,4,5,8- 四丙酰基 -1,4,4a,4b,5,8,8a,8b- 八氢双吡嗪（**37g**）。白色固体，产率为 98%，熔点为 292 ～ 296 ℃；^{1}H NMR（400 MHz, DMSO-d_6），δ_H（ppm）0.92 ～ 1.07（m, 12H），2.23 ～ 2.65（m, 8H），4.83 ～ 5.09（m, 4H），

6.00 ～ 6.50（m, 4H）；^{13}C NMR（100 MHz, DMSO-d_6），δ_C（ppm）9.3、9.3、9.4、9.4、25.8、25.9、26.1、26.3、26.4、45.8、46.9、48.5、49.0、49.1、50.6、51.5、52.1、53.3、56.5、105.5、105.8、107.0、107.3、107.6、107.9、108.4、108.5、169.6、169.7、170.0、170.5、170.6、170.7、170.9、171.0、171.1; HRMS（ESI+）为［M+H］$^+$，$C_{20}H_{29}N_4O_4$ 理论计算值为 389.218 9，检测值为 389.219 7。

顺式 -1,4,4a,4b,5,8,8a,8b- 八氢双吡嗪（**37**）固相光化学通法。将 **37** 的晶体继续在 310 nm 低压汞灯下光照 14d，待反应完全，处理得到 2,5,8,11- 四氮杂四星烷（**38**）。

2,5,8,11- 四乙酰基 -2,5,8,11- 四氮杂四星烷（**38b**）。白色固体，产率为 100%，熔点为 360 ～ 361 ℃；^{1}H NMR（400 MHz, DMSO-d_6），δ_H（ppm）1.95（q, 12H），4.89 ～ 4.97（m, 4H），5.27 ～ 5.42（m, 4H）；^{13}C NMR（100 MHz, DMSO-d_6），δ_C（ppm）20.9、21.0、21.2、46.7、46.9、47.3、47.4、47.9、52.3、52.6、52.7、53.0、53.2、79.1、79.4、79.8、169.3、169.5、169.8; HRMS（ESI+）为［M+H］$^+$，$C_{16}H_{21}N_4O_4$ 理论计算值为 333.156 3，检测值为 333.154 4。

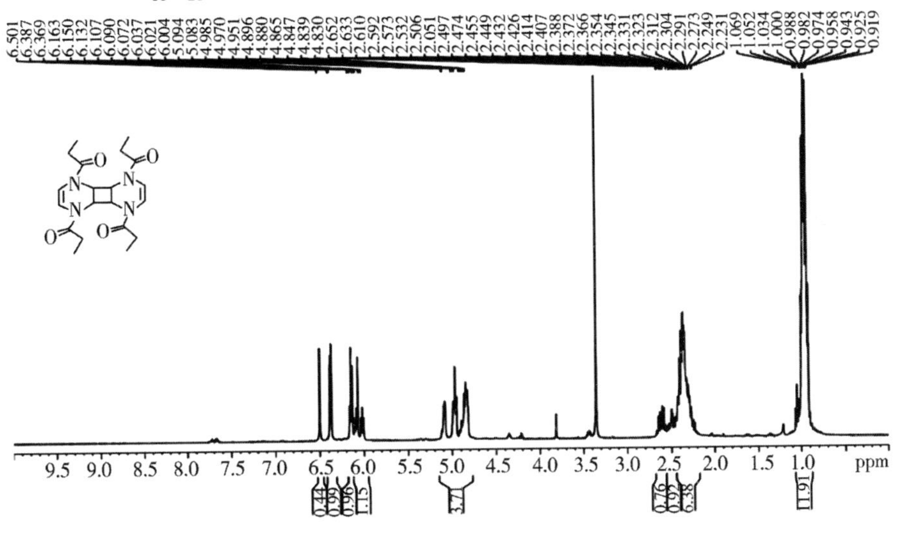

图 5-44 共晶光化学法合成 37b

2,5,8,11- 四丙酰基 -2,5,8,11- 四氮杂四星烷（**38g**）。白色固体，产率为 100%，熔点为 280 ～ 285 ℃；^{1}H NMR（400 MHz, DMSO-d_6），δ_H（ppm）0.89 ～ 0.96（m, 12H），2.22 ～ 2.38（m, 8H），4.93 ～ 5.01（m, 4H），5.30 ～ 5.42（m, 4H）；^{13}C NMR（100 MHz, DMSO-d6），δ_C（ppm）8.2、8.2、8.3、8.4、24.8、24.9、25.0、25.2、25.4、44.7、44.9、45.3、45.5、45.9、50.8、51.0、51.2、52.3、

77.1、77.5、77.8、169.4、169.5、169.6; HRMS（ESI+）为［M+H］$^+$，$C_{20}H_{29}N_4O_4$ 理论计算值为 389.218 9，检测值为 389.218 2。

12. 1- 芳基 -1,4- 二氢吡嗪（**2**）的光化学反应

在选定的 320 ～ 440 nm 光波长照射下，对 1- 芳基 -1,4- 二氢吡嗪的（**2**）光化学反应进行了研究。以 **2a**（X 为 H）的光化学反应研究为例，系统研究了溶剂种类、溶液浓度和光敏剂等因素对光化学反应的影响。

溶剂种类的影响。选择乙腈、苯、丙酮、乙酸乙酯、四氢呋喃等为 **2a** 光化学反应溶剂，光反应条件为：浓度 0.05 mol/L，340 ～ 420 nm［450 W 中压汞灯，$CuSO_4 \cdot 5H_2O$ 0.44 g/25mL $NH_3 \cdot H_2O$（25 %，体积分数）溶液过滤光波］辐射，5 %（体积分数）二苯甲酮作光敏剂。反应结束，除四氢呋喃为溶剂的光反应之外的其他溶剂中的反应，均分离得到了 1- 芳基咪唑 -5- 甲酸乙酯（**18a**），其中，以苯为溶剂的光反应时间为 3 h，反应速度最快（图 5-45，表 5-19）。

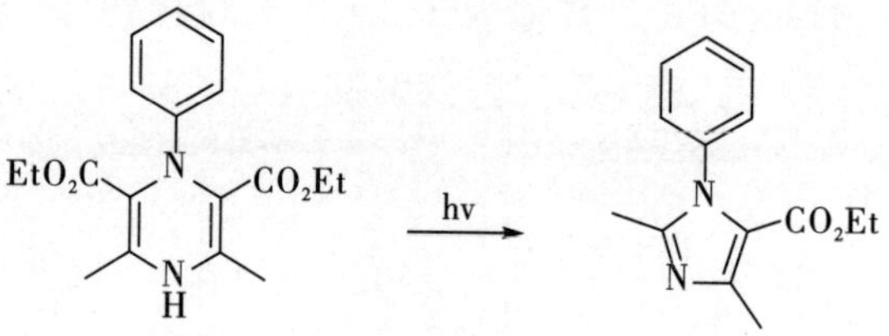

EtO2C CO2Et N N H hv N N CO2Et
2a **18a**

图 5-45　1,4- 二芳基 -1,4- 二氢吡嗪（2a）的光化学反应

表 5-19　不同溶剂对光化学产物 18a 产率的影响

溶剂	光照时间 /h	产率 /%
苯	3	35
乙腈	10	23
四氢呋喃	12	15
丙酮	8	25
乙酸乙酯	7	26
甲醇：苯 =1：1	5	23

在 **2a** 的四氢呋喃作为溶剂的光反应中，除分离得到 **18a** 之外，还分离得到 4-（4,5- 二氢 - 呋喃 -2- 基）-1- 苯基 -3,5- 二甲基 -1,4- 二氢吡嗪 -2,6- 二甲酸二

乙酯（**19a**）（图 5-46）。

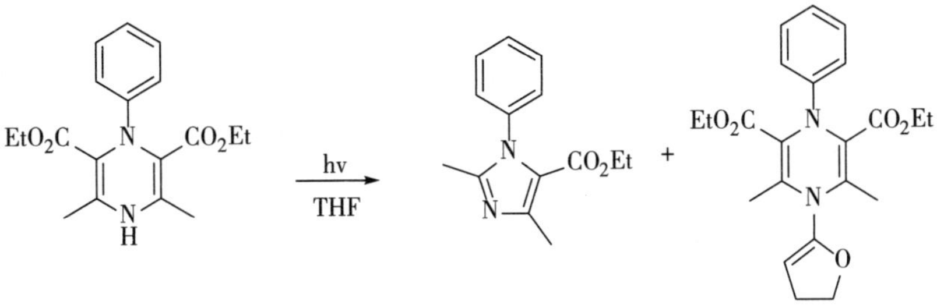

$$\text{2a} \xrightarrow[\text{THF}]{h\nu} \text{18a} + \text{19a}$$

2a　　**18a**　　**19a**

图 5-46　溶剂对 1,4- 二芳基 -1,4- 二氢吡嗪（2a）的光化学反应的影响

溶液浓度的影响。选择光反应的 **2a** 溶液浓度分别为 0.003 mol/L、0.005 mol/L、0.05 mol/L、0.1 mol/L，光反应条件为 340 ~ 420 nm［450 W 中压汞灯，$CuSO_4 \cdot 5H_2O$ 0.44 g/25 mL $NH_3 \cdot H_2O$（25 %，体积分数）溶液过滤光波］辐射，5 %（体积分数）二苯甲酮作光敏剂，以无水苯作溶剂（表 5-20）。

表 5-20　**2a** 溶液浓度对光反应生成 **18a** 的影响

浓度 /（$mol \cdot L^{-1}$）	时间 /h	产率 /%
0.003	1.5	40
0.005	1.5	44
0.05	3	35
0.1	5	23

发现 **2a** 溶液较低浓度 0.005 mol/L，光化学转化为 **18a** 速率较快，产率较高（表 5-20）。所以选择 0.005 mol/L 为光反应溶液的浓度。

光敏剂对光反应的影响。选取苯乙酮、二苯甲酮、蒽酮等不同的光敏剂，光化学反应条件为 340 ~ 420 nm［450 W 中压汞灯，$CuSO_4 \cdot 5H_2O$ 0.44 g/25 mL $NH_3 \cdot H_2O$（25 %，体积分数）溶液过滤光波］辐射，无水苯作溶剂，溶液浓度 0.005 mol/L。实验结果表明：在没有光敏剂存在的条件下，反应需要 5 h 完成，**18a** 产率较低；而有光敏剂存在的条件下，反应时间可缩短到 1.5 h；不同种类的光敏剂对光化学反应催化效果没有明显区别，而光敏剂用量在 5 %（体积分数）时光化学反应的速度最好。因此选择 5 %（体积分数）的二苯甲酮作为光敏剂催化光化学反应。

在 **2a** 的光反应条件研究的基础上，确定 1- 芳基 -1,4- 二氢吡嗪（**2**）的光化学反应条件是，在 340 ～ 420 nm［450 W 中压汞灯，$CuSO_4 \cdot 15H_2O$ 0.44 g/25 mL $NH_3 \cdot H_2O$（25 %，体积分数）溶液过滤光波］辐射，无水苯作溶剂，溶液浓度为 0.005 mol/L，5 %（体积分数）二苯甲酮的光敏剂。**2** 的光化学反应，均分离得到 2,4–二甲基 -1- 芳基 - 咪唑 -5- 甲酸乙酯（**18**）（图 5–47，表 5–21）。

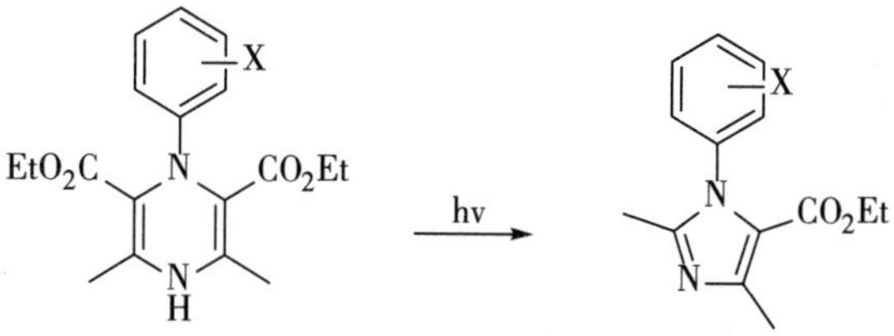

图 5–47　1,4– 二芳基 –1,4– 二氢吡嗪（**2**）的光化学反应

表 5–21　2,4– 二甲基 –1– 芳基 – 咪唑 –5– 甲酸乙酯（**18**）的产率

化合物	产率 /%	化合物	产率 /%
18a	43	**18g**	40
18b	35	**18h**	37
18c	38	**18i**	35
18d	35	**18j**	34
18e	36	**18k**	36
18f	35		

2g（X 为 4—Cl）的光化学产物，除了得到 **18g**，还得到 3- 甲基 -1- 芳基 -1H- 咪唑 -2,5- 二甲酸二乙酯（**20g**）（图 5–48）。

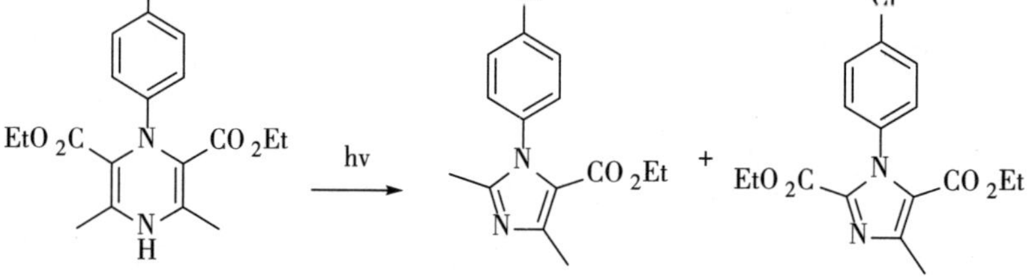

图 5–48　1,4– 二芳基 –1,4– 二氢吡嗪（**2g**）的光化学反应

2i（X 为 4—CO_2Et）的光化学产物，除了得到 2,4- 二甲基 -1- 对乙氧羰基苯

基 -1H- 咪唑 -5- 甲酸乙酯（**18i**），还得到 3- 甲基 -1H- 吲哚 -2,5- 二甲酸二乙酯（**21i**）（图 5-49）。

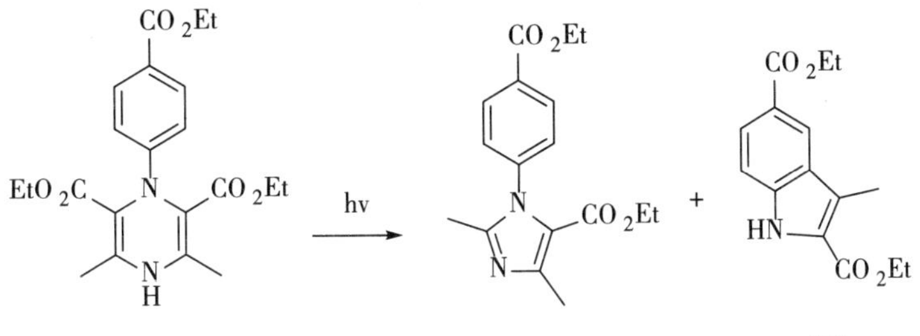

2i　　**18i**　　**21i**

图 5-49　1,4- 二芳基 -1,4- 二氢吡嗪（2i）的光化学反应

2 的光化学反应机理的推测。1- 苯基 -1,4- 二氢吡嗪（**2a**）生成光化学产物 **19a** 的机理。**19a** 的生成是溶剂—四氢呋喃和 1- 芳基 -1,4- 二氢吡嗪（**2a**）发生反应得到的。其反应机理同 Tzirakis 报道的富勒烯与呋喃的光反应机理相似 。初步推断为光敏剂催化作用下的自由基反应。吡嗪环上含有 2 个富电子的氮原子，在紫外光激发以及光敏剂二苯甲酮的催化作用下，转化为三线态 **2a**^{3*}，**2a**^{3*} 氮上的活泼氢不稳定容易形成自由基（**2a′**）。THF 在光照条件和光敏剂催化作用下，可以生成四氢呋喃自由基。1- 芳基 -1,4- 二氢吡嗪自由基（**2a′**）以及四氢呋喃自由基发生加成反应，再在光引发作用下脱去一分子 H_2 生成 **19a**，反应历程推测如下（图 5-50）。

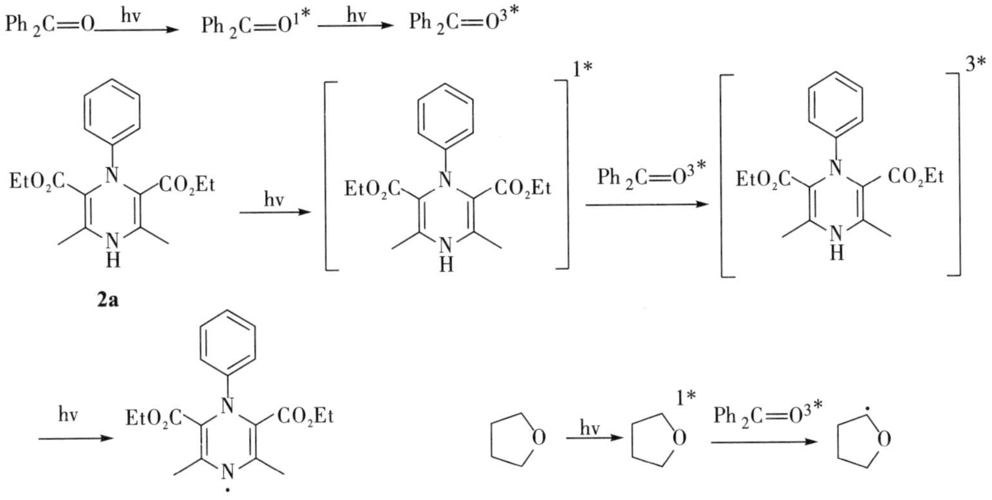

$Ph_2C{=}O \xrightarrow{h\nu} Ph_2C{=}O^{1*} \xrightarrow{h\nu} Ph_2C{=}O^{3*}$

2a　　**2a′**

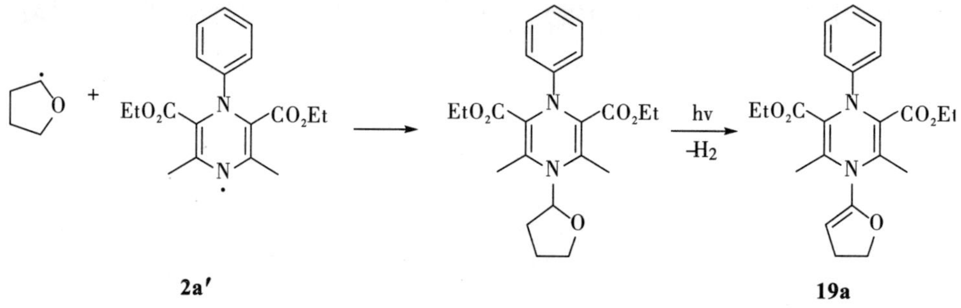

O + EtO_2C N CO_2Et N → EtO_2C N CO_2Et N O $\xrightarrow[-H_2]{hv}$ EtO_2C N CO_2Et N O

2a′ 19a

图 5-50 1-苯基-1,4-二氢吡嗪（2a）生成光化学产物 19a 的机理

1-芳基-1,4-二氢吡嗪（**2**）生成光化学产物（**18**、**20**、**21**）的机理。根据光化学反应产物，推测形成 **18**、**20**、**21** 与 **19a** 的光化学反应都经历了相同的中间体，即 **2** 在光照条件下，生成自由基 **2′**。由于 **2′** 结构中存在较大的烯酮共轭体系，可以分别形成 **2″**、**2‴** 和 **2⁗** 等共振结构。不同的共振式分子失去相应的小分子生成光化学产物 **18**、**20**、**21**（图 5-51）。

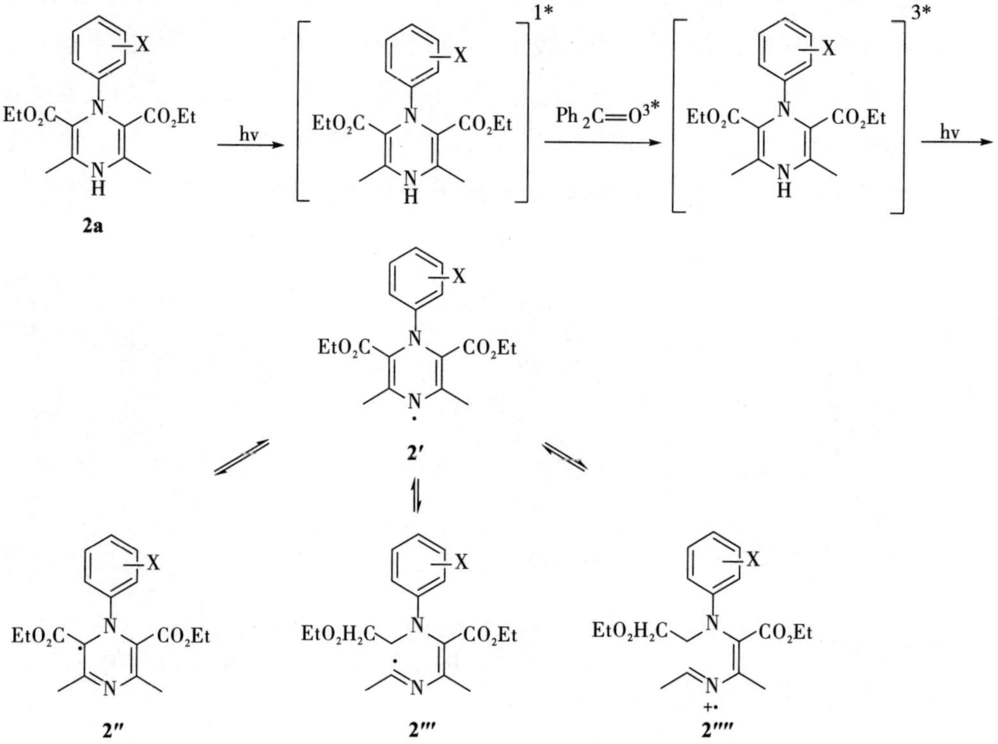

X EtO_2C N CO_2Et N H $\xrightarrow{hv}$ [X EtO_2C N CO_2Et N H]^{1*} $\xrightarrow{Ph_2C=O^{3*}}$ [X EtO_2C N CO_2Et N H]^{3*} $\xrightarrow{hv}$

2a

X EtO_2C N CO_2Et N

2′

X EtO_2C N CO_2Et N

2″

X EtO_2H_2C N CO_2Et N

2‴

X EtO_2H_2C N CO_2Et N +•

2⁗

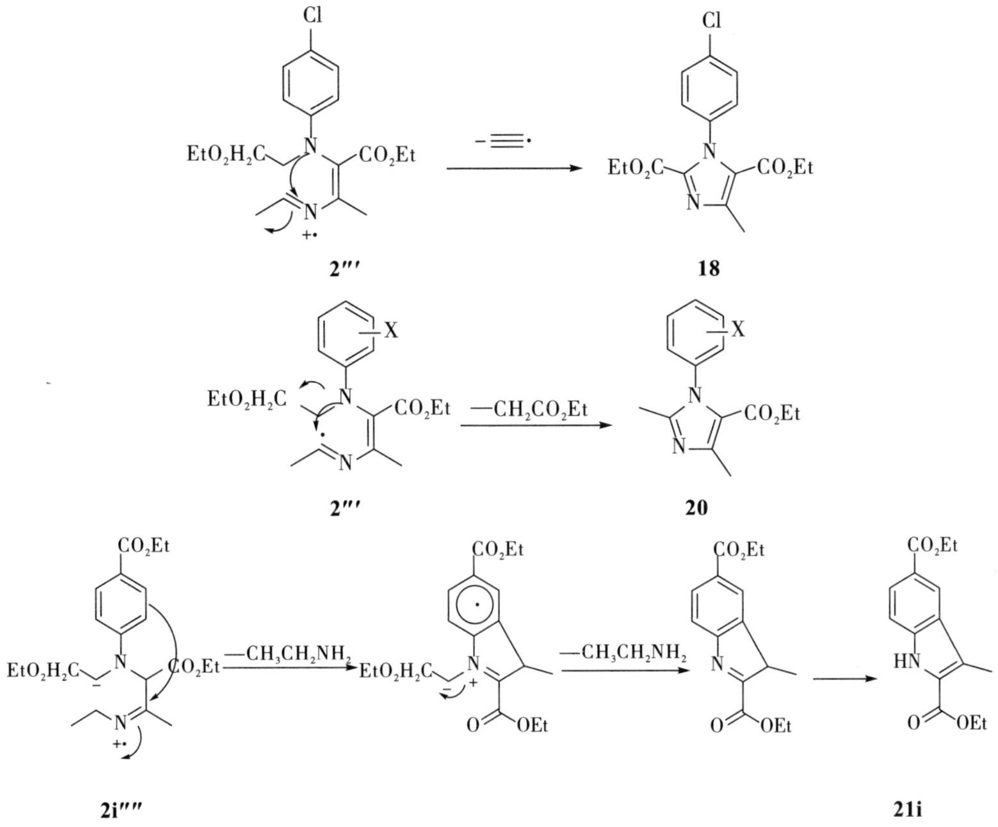

图 5–51　1– 苯基 –1,4– 二氢吡嗪（2a）光化学反应机理

其中自由基中间体 **2**，因为有对位乙氧羰基的共轭诱导效应可以形成稳定的共振式存在，有利于形成 3– 甲基 –1H– 吲哚 –2,5– 二甲酸二乙酯（**21i**）（图 5–52）。

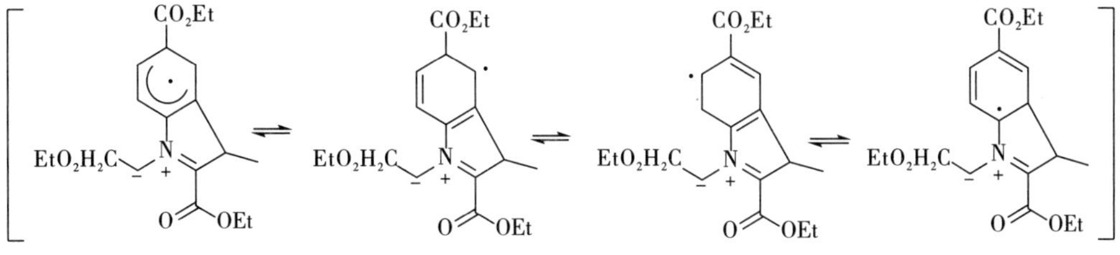

图 5–52　2 稳定的自由基共振式

从以上实验结果可以看出，1– 芳基 –1,4– 二氢吡嗪 –2,6– 二甲酸二乙酯在光照条件下，直接生成 1H– 咪唑 –5– 甲酸酯。而咪唑类化合物的传统合成方法是以二酮、醛、伯胺、氨水或醋酸铵为原料，在醋酸中经回流而得到的，存在反应时

间长（12 ～ 24 h）、产率低（30 % ～ 70 %）等问题。因此，对 1- 芳基 -1,4- 二氢吡嗪 -2,6- 二甲酸二乙酯的光反应的深入研究，特别是其生成机理的研究，可以为咪唑类化合物的合成提供一种绿色的光化学新方法。

1,4- 二芳基 -1,4- 二氢吡嗪的光化学反应研究。在选定的 320 ～ 440 nm 光波长照射下，参照 4- 芳基 -1,4- 二氢吡嗪（**2**）的光反应研究的条件，对 1,4- 二芳基 -1,4- 二氢吡嗪的（**3a**）光化学反应进行了研究。发现 **3a** 光化学反应完成后，薄层色谱检测生成了 2 个光化学反应产物。但生成的光化学产物很不稳定，在柱层析分离过程中发生分解。该实验结果证明了 3 可以发生光化学反应，今后有待对其产物的分离进一步研究。

1,4- 二氢吡嗪的光化学产物结构解析。2,4- 二甲基 -1- 苯基 - 咪唑 -5- 甲酸乙酯（**18a**）的图谱解析。

18a 的 ^{1}H NMR（400 MHz, $CDCl_3$），δ1.06 ～ 1.10（m, 3H, —$CO_2CH_2CH_3$），2.17（s, 3H, —CH_3），2.53（s, 3H, —CH_3），4.06 ～ 4.11（m, 2H, —$CO_2CH_2CH_3$），7.18 ～ 7.20（m, 2H, Ar—H），7.46 ～ 7.48（m, 3H, Ar—H）；^{13}C NMR（100 MHz, $CDCl_3$），δ13.7、13.9、15.2、59.8、120.6、127.3、128.7、129.0、137.8、146.9、148.6、160.3；MS ESI m/z（%）为 245.1［M+H］$^+$。

从核磁共振氢谱可以判断 **18a** 结构中含有 16 个 H 原子，而且结构中没有活泼 H 原子存在，所以结构中的 N 原子上没有 H 原子，δ 值 7.18 ～ 7.48 对应芳环上的 5 个 H，δ 值 4.06 ～ 4.11 对应—$CO_2CH_2CH_3$ 上 2 个 H，δ 值 2.17 和 2.53 对应咪唑环上 2 个—CH_3 的 6 个 H 原子，δ 值 1.06 ～ 1.10 对应—$CO_2CH_2CH_3$ 上的 3 个 H 原子；从核磁共振碳谱可以判断结构中共有不同的 12 个 C 原子峰，由于芳环上结构的对称性，可以判断结构中有 14 个 C 原子。综合这些谱图数据，推导出 **18a** 为 2,4- 二甲基 -1- 苯基 - 咪唑 -5- 甲酸乙酯。

经过 X 射线单晶衍射图谱分析（图 5-86）（剑桥号为 CCDC720995），进一步证实 **18a** 为 2,4- 二甲基 -1- 苯基 - 咪唑 -5- 甲酸乙酯（图 5-53，表 5-22）。

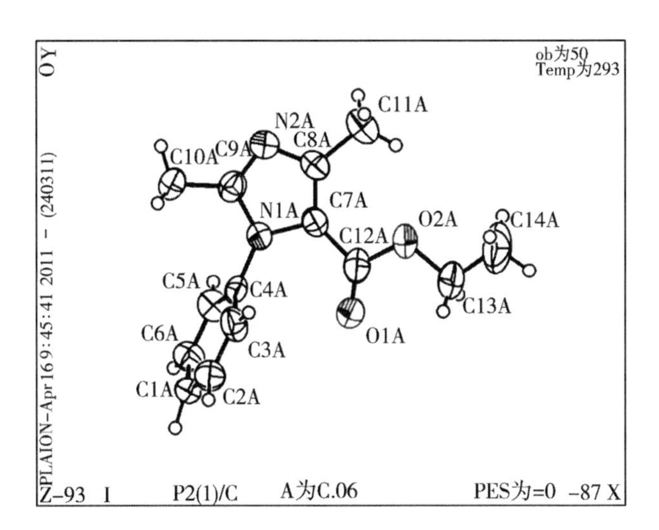

图 5–53　**18a** 的单晶衍射图

表 5–22　**18a** 的晶体学基本参数

晶体学基本参数	参数值	晶体学基本参数	参数值
分子式	$C_{14}H_{16}N_2O_2$	体积 V/mm³	0.048
相对分子质量	244.28	计算密度 /（mg · m^{-3}）	1.403
晶体大小 /mm	0.40 × 0.40 × 0.30	线性吸收系数 /mm^{-1}	0.28
晶系	单斜晶系	晶胞分子数 Z	8
空间群	$P2_1/n$	晶胞电子的数目 F_{000}	632
晶胞参数		衍射实验温度 /K	293（2）
a/nm	1.944 6（4）	衍射波长 λ/nm	0.071 073
b/nm	0.754 96（15）	衍射光源	Mo kα
c/nm	2.014 5（4）	衍射角度 θ/（°）	1.6 ～ 27.9
β/（°）	9.765（3）		

4-（4,5- 二氢 - 呋喃 -2- 基）-1- 苯基 -3,5- 二甲基 -1,4- 二氢吡嗪 -2,6- 二甲酸二乙酯（**19a**）的图谱解析。**19a** 的 ^{1}H NMR（400 MHz, $CDCl_3$），δ1.21 ～ 1.25（m, 6H, —$CO_2CH_2CH_3$），1.84 ～ 1.88（m, 2H, —CH_2—），2.50（s, 6H, —CH_3），3.74 ～ 3.97（m, 2H, O—CH_2—），4.19 ～ 4.25（m, 4H,—$CO_2CH_2CH_3$），5.25 ～ 5.28（m, 1H, $-\overset{\backslash}{C}=\underset{H}{C}-$），6.57 ～ 7.27（m, 5H, Ar—H）；^{13}C NMR（100 MHz, $CDCl_3$），δ14.3、

17.8、60.2、69.5、103.1、109.8、113.1、119.6、128.5、145.7、147.9、150.5、166.2; MS ESI m/z（%）为 421.2［M+Na］$^{+}$, 437.2［M + K］$^{+}$。

从核磁共振氢谱可以判断 **19a** 结构中含有 26 个 H 原子，而且结构中没有活泼氢存在，所以结构中的氮原子上没有氢，δ 值 6.57 ～ 7.27 对应芳环上的 5 个 H 原子，δ 值 5.25 ～ 5.28 对应呋喃环上双键上的单氢（ 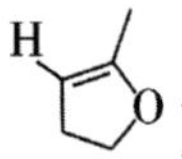 ），δ 值 4.19 ～ 4.25 对应 2 个—$CO_2CH_2CH_3$ 上 4 个 H 原子，δ 值 3.74 ～ 3.97 对应呋喃环上临近 O 原子的碳上两个 H 原子（ 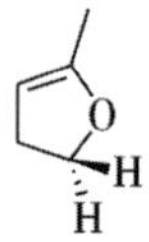 ），δ 值 2.50 对应吡嗪环上 2 个—CH_3 的 6 个 H 原子，δ 值从 1.84 ～ 1.88 为呋喃环上远离氧原子的碳上 2 个 H 原子（ 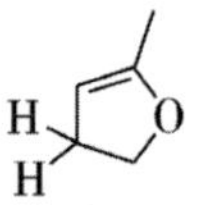 ），δ 值从 1.21~1.25 为—$CO_2CH_2CH_3$ 的 6 个 H 原子；从核磁共振碳谱可以判断，结构中共有 14 种不同的 C 原子峰，由于芳环及吡嗪环结构的对称性，可以判断结构中有 22 个 C 原子。由化合物质谱可知分子量为 398.4，根据 N 规则，化合物应该含有偶数个 N 原子。综合这些谱图数据，推导出 **19a** 为 4-（4,5- 二氢 - 呋喃 -2- 基）-1- 苯基 -3,5- 二甲基 -1,4- 二氢吡嗪 -2,6- 二甲酸二乙酯。

3- 甲基 -1-（对氯苯基）-1H- 咪唑 -2,5- 二甲酸二乙酯（**20g**）的图谱解析。**20g** 的 ^{1}H NMR（400 MHz, $CDCl_3$），δ1,28 ～ 1.31（m, 6H, —CH_3），2.16（s, 3H, —CH_3），4.13 ～ 4.34（m, 4H, —CH_2—），7.18（d, 2H, Ar—H, J = 8.4 Hz），7.45（d, 2H, Ar—H, J = 8.4 Hz）；^{13}C NMR（100 MHz, $CDCl_3$），δ13.8、14.0、15.5、60.9、62.1、128.4、128.8、135.1、136.3、147.5、157.8、159.6、206.8、206.9；HRMS—EI（m/z）为 337.089 7［M+H］$^{+}$。

从核磁共振氢谱可以判断 **20g** 结构中含有 17 个 H 原子，而且结构中没有活泼氢存在，所以结构中的 N 原子上没有 H 原子，δ7.18 和 7.45 对应芳环上的 4 个 H 原子，δ 值 4.13 ～ 4.34 对应 2 个—$CO_2CH_2CH_3$ 上的 4 个 H 原子，δ 值 2.16 对应咪唑环上—CH_3 的 3 个 H 原子，δ1,28 ～ 1.31 对应 2 个—$CO_2CH_2CH_3$ 上的 6 个 H 原子；从核磁共振碳谱可以判断结构中共有不同的 14 个 C 原子峰，由于芳环上结构的对称性，可以判断结构中有 16 个 C 原子；由 HRMS 图谱可知其分子量 336，为偶数，根据 N 规则 **20g** 中只能含有偶数个 N 原子。综合这些谱图数据，

推导出 **20g** 为 3- 甲基 -1-（对氯苯基）-1H- 咪唑 -2,5- 二甲酸二乙酯。

3- 甲基 -1H- 吲哚 -2,5- 二甲酸乙酯（**21i**）的图谱解析。**21i** 的核磁共振氢谱所示，^{1}H NMR（400 MHz, DMSO-d_6），δ1.32 ～ 1.38（m, 6H, —$CO_2CH_2CH_3$），2.57（s, 3H, —CH_3），4.31 ～ 4.37（m, 4H, —$CO_2CH_2CH_3$），7.47（d, 2H, Ar—H, J = 8.8 Hz），7.85（d, 2H, Ar—H, J = 8.8 Hz），8.33（s, 1H, —C=CH—），11.88（s, 1H, NH）；核磁共振碳谱所示，^{13}CNMR（100 MHz, DMSO-d_6），δ166.8、162.1、139.0、127.7、125.8、125.3、123.4、121.7、120.3、112.8、60.9、60.8、14.8、14.7、10.2；红外谱图所示，IR（KBr）3 332 cm^{-1}、2 929 cm^{-1}、1 684 cm^{-1}、1 615 cm^{-1}、1 659 cm^{-1}、1 548 cm^{-1}、1 481 cm^{-1}、1 440 cm^{-1}、1 385 cm^{-1}、1 365cm^{-1}、1 344cm^{-1}、1 296cm^{-1}、1 249 cm^{-1}、1 188 cm^{-1}、1 137 cm^{-1}、1 113 cm^{-1}、1 023 cm^{-1}。MS ESI m/z（%）为 274.1［M−H］$^-$。

根据 **21i** 的 ^{1}H NMR、^{13}C NMR、^{1}H-^{13}C NMR、IR 等图谱进行结构推导。从核磁共振氢谱图可推断，**21i** 的结构中含有 17 个 H 原子，其中含有 1 个活泼氢；从核磁共振碳谱推断，**21i** 的结构中含有 15 个 C 原子；从红外图谱判断，在 3 332 cm^{-1} 处有吸收峰，表明 **21i** 结构活泼氢为 >N—H；由 MS 可知其分子量 275.3，为奇数，根据 N 规则 **21i** 中只能含有奇数个 N 原子。综合这些谱图数据，推导出 **21i** 为 3- 甲基 -1H- 吲哚 -2,5- 二甲酸乙酯。

1,4- 二氢吡嗪（**2**）的光化学研究。1- 芳基 -1,4- 二氢吡嗪（**2**）的光化学反应通法。将 1 × 10^{-3} mol 1- 芳基 -1,4- 二氢吡嗪 1 溶解在 200 mL 无水苯中，氮气保护，用 450 W 中压汞灯照射，$CuSO_4 \cdot 5H_2O$ 0.44 g/25 mL $NH_3 \cdot H_2O$（25 %，体积分数）溶液为滤光液，5 %（体积分数）二苯甲酮作光敏剂，室温条件下进行光化学反应。薄层色谱跟踪反应进程，产物经柱层析分离（石油醚 / 乙酸乙酯 = 20/3）得到光化学产物 **18** ～ **21**。

2,4- 二甲基 -1- 苯基 -1H- 咪唑 -5- 甲酸乙酯（**18a**）。产率为 43%。^{1}H NMR（400 MHz, $CDCl_3$），δ1.12 ～ 1.15（m, 3H, —$CO_2CH_2CH_3$），2.17（s, 3H, —CH_3），2.52（s, 3H, —CH_3），4.06 ～ 4.11（m, 2H, —$CO_2CH_2CH_3$），7.18 ～ 7.20（m, 2H, Ar—H），7.46 ～ 7.48（m, 3H, Ar—H）。^{13}C NMR（100 MHz, $CDCl_3$），δ12.4、12.5、15.2、59.8、120.6、127.3、129.4、137.8、146.9、148.6、160.3。MS ESI m/z（%）为 245.1［M+H］$^+$。

2,4- 二甲基 -1- 对甲苯基 -1H- 咪唑 -5- 甲酸乙酯（**18b**）。产率为 35 %，^{1}H NMR（400 MHz, $CDCl_3$），δ1.02 ～ 1.13（m, 3H, —$CO_2CH_2CH_3$），2.18（s,

3H, —CH_3) , 2.28 (s, 3H, —CH_3) , 2.53 (s, 3H, —CH_3) , 4.07 ~ 4.12 (m, 2H, —$CO_2CH_2CH_3$) , 7.18 ~ 7.21 (d, 2H, Ar—H, J = 8.8 Hz) , 7.46 ~ 7.48 (d, 3H, Ar—H, J = 8.8 Hz)。^{13}C NMR (100 MHz, $CDCl_3$) ，δ12.4、12.5、13.1、15.5、59.5、120.8、127.5、129.7、137.3、146.7、148.9、161.4。MS ESI m/z (%) 为 259.2 [M+H]$^+$。

2,4- 二甲基 -1- 间甲苯基 -1H- 咪唑 -5- 甲酸乙酯（**18c**）。产率为 38 %。^{1}H NMR (400 MHz, $CDCl_3$) ，δ1.09 ~ 1.11 (m, 3H, —$CO_2CH_2CH_3$) , 2.19 (s, 3H, —CH_3) , 2.52 (s, 3H, —CH_3) , 4.08 ~ 4.13 (m, 2H, —$CO_2CH_2CH_3$) , 6.72 ~ 7.39 (m, 4H, Ar—H)。^{13}C NMR (100 MHz, $CDCl_3$) ,δ12.3、12.5、13.3、16.6、60.3、120.5、127.2、129.7、136.5、145.6、148.3、162.1。MS ESI m/z(%) 为 259.2 [M+H]$^+$。

2,4- 二甲基 -1- 对硝基苯基 -1H- 咪唑 -5- 甲酸乙酯（**18d**）。产率为 35 %。^{1}H NMR (400 MHz, $CDCl_3$) ，δ1.15 ~ 1.18 (m, 3H, —$CO_2CH_2CH_3$) , 2.22 (s, 3H, —CH_3), 2.55 (s, 3H, —CH_3), 4.11 ~ 4.16 (m, 2H, —$CO_2CH_2CH_3$), 7.54 ~ 8.35 (m, 4H, Ar—H)。^{13}C NMR (100 MHz, $CDCl_3$) ，δ13.7、13.9、15.2、59.8、120.6、127.3、128.7、129.6、137.8、146.9、148.6、160.3。MS ESI m/z(%) 为 289.3 [M]$^+$。

2,4- 二甲基 -1- 间硝基苯基 -1H- 咪唑 -5- 甲酸乙酯（**18e**），产率为 36 %。^{1}H NMR (400 MHz, $CDCl_3$) ，δ1.15 ~ 1.19 (m, 3H, —$CO_2CH_2CH_3$) , 2.23 (s, 3H, —CH_3) , 2.54 (s, 3H, —CH_3) , 4.11 ~ 4.16 (m, 2H, —$CO_2CH_2CH_3$) , 7.56 ~ 8.38 (m, 4H, Ar—H)。^{13}C NMR (100 MHz, $CDCl_3$) ，δ13.6、13.8、15.5、61.3、120.8、126.5、128.7、129.6、137.5、146.9、147.4、160.8。MS ESI m/z (%) 为289.3 [M]$^+$。

2,4- 二甲基 -1- 对甲氧基苯基 -1H- 咪唑 -5- 甲酸乙酯（**18f**）。产率为 35 %。^{1}H NMR (400 MHz, $CDCl_3$) ，δ1.10 ~ 1.13 (m, 3H, —$CO_2CH_2CH_3$) , 2.19 (s, 3H, —CH_3) , 2.55 (s, 3H, —CH_3) , 3.82 (s, 3H, —CH_3) , 4.08 ~ 4.13 (m, 2H, —$CO_2CH_2CH_3$) , 6.72 ~ 7.39 (m, 4H, Ar—H)。^{13}C NMR (100 MHz, $CDCl_3$) ，δ13.7、13.9、15.2、59.8、62.3、120.6、127.3、128.7、129、137.8、146.9、148.6、160.3。MS ESI m/z (%) 为 297.3 [M+Na]$^+$。

2,4- 二甲基 -1- 对氯苯基 -1H- 咪唑 -5- 甲酸乙酯（**18g**）。产率为 40 %。^{1}H NMR (400 MHz, $CDCl_3$) ，δ1.14 ~ 1.17 (m, 3H, —$CO_2CH_2CH_3$) , 2.18 (s, 3H, —CH_3), 2.53 (s, 3H, —CH_3), 4.10 ~ 4.15 (m, 2H, —$CO_2CH_2CH_3$), 7.14 ~ 7.16 (d, 2H, Ar—H, J = 8.8 Hz) , 7.45 ~ 7.47 (d, 3H, Ar—H, J = 8.8 Hz)。^{13}C NMR (100 MHz, $CDCl_3$) ，δ13.7、13.9、15.5、59.8、120.6、127.3、128.7、129.4、137.8、146.9、148.6、160.3。MS ESI m/z (%) 为 301.2 [M+Na]$^+$。

2,4-二甲基-1-间氯苯基-1H-咪唑-5-甲酸乙酯（**18h**）。产率为37 %。^{1}H NMR（400 MHz, $CDCl_3$），δ1.10～1.14（m, 3H, —$CO_2CH_2CH_3$），2.19（s, 3H, —CH_3），2.53（s, 3H, —CH_3），4.09～4.14（m, 2H, —$CO_2CH_2CH_3$），7.09～7.48（m, 4H, Ar—H）。^{13}C NMR（100 MHz, $CDCl_3$），δ13.8、13.9、15.5、59.8、121.6、127.5、128.7、129.3、137.8、146.1、148.8、160.5。MS ESI m/z（%）为301.2［M+Na］$^{+}$。

2,4-二甲基-1-对乙氧羰基苯基-1H-咪唑-5-甲酸乙酯（**18i**）。产率为35 %。^{1}H NMR（400 MHz, $CDCl_3$），δ1.09～1.13（m, 3H, —$CO_2CH_2CH_3$），1.39～1.43（m, 3H, —$CO_2CH_2CH_3$), 2.20（s, 3H, —CH_3), 2.54（s, 3H, —CH_3), 4.08～4.13（m, 2H, —$CO_2CH_2CH_3$)，4.38～4.44（m, 2H, —$CO_2CH_2CH_3$），7.27（d, 2H, Ar—H, J = 8.8 Hz），8.17（d, 2H, Ar—H, J = 8.8 Hz）。^{13}C NMR（100 MHz, $CDCl_3$），δ13.7、13.9、15.2、15.6、59.8、60.6、120.6、127.3、128.7、129.6、137.8、146.9、148.6、160.5、160.8。MS ESI m/z（%）为317.3［M+H］$^{+}$。

2,4-二甲基-1-（2,5-二氟）苯基-1H-咪唑-5-甲酸乙酯（**18j**）。产率为34 %。^{1}H NMR（400 MHz, $CDCl_3$），δ1.26（m, 3H, —$CO_2CH_2CH_3$），2.17（s, 3H, —CH_3), 2.53（s, 3H, —CH_3), 4.06～4.11（m, 2H, —$CO_2CH_2CH_3$), 7.18～7.20（m, 2H, Ar—H），7.46～7.48（m, 3H, Ar—H）；^{13}C NMR（100 MHz, $CDCl_3$），δ13.7、13.9、15.2、59.8、120.6、127.3、128.7、129、137.8、146.9、148.6、160.3。MS ESI m/z（%）为245.1［M+H］$^{+}$。

2,4-二甲基-1-(3,5-二三氟甲基）苯基-1H-咪唑-5-甲酸乙酯（**18k**）。产率：36 %。^{1}H NMR（400 MHz, $CDCl_3$），δ1.09～1.12（m, 3H, —$CO_2CH_2CH_3$), 2.25（s, 3H, —CH_3），2.55（s, 3H, —CH_3），4.09～4.14（m, 2H, —$CO_2CH_2CH_3$），7.70（s, 2H, Ar—H），8.00（s, 1H, Ar—H）。^{13}C NMR（100 MHz, $CDCl_3$），δ13.7、13.9、16.4、59.9、121.6、127.3、128.7、129.6、133.5、133.7、137.8、146.9、148.6、160.3。MS ESI m/z（%）为245.1［M+H］$^{+}$。

4-（4,5-二氢-呋喃-2-基）-1-苯基-3,5-二甲基-1,4-二氢吡嗪-2,6-二甲酸二乙酯（**19a**）。产率为3 %，mp为148.1～149.8 ℃。^{1}H NMR（400 MHz, $CDCl_3$），δ1.21～1.25（m, 6H, —$CO_2CH_2CH_3$），1.83～1.88（m, 2H, —$CO_2CH_2CH_3$），2.50（s, 6H, —CH_3），3.74～3.76（m, 1H, CH = CH），3.95～3.97（m, 1H, $-\underset{H}{C}=\underset{H}{C}-$），4.19～4.25（m, 4H, —$CO_2$ CH_2CH_3），6.57～7.14（m, 5H, Ar—H）。^{13}C NMR（100 MHz, $CDCl_3$），δ14.3、17.8、60.2、69.5、103.1、109.8、113.1、119.6、

128.5、145.7、147.9、150.5、166.2。MS ESI *m/z*（%）为 421.2[M+Na]$^+$，437.2[M + K]$^+$。

3-甲基-1-对氯苯基-1H-咪唑-2,5-二甲酸二乙酯（**20g**）。产率为 13 %。^{1}H NMR（400 MHz, $CDCl_3$），δ1.28 ~ 1.31（m, 6H, —$CO_2CH_2CH_3$），2.16（s, 3H, —CH_3），4.13 ~ 4.34（m, 4H, —$CO_2CH_2CH_3$），7.18（d, 2H, Ar—H, J = 8.4 Hz），7.45（d, 2H, Ar—H, J = 8.4 Hz）。^{13}C NMR（100 MHz, $CDCl_3$），δ13.8、14.0、15.5、60.9、62.1、128.4、128.8、135.1、136.3、147.5、157.8、159.6、206.8、206.9。HRMS ESI m/z（%）为 337.0897[M+H]$^+$。

3-甲基-1H-吲哚-2,5-二甲酸二乙酯（**21i**）。产率为 14 %。^{1}H NMR（400 MHz, DMSO），δ1.32 ~ 1.38（m, 6H, —$CO_2CH_2CH_3$），2.57（s, 3H,—CH_3），4.31 ~ 4.37（m, 4H, —$CO_2CH_2CH_3$），7.47（d, 2H, Ar—H, J = 8.8 Hz），7.85（d, 2H, Ar—H, J = 8.8 Hz），8.33（s, 1H, —C=CH—），11.88（s, 1H, NH）。^{13}CNMR（100 MHz, DMSO），δ166.8、162.1、139.0、127.7、125.8、125.3、123.4、121.7、120.3、112.8、60.9、60.8、14.8、14.7、10.2。IR（KBr）：3 332 cm^{-1}、2 929 cm^{-1}、1 684 cm^{-1}、1 615 cm^{-1}、1 659 cm^{-1}、1 548 cm^{-1}、1 481 cm^{-1}、1 440 cm^{-1}、1 385 cm^{-1}、1 365 cm^{-1}、1 344 cm^{-1}、1 296 cm^{-1}、1 249 cm^{-1}、1 188 cm^{-1}、1 137 cm^{-1}、1 113 cm^{-1}、1 023 cm^{-1}。MS ESI m/z（%）为 274.1[M-H]$^+$。

5.3　本章节小结

本章节选取 1,4-二氢吡嗪（**1**，**2**，**4**，**5**）作为光化学性质的研究对象，采用紫外分光光度法或荧光光谱法研究化合物的光谱性质。通过化合物光谱性质可以了解到化合物结构与图谱性质的关系，为潜在的后期药物分析打下基础；采用紫外-可见光谱法和薄层色谱检测的方法，研究各种光波下化合物的光稳定性，确定适合化合物光化学研究的光波范围、溶剂条件等；通过对 1,4-二氢吡嗪的液相条件下光化学反应研究，在选定的光波范围内，探讨溶剂、溶液浓度、光敏剂、化合物取代基效应等因素对光化学反应的影响，并利用 ^{1}H NMR、^{13}CNMR、IR、MS 以及 X 射线单晶衍射等手段，确定光化学反应的最佳工艺条件。通过 ESR 谱的测定，可以推断相应液相光化学反应的机理。本章节采用自旋捕获电子共振（ESR）技术，以苯亚甲基叔丁基氮氧化合物（PBN）为捕获剂，对 1,4- 二氢吡嗪化合物 **1** 的液相光化学反应的机理进行研究。由 ESR 谱数据分析可知，N,N′- 二酰基 -1,4- 二氢吡嗪（**1**）在光化学反应过程主要产生的是碳自由基。结合核磁氢谱、核磁碳谱等数据分析，N,N′- 二酰基 -1,4- 二氢吡嗪 **1a** 到光化学产物（2R,3R）-2,3- 二羟基 -2,3- 二氢吡嗪 -1,4- 二苯甲酮 **24a**；N,N′- 二酰基 -1,4- 二氢吡嗪 **1b** 到光化学产物 1,4- 二乙酰基 -1,2,3,4- 四氢吡嗪 -2,3- 二醇二乙酸酯 **25b** 和（2S,3S）-2- 羟基 -3- 甲氧基 -1,2,3,4- 四氢吡嗪 -1,4- 二乙酮 **26b**；N,N′- 二酰基 -1,4- 二氢吡嗪 1i 到光化学产物 2- 羟基 -3- 甲氧基 -1,2,3,4- 四氢吡嗪 -1,4- 二甲酸叔丁酯 **27i**；N,N′　- 二酰基 -1,4- 二氢吡嗪 **1j** 到光化学产物 1,4- 二苯基 -7,8- 氧杂 -2,5- 氮杂二环［4.2.0］3- 辛烯 -2,5- 二甲酸叔丁酯 **28j** 和（E）-2- 苯基 -N- 苯甲酰基 -N- 甲酰基 - 乙烯 -1,2- 二叔丁氧基甲酰胺 **29j**；N,N′- 二酰基 -1,4- 二氢吡嗪 **1k** 到光化学产物 2- 羟基 -3- 甲氧基 -1,2,3,4- 四氢吡嗪 -1,2,4,5- 四甲酸 -1,4- 二叔丁酯 -2,5- 甲酯 **30k** 和（Z）-2-（N- 叔丁氧羰基甲酰胺基）-3- 叔丁氧羰基胺基丙烯酸甲酯 **31k**；提出了 1,4- 二氢吡嗪 1 在液相条件下光化学反应机理。

在化合物的固相光化学研究中采用固相模板引导的方法，对 1,4- 二氢吡嗪的固相［2+2］光环合反应进行研究。通过热台显微筛选方法，筛选可以和 1,4- 二氢吡嗪形成共晶的光环合模板化合物。采用固相光照的方法，得到 1,4- 二氢吡嗪的固相［2+2］光环合产物 **37b**、**38b**，**37g**、**38g**。该固相光化学合成方法具备以下优势，产率高（接近 100%）、条件温和（室温）。

第 6 章　4H-1,4- 噁嗪化合物的光化学性质研究

6.1　试剂与仪器

本实验所用化学试剂均为市售商品，常用溶剂为分析纯，原料均为化学纯。所用硅胶薄层板为青岛海洋化工厂分厂生产的 GF254 型硅胶板。

本实验所用仪器：

SGW X-4 数字显微熔点仪（上海仪电物理光学仪器有限公司）；

ZF_7 型三用紫外分析仪（巩义市予华仪器有限公司）；

电子分析天平（梅特勒 - 托利多仪器上海有限公司）；

SHZ-D 循环水式真空泵（河南省予华仪器有限公司）；

RE-52A 型旋转蒸发仪（上海亚荣生化仪器厂）；

DLSB-10L 实验室低温冷却液循环泵（巩义市予华仪器有限公司）；

CS101-1A 电热鼓风干燥箱（广东省医疗器械厂）；

JJ-1 型定时调速机械搅拌器（上海予申仪器有限公司）；

85-1 型强磁力搅拌器（上海予申仪器有限公司）；

MCR-3 微波化学反应器（上海泓冠仪器设备有限公司）；

光化学反应器（ACE，美国 ACE Glass 公司）；

超声合成仪（GEX750-5C，美国 Geneq 公司）；

真空干燥箱（广东宏展科技有限公司）；

本实验所用测试仪器：

核磁共振仪（ARX400，德国 Bruker 公司）；

高分辨质谱仪（G3250AA LC/MSD TOF system，美国 Agilent 公司）；

红外光谱仪（VERTEX70，德国 Bruker 公司）；
紫外可见分光光度计（日立 UV-3010，日本日立公司）。

6.2　4H-1,4-噁嗪的光化学性质研究

6.2.1　2,4,6-三芳基-4H-1,4-噁嗪的光谱性质研究

1. 2,4,6-三芳基-4H-1,4-噁嗪的溶液稳定性

在 2,4,6-三芳基-4H-1,4-噁嗪的合成研究过程中，发现其理化性质在固态时比较稳定，在溶液中相对不稳定，存在分解的现象。因此，选取 2,4,6-三苯基-4H-1,4-噁嗪（**10a**）为研究对象，初始浓度 10^{-5} mol/L，采用紫外-可见分光光度法测定其在各种常见的溶剂（苯、吡啶、乙腈、乙酸乙酯、丙酮、正己烷、二氯甲烷、甲醇和四氢呋喃等）中随时间变化的吸收值；并通过薄层色谱监测，研究 **10a** 在各种有机溶液中的稳定性（图 6-1）。

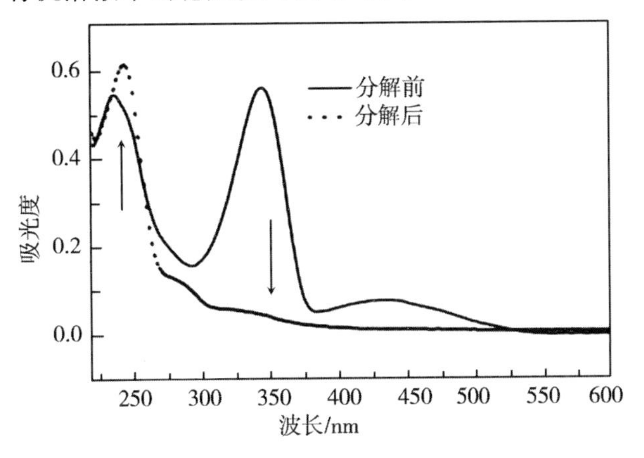

图 6-1　10a 乙酸乙酯溶液中分解前后的紫外-可见图谱

化合物 **10a** 在二氯甲烷、乙酸乙酯、正己烷、苯等溶剂中存在明显的分解现象。例如，**10a** 在乙酸乙酯中分解 30 min，薄层色谱检测 **10a** 物料点消失；采用紫外-可见光谱分析的方法，发现 **10a** 开始未分解与分解后的紫外-可见光谱的波形和吸收值都发生了明显的变化（图 6-1）。采用紫外-可见光谱和薄层色谱检测的方法，测得 **10a** 在不同有机溶剂中分解时间列于表 6-1。

表 6-1 化合物 **10a** 在不同溶剂中的分解时间

溶剂	完全分解时间 /min
二氯甲烷	15
乙酸乙酯	30
正己烷	45
乙腈	240
四氢呋喃	180
吡啶	—
甲醇	—
丙酮	—
苯	60
N,N- 二甲基甲酰胺	200

从表 6-1 可以看出，**10a** 在二氯甲烷、乙酸乙酯、正己烷、苯中不稳定，分解时间为 15~60 min；在乙腈、四氢呋喃、N,N- 二甲基甲酰胺中，相对稳定，分解时间为 180~240 min；在吡啶、甲醇和丙酮中可稳定存在。因此，可选用甲醇或丙酮作为纯化和光化学性质研究的溶剂。

2. 2,4,6- 三芳基 -4H-1,4- 噻嗪的紫外 - 可见光谱

在甲醇溶液中，2,4,6- 三芳基 -4H-1,4- 噻嗪的样品溶液浓度为 10^{-5} mol/L，测定了带有不同取代基化合物 **10a~10c** 以及 **12a~12c** 的紫外 - 可见光谱。由图 6-2 可以看出，在波长 220 ~ 600 nm 的范围内，2,4,6- 三芳基 -1H-1,4- 噻嗪的紫外 - 可见光谱吸收峰波形相似，2,4,6- 三芳基 -4H-1,4- 噻嗪的紫外 - 可见光谱吸收波长为 236 ~ 242 nm、346 ~ 356 nm 和 436 ~ 456 nm，与 Correia 所报道的 2,4,6- 三芳基 -4H-1,4- 噻嗪（**10a**）的紫外 - 可见光谱吸收值相符（238 nm、348 nm 和 440 nm）。

由图 6-2 和表 6-2 可以看出，2,4,6- 三芳基 -1H-1,4- 噻嗪的紫外 - 可见光谱吸收与化合物所带取代基（R 和 R′）的性质有关。当选择相同的 R，观察不同 R′ 取代基性质对紫外 - 可见吸收光谱的影响时发现：R′ 为供电基比 R′ 为—H 的化合物紫外 - 可见吸收光谱发生红移。如 R 同为—H 时，**10b**（R 为—H，R′ 为 p—CH_3）和 **10c**（R 为—H,R′ 为 m—CH_3）的紫外 - 可见光谱的最大吸收波长分别为 444 nm 和 438 nm；而 **10a**（R 为—H，R′ 为 p—Cl）的最大吸收波长为

436 nm。**10b** 和 **10c** 比 **10a** 相应的紫外–可见光谱的最大吸收波长分别红移了 8 nm 和 2 nm。当选择相同的 R，观察不同 R′ 取代基性质对紫外–可见吸收光谱的影响时，发现 R′ 为 p—Cl 比 R′ 为 p—CH_3 的化合物紫外–可见吸收光谱发生红移。如 R 同为 p—CH_3 时，**12b**（R 为 p—Cl, R′ 为 p—CH_3）的紫外–可见光谱的的最大吸收波长为 456 nm，而 **10b**（R 为 p—CH_3，R′ 为 p—CH_3）的紫外–可见光谱的最大吸收波长为 444 nm。**12b** 比 **10b** 的紫外–可见光谱的最大吸收波长红移了 12 nm。由以上数据可见，2,4,6–三芳基–4H–1,4–噁嗪的取代基 R 带有助色团—Cl、R′ 带供电基—CH_3 时，化合物紫外–可见光谱产生的红移。

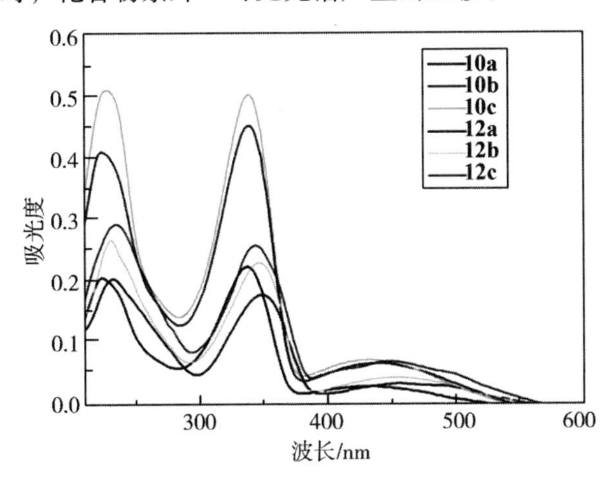

图 6–2　2,4,6–三芳基–4H–1,4–噁嗪的紫外–可见光谱图

表 6–2　2,4,6–三芳基–4H–1,4–噁嗪紫外–可见吸收光谱

化合物	波长 /nm			ε_{max}（L·mol^{-1}·cm^{-1}）		
10a	236	346	436	20 981	22 741	3 278
10b	236	348	444	41 407	45 519	7 037
10c	240	346	438	51 133	504 481	7 574
12a	244	354	454	21 459	18 152	3 794
12b	242	354	456	27 000	23 389	4 722
12c	244	352	450	295 633	26 167	7 369

2,4,6–三芳基–4H–1,4–噁嗪的荧光光谱。在甲醇溶液中，2,4,6–三芳基–4H–1,4–噁嗪样品溶液浓度为 10^{-5} mol/L，测定化合物 **10a~10c** 以及 **12a~12c** 的荧光

激发和发射光谱荧光发射波长，结果列于表 6-3 和图 6-3。

表 6-3　化合物 **10** 和 **12** 的荧光光谱

化合物	激发光谱 /nm	发射光谱 /nm
10a	330	393
10b	4	399
10c	324	395
12a	333	398
12b	337	409
12c	329	395

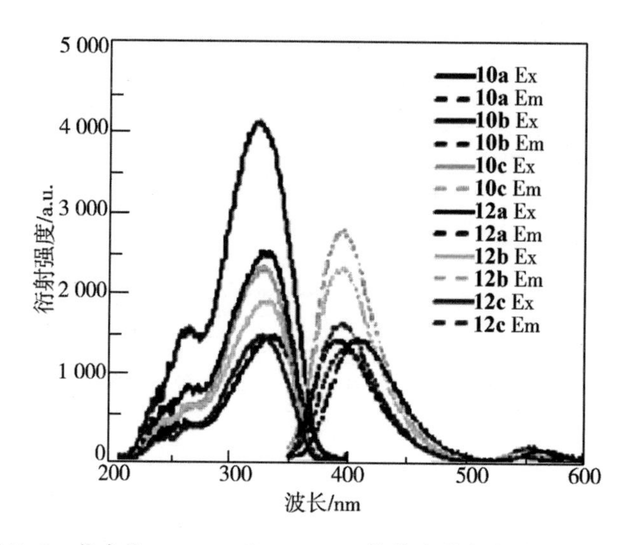

图 6-3　化合物 **10a**~**10c** 和 **12a**~**12c** 的荧光激发光谱和发射光谱

由实验数据表 6-3 以及图 6-3 可以看出：2,4,6- 三芳基 -4H-1,4- 噁嗪的荧光最大激发光谱为 324 ～ 337 nm，荧光最大发射波长发射光谱为 393 ～ 409 nm，化合物荧光发射光谱大于激发光谱，符合斯托克斯位移关系。2,4,6- 三芳基 -4H-1,4- 噁嗪的荧光光谱与其取代基（R 和 R′）性质密切相关。当选择相同的 R，观察不同 R′ 取代基性质对荧光光谱的影响时发现：R′ 为供电基团比 R′ 为—H 更有利于荧光光谱的红移。例如，当 R 都为 H 时，化合物 **10b**（R 为—H；R′ 为 p—CH_3）和 **10c**（R 为—H；R′ 为 m—CH_3）比 **10a**（R 为—H；R′ 为—H）的荧光发射光谱分别红移了 6 nm 和 2 nm。当选择相同的 R′，观察不同 R′ 取代基性质对荧光光谱的影响时，发现 R 为—Cl 比 R 为—H 更有利于荧光光谱的红移。如 R′ 都为 p—CH_3 时，**12b**（R 为 p—Cl，R′ 为 p—CH_3）比 **10b**（R 为—H,R′ 为 p—CH_3）的荧光发射光谱的红移了 10 nm。由以上数据可见，R 和 R′ 为供电基团（—CH_3）或者助色团（—Cl）时有利于化合物荧光光谱的红移。

2,4,6- 三芳基 -4H-1,4- 噁嗪的光稳定性研究。为了研究 2,4,6- 三芳基 -4H-1,4- 噁嗪的光稳定性，在溶剂甲醇中，样品溶液浓度为 10^{-5} mol/L，观察化合物 **10a** 以及 **12a** 在不同波长范围内的稳定性。选用全波长光波（200 ～ 1 000 nm）（450 W 中压汞灯直接照射）；其他 450 W 中压汞灯经过带通滤光片处理的紫外光波长为 320 ～ 400 nm（紫外光波）、280 ～ 320 nm（紫外光波）和 200 ～ 280 nm（紫外光波），测试 2,4,6- 三芳基 -4H-1,4- 噁嗪（**10a**）的光稳定。结果发现，全波长直接照射条件下，**10a** 在 10 min 内迅速分解完全，薄层色谱检测，产物复杂；200 ～ 280 nm 紫外光波作为光源，**10a** 在约 30 min 内分解完全，薄层色谱检测，产物明显减少；280 ～ 320 nm 紫外光波为光源，**10a** 在 2 h 反应完全，薄层色谱检测主产物点明显并且副产物较少；450 W 中压汞灯经过 UVA 带通滤光片处理后的 320 ～ 400 nm 紫外光波为光源，**10a** 在 4 h 反应完全，薄层色谱检测产物点不再发生变化。因此，通过对 **10a** 在不同波长范围内的光解情况以及薄层色谱的检测，选定 280 ～ 320 nm 紫外光波作为光源，进行光反应的研究。

在选定的光照条件下，样品浓度为 10^{-5} mol/L 的甲醇溶液，采用紫外 - 可见吸收光谱，对 **10a** 和 **12a** 的光化学变化进行了研究。从图 6-4 可以看出，化合物 **10a** 和 **12a** 在选定光波条件为 280 ～ 320 nm，照射 1 h，光照前两者相似的 3 个最大吸收峰（236 ～ 244 nm、346 ～ 354 nm、436 ～ 454 nm）都发生了显著减少。特别是 346 ～ 354 nm 处最大吸收峰（2,4,6- 三芳基 -4H-1,4- 噁嗪的 2- 位和 6- 位苯环的紫外 - 可见光谱，B带）光照后减少明显，436 ～ 454 nm 处（2,4,6- 三芳基 -4H-1,4- 噁嗪的共轭体系的紫外 - 可见光谱，K带）的吸收峰光照后消失。由光前照后的紫外 - 可见光谱的变化推测，光照后 2,4,6- 三芳基 -4H-1,4- 噁嗪的共轭体系的发生了变化。

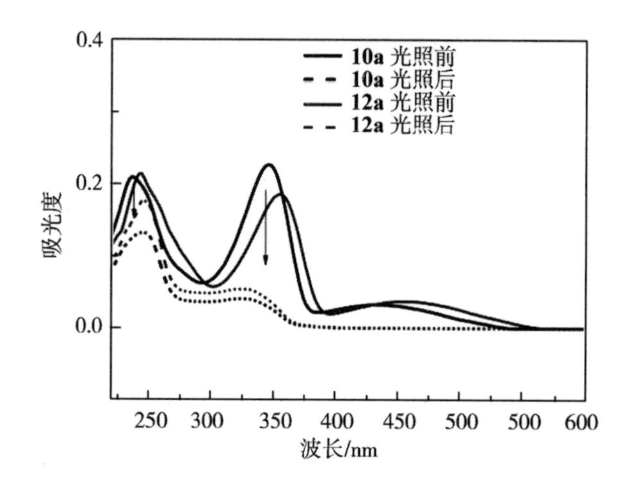

图 6-4　2,4,6- 三芳基 -4H-1,4- 噁嗪（10a）和（12a）光照前后紫外 - 可见吸收光谱

6.2.2　2,4,6- 三芳基 -4H-1,4- 噁嗪的光化学反应研究

2,4,6- 三芳基 -4H-1,4- 噁嗪 **10** 的光化学反应。首先，将 2,4,6- 三苯基 -4H-1,4- 噁嗪（**10a**）溶解在甲醇溶液中，溶液浓度为 0.1 mol/L，通入氮气置换掉甲醇中的空气后，将溶液密封在石英试管中，距离光源 10 cm，用 450 W 中压汞灯照射，光源置于水冷却套内，在光源和石英管之间加上一块 UVB（280 ～ 320 nm）带通滤光片，薄层色谱跟踪反应进程，产物经柱层析分离（石油醚 / 乙酸乙酯 = 20/3），得到 N-（1- 甲氧基 -2- 氧代 -2- 苯乙基）-N- 苯基甲酰胺 **22a** 和苯甲酸（图 6-5）。

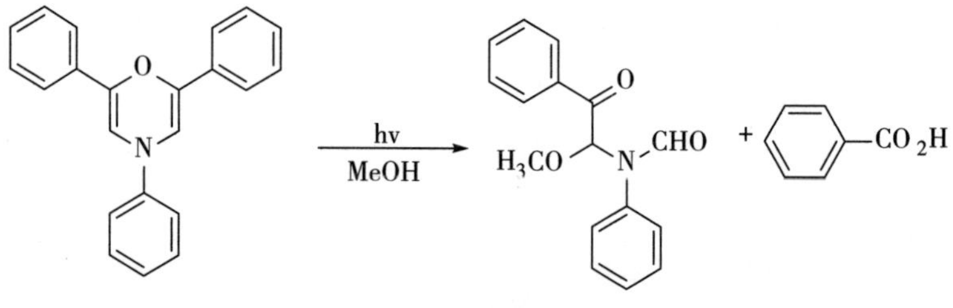

图 6-5　2,4,6- 三芳基 -4H-1,4- 噁嗪（10a）光化学反应

10b、**10c**、**10d** 的光反应研究参考 **10a** 的光反应条件，当原料反应完毕后，产物经柱层析分离（石油醚 / 乙酸乙酯 = 20/1），分离得到 N-（1- 甲氧基 -2- 氧代 -2- 苯乙基）-N- 芳基甲酰胺 **22b**、**22c**、**22d** 和苯甲酸（图 6-6）。

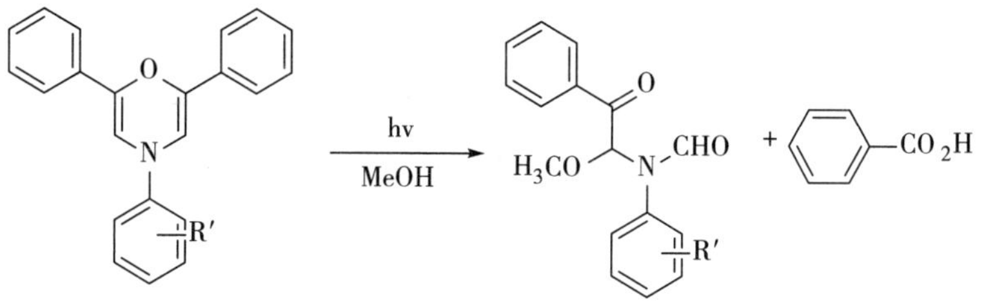

R_2 为 b，p—CH_3; c，m—CH_3; d，p—Cl

图 6-6 2,4,6- 三芳基 -4H-1,4- 噁嗪（10b、10c）光化学反应

2,6- 二（对氯苯基）-4- 苯基 -4H-1,4- 噁嗪 **12a** 的光化学反应。参考 **10a** 的光反应条件，选取 **12a** 溶解在甲醇中，薄层色谱跟踪反应进程，原料反应完毕后，产物经柱层析分离（石油醚 / 乙酸乙酯 = 20/1），分离得到 N-（1- 甲氧基 -2- 氧代 -2- 对氯苯乙基）-N- 苯基甲酰胺 **23a** 和对氯苯甲酸（图 6-7）。

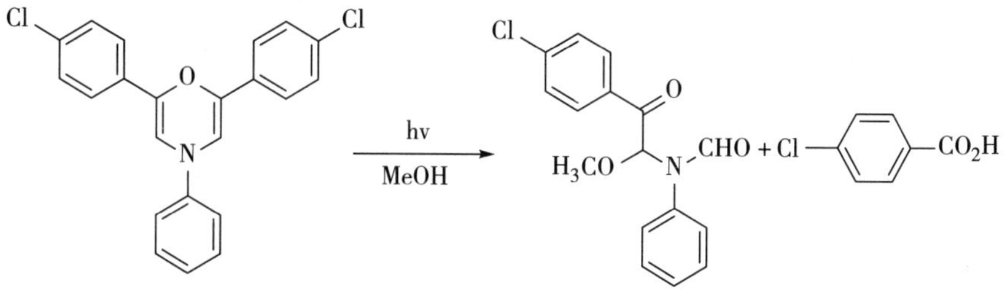

图 6-7 2,4,6- 三芳基 -4H-1,4- 噁嗪（12a）光化学反应

光化学反应机理的推测。以三芳基 -4H-1,4- 噁嗪 **10** 的光反应为例来分析光化学产物 **22** 和苯甲酸的生成机理。在光照条件下，**10** 在甲醇溶液中，与一分子质子发生加成，生成中间体 M1 和甲氧负离子；甲氧负离子与 M1 发生马氏加成，生成中间体 M2；在光照条件下，与 Moriarty 报道的不饱和双键与甲醇的加成反应相似，M2 共轭环上碳碳双键很容易与两分子甲醇发生反应生成中间体 M3；M3 在光照条件下发生诺里什—I 型裂解反应，得到较为稳定的含有苄基自由基的中间体 M4；M4 继续反应生成 M5 和 M6，再经过一系列分解反应就得到化合物 **22** 与苯甲酸（图 6-8）。

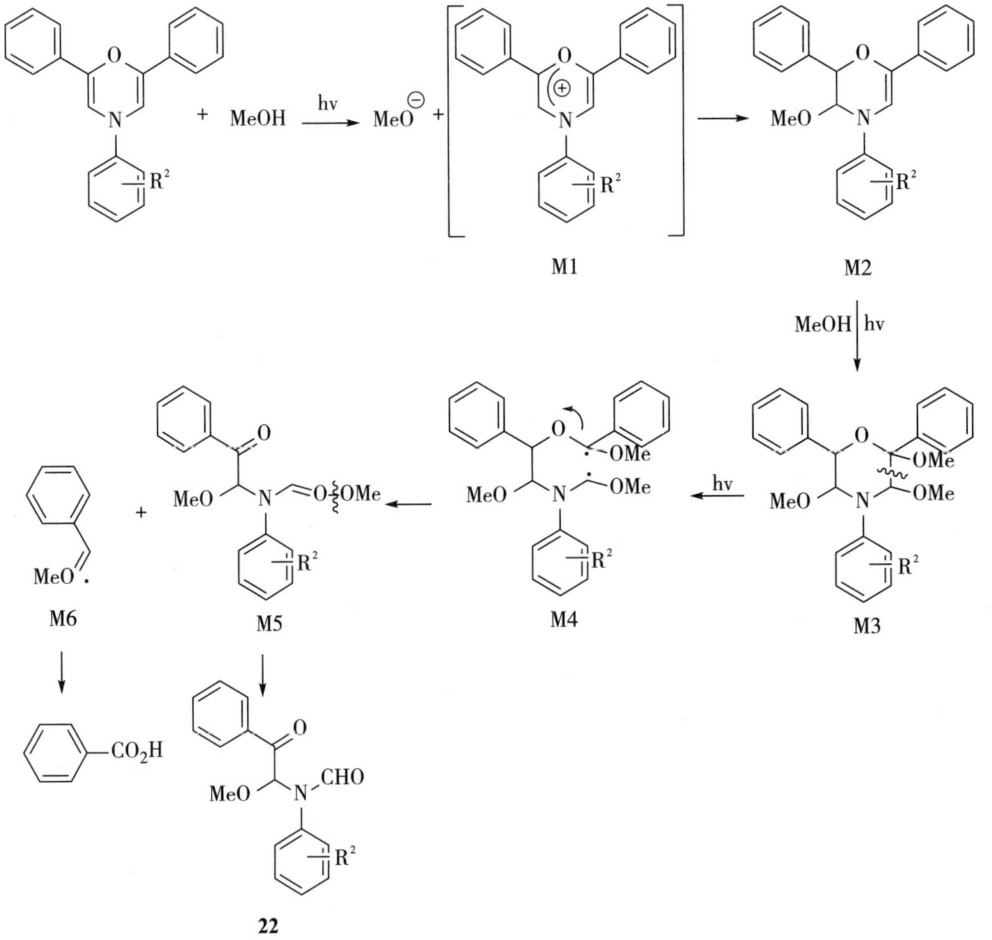

M1 M2 M3 M4 M5 M6 22

图 6–8　2,4,6– 三芳基 –4H–1,4– 噁嗪光化学反应机理

4H-1,4- 噁嗪的光化学的产物是 N- 芳基甲酰胺，可以成为 N- 芳基甲酰胺的光化学合成方法。传统的 N- 芳基甲酰胺的制备方法以芳胺和甲酸为原料，在有机溶剂中回流得到，或以芳胺为原料，经 MnO_2 氧化作用下得到。但都存在大量使用有机溶剂、反应时间长（2～15 h）等缺点。实验以 2,4,6- 三芳基 -4H-1,4- 噁嗪为原料，直接光照得 N- 芳基 -N- 甲醛的方法，为此类化合物的合成提供了一种绿色高效的合成方法。

2,4,6- 三芳基 -4H-1,4- 噁嗪的光化学产物结构解析。N-（1- 甲氧基 -2- 氧代 -2- 苯乙基）-N- 苯基甲酰胺（**22a**）结构解析。**22a** 的，^1H NMR（400 MHz, $CDCl_3$），δ1.26（s, 1H, CH），3.68（s, 3H, —OCH_3），6.97（s, 1H, CH–N），6.98～7.79

（m, 10H, Ar—H），8.49（s, 1H, —CHO）；^{13}C NMR（图 3-39），^{13}C NMR（100 MHz, $CDCl_3$），δ56.6、76.7、82.8、126.3、128.1、128.2、128.7、129.3、133.8、134.5、137.0、163.5、191.9; MS ESI m/z（%）为 291.7［M+Na］$^+$。从核磁共振氢谱可以看出，**22a** 结构中含有 15 个 H 原子，而且结构中没有活泼氢存在，所以结构中的 N 原子上没有 H 原子，δ8.49 对应羰基所连 H 原子，δ6.97 对应连接 N 原子上叔碳上的 1 个 H 原子，6.98 ～ 7.80 对应芳环上的 10 个 H 原子，δ 为 3.69 的单峰对应—OCH_3 上的 3 个 H 原子；从核磁共振碳谱可以判断结构中共有不同的 12 个碳原子吸收峰，由于芳环上结构的对称性，可以判断结构中有 16 个 C 原子，化学位移 163.4 和 191.9 应该对应 2 个羰基 C 原子，化学位移 137.0、134.5、133.8、129.4、128.7、128.2、128.1、126.3 对应 2 个苯环上的 8 个 C 原子，化学位移 82.8 对应—OCH_3 上 C 原子，化学位移 56.6 对应结构中的叔碳原子；由 MS 的分子离子峰 291.7［M+Na］$^+$，分子量为奇数，根据 N 规则 **22a** 中应该含有奇数个 N 原子。

22a 的 X 射线单晶衍射图（图 6-9），进一步证实其结构为 N-（1- 甲氧基 -2- 氧代 -2- 苯乙基）-N- 苯基甲酰胺（剑桥号为 CCDC 735378）。

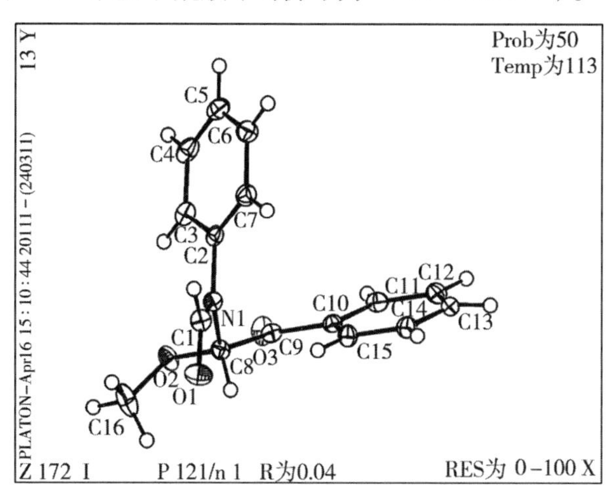

图 6-9 **22a** 的单晶衍射图

表 6-4 **22a** 的晶体学基本参数

晶体学基本参数	参数值	晶体学基本参数	参数值
分子式	$C_{16}H_{15}NO_3$	体积 V/mm^3	1438.3（3）
相对分子质量	269.30	计算密度 /（mg · m^{-3}）	1.403

续表

晶体学基本参数	参数值	晶体学基本参数	参数值
晶体大小 /mm	0.26 × 0.06 × 0.04	线性吸收系数 /mm^{-1}	0.28
晶系	单斜晶系	晶胞分子数 *Z*	4
空间群	$P2_1/n$	晶胞电子的数目 F_{000}	632
晶胞参数		衍射实验温度 /K	456
a/nm	1.460 24（17）	衍射波长 *λ*/nm	0.071 073
b/nm	0.634 24（6）	衍射光源	Mo k*α*
c/nm	1.636 1（2）	衍射角度 *θ*/（°）	1.6 ～ 27.9
β/（°）	108.336（2）		

N-（1- 甲氧基 -2- 氧代 -2- 对氯苯乙基）-N- 苯基甲酰胺（**23a**）结构解析。**23a** 的 ^{1}H NMR（400 MHz, $CDCl_3$），*δ*1.27（s, 1H, CH），3.67（s, 3H, —OCH_3），6.92（s, 1H, —=N—），6.99 ～ 7.76（m, 9H, Ar—H），8.50（s, 1H, —CHO）；^{13}CNMR（100 MHz, $CDCl_3$），δ 56.6、76.7、82.8、126.2、128.3、129.4、129.6、132.7、136.8、140.4、163.4、190.8; MS ESI m/z（%）为 325.7［M+Na］$^+$。

核磁共振氢谱可以看出，**23a** 结构中含有 14 个 H 原子，而且结构中没有活泼氢存在，所以结构中的 N 原子上没有 H 原子，*δ*8.50 对应羰基所连 H 原子，*δ*6.92 对应连接 N 原子上叔碳上的 1 个 H 原子，6.99 ～ 7.76 对应芳环上的 9 个 H 原子，*δ*3.69 的单峰对应—OCH_3 上的 3 个 H 原子；从核磁共振碳谱可以判断结构中共有不同的 12 个 C 原子吸收峰，由于芳环上结构的对称性，可以判断结构中有 16 个 C 原子，化学位移 163.4 和 190.8 应该对应 2 个羰基碳原子，化学位移 140.4、136.8、132.7、129.6、129.4、128.3、126.2 对应 2 个苯环上的 8 个 C 原子，化学位移 82.8 对应—OCH_3 上的 C 原子，化学位移 56.6 对应结构中的叔碳原子；由 MS 的分子离子峰 325.7［M+Na］$^+$，分子量为奇数，根据 N 规则 **23a** 中应该含有奇数个 N 原子。

2,4,6- 三芳基 -4H-1,4- 噁嗪的光化学性质研究。通法是将 2 × 10^{-3} mol 的 2,4,6- 三芳基 -4H-1,4- 噁嗪 **10** 或 **12** 溶解在 20 mL 甲醇溶液中，通入氮气置换掉甲醇中的氧气后，将溶液密封在石英试管中，距离光源 10 cm，用 450 W 中压汞灯照射，光源置于水冷却套内，在光源和石英管之间加上一块 UVB（280 ～ 320 nm）

带通滤光片，薄层色谱跟踪反应进程，产物经柱层析分离（石油醚 / 乙酸乙酯 = 20/3）得到 N-(1- 甲氧基 -2- 氧代 -2- 苯乙基)-N- 苯基甲酰胺 **22** ～ **23** 和苯甲酸。

N-（1- 甲氧基 -2- 氧代 -2- 苯乙基）-N- 苯基甲酰胺（**22a**）。产率为 12 %，^{1}H NMR（400 MHz, $CDCl_3$）,δ1.26（s, 1H, >CH—）, 3.68（s, 3H, —OCH_3）, 6.97（s, 1H, —=N—）, 6.98 ～ 7.79（m, 10H, Ar—H）, 8.49（s, 1H, —CHO）; ^{13}C NMR（100 MHz, $CDCl_3$）,δ56.6、76.7、82.8、126.3、128.1、128.2、128.7、129.3、133.8、134.5、137.0、163.5、191.9; MS ESI m/z（%）为 291.7［M+Na］$^+$。

N-（1- 甲氧基 -2- 氧代 -2- 苯乙基）-N- 对甲苯基甲酰胺（**22b**）。产率为 15 %，^{1}H NMR（400 MHz, $CDCl_3$），δ1.28（s, 1H, >CH—）, 2.31（s, 3H, —CH_3）, 3.69（ s, 3H, —OCH_3）, 6.86（s, 1H, —=N—）, 6.89 ～ 7.83（m, 9H, Ar—H）, 8.47（s, 1H, —CHO）。^{13}C NMR（100 MHz, $CDCl_3$），δ21.0、56.5、76.7、82.7、126.4、128.2、128.7、129.9、133.8、134.3、134.4、138.2、163.5、191.9。ESI m/z（ %）为 306.7［M+Na］$^+$。

N-(1- 甲氧基 -2- 氧代 -2- 对氯苯乙基)-N- 苯基甲酰胺（**23a**）。产率为 12 %，^{1}H NMR（400 MHz, $CDCl_3$），δ1.27（s, 1H, >CH—）, 3.67（s, 3H, —OCH_3）, 6.92（s, 1H, —=N— ）, 6.99 ～ 7.76（m, 9H, Ar—H）, 8.50（s, 1H, —CHO）; ^{13}CNMR（100 MHz, $CDCl_3$），δ56.6、76.7、82.8、126.2、128.3、129.4、129.6、132.7、136.8、140.4、163.4、190.8; MS ESI m/z（%）为 325.7［M+Na］$^+$。

6.3　本章节小结

本章节以 2,4,6- 三苯基 -4H-1,4- 噁嗪为研究对象，考虑到化合物液相条件不稳定的问题，首先采用紫外分光光度法和荧光光谱法对 4H-1,4- 噁嗪光化学性质进行研究，并结合薄层色谱（TLC）检测的方法，发现适合光化学反应的溶剂以及光波范围；经过验证发现：2,4,6- 三苯基 -4H-1,4- 噁嗪在二氯甲烷、乙酸乙酯、正己烷、苯中不稳定，分解时间为 15~60 min；在乙腈、四氢呋喃、N,N- 二甲基甲酰胺中，相对稳定，分解时间为 180~240 min；在吡啶、甲醇和丙酮中，可稳定存在。因此，最终选用甲醇或丙酮作为纯化和光化学性质研究的溶剂。为了研究 2,4,6- 三芳基 -4H-1,4- 噁嗪的光稳定性，在溶剂甲醇中，样品溶液浓度为 10^{-5} mol/L，观察 2,4,6- 三芳基 -4H-1,4- 噁嗪 **10a** 以及 **12a** 在不同波长范围内的稳定性，发现 280 ～ 320 nm 紫外光波作为光源，化合物相对稳定，可以作为光源进行光反应的研究。

在选定的溶剂以及光波长范围内，样品浓度为 10^{-5} mol/ L 的甲醇溶液，采用紫外 - 可见吸收光谱，对 **10a** 和 **12a** 的光化学变化进行了研究。发现由光前照后的紫外 - 可见光谱的变化明显，推测光照后 2,4,6- 三芳基 -4H-1,4- 噁嗪的共轭体系的发生了变化。

通过 2,4,6- 三芳基 -4H-1,4- 噁嗪的光化学反应，即 2,4,6- 三苯基 -4H-1,4- 噁嗪溶解在甲醇溶液中，溶液浓度为 0.1 mol/ L ，氮气保护，距离光源 10 cm，用 450 W 中压汞灯照射，得到 N-（1- 甲氧基 -2- 氧代 -2- 苯乙基）-N- 苯基甲酰胺 **22** 和苯甲酸。经过 ^{1}H NMR、^{13}C NMR 、IR、MS 及 X 射线单晶衍射等手段，确定了光化学产物的结构，并结合分离的中间体和产物，提出了可能的光化学反应机理。

参考文献

[1] Brichacek M, Villalobos M, Plichta A, et al. Stereospecific ring expansion of chiral vinyl aziridines [J]. Organic Letters, 2011, 13: 1110–1113.

[2] Wehinger E, Kazda S. 1,4–Dihydropyrazines and their use in pharmaceuticals [P]. DE 3400765.

[3] Zhang X, Sui Z. Preparation of tricyclic dihydropyrazines as potassium channel openers [P]. US 20070191382.

[4] Tandon V K, Yadav D B, Maurya H K, et al. Design, synthesis, and biological evaluation of 1,2,3–trisubstituted–1,4–dihydrobenzo [g] quinoxaline–5,10–diones and related compounds as antifungal and antibacterial agents [J]. Bioorganic & Medicinal Chemistry 2006, 14: 6120–6126.

[5] Ibrahim E S A, Khalil M A, Hassan A M, et al. Synthesis of novel quinazolin–4(3)–ones bearing different azoles as potential anti–inflammatory agents [J]. Alexandria Journal of Medicineences, 2007, 21: 17–24.

[6] Tachiki S, Sugimoto Y. Electrophotographic photoreceptor using a dihydropyrazine derivative as a charge–transporting agent [P]. JP 02007065.

[7] Safavy A, Smith D C J, Bazooband A, et al. De novo synthesis of a new diethylenetriaminepentaacetic acid (DTPA) bifunctional chelating agent [J]. Bioconjugate Chemistryistry, 2002, 13: 317–326.

[8] Brook D J R, Haltiwanger R C, Koch T H. Synthesis, structure, and reactivity of an antiaromatic, 2,5–dicarboxy–stabilized 1,4–dihydropyrazine [J]. Journal of the American Chemical SocietyJournal of The American Chemical Society, 1992, 114: 6017–6023.

[9] Zhang X Q, Sui Z H. Application of carbenoid –N–H insertion in the synthesis of the tricyclic 1,4–dihydropyrazines [J] . Tetrahedron Lettersers, 2006, 47: 5953–5955.

[10] Sagong H Y, Bauman J D, Patel D, et al. Phenyl substituted 4–hydroxypyridazin–3(2H)–ones and 5–hydroxypyrimidin–4(3H)–ones: inhibitors of influenza a endonuclease [J] .Journal of Medicinal Chemistry, 2014, 57(19): 8086–8098.

[11] Xu B, Chu F, Zhang Y, et al. A series of new ligustrazine–triterpenes derivatives as anti–tumor agents: design, synthesis, and biological evaluation [J] . International Journal of Molecular Sciences, 2015, 19(9): 21035–21055.

[12] Zeng C C, Lai S H, Yao J H, et al. The induction of apoptosis in HepG–2 cells by ruthenium (II) complexes through an intrinsic ROS–mediated mitochondrial dysfunction pathway [J] . European Journal of Medicinal ChemistryEuropean Journal of Medicinal Chemistry , 2016, 122, 118–126.

[13] Hartz R A, Ahuja V T, Arvanitis A G, et al. Synthesis, structure–activity relationships, and In vivo evaluation of N3–phenylpyrazinones as novel corticotropin–releasing factor–1 (CRF1) receptor antagonists [J] .Journal of Medicinal Chemistry, 2009, 52, 4173–4191.

[14] Furuta Y, Takahashi K, Fukuda Y, et al. In vitro and in vivo activities of anti–influenza virus compound t–705 [J] . Antimicrobial Agents and Chemotherapy, 2002, 46(4): 977–981.

[15] Furuta Y, Takahashi K, Kuno M M, et al. Mechanism of action of t–705 against influenza virus [J] . Antimicrobial Agents and Chemotherapy, 2005, 49(3): 981–986.

[16] Smee D F. Hurst, B L. Smee, Wong M H, et al. effects of the combination of favipiravir (t–705) and oseltamivir on influenza a virus infections in mice [J] . Antimicrobial Agents and Chemotherapy, 2010, 54(1): 126–133.

[17] Guo S, Xu M, Guo Q, et al. Discovery of pyrimidine nucleoside dual prodrugs

and pyrazine nucleosides as novel anti-HCV agents [J] . Bioorganic & Medicinal Chemistry, 2019, 27(5): 748–759.

[18] 蒋晟，张霁，张阔军，等．吡嗪甲酰胺核苷类似物或药学上可接受的盐、异构体、代谢物、前药及制备方法和用途 [P] . CN 113444132A, 2021.

[19] Kaim W. Effect of cylic 8-π-electron conjugation in reductively silyated N-heterocyles [J] . Journal of the American Chemical SocietyJournal of the American Chemical Society, 1983, 105,707–713.

[20] Tsarkova A S, Kaskova Z M, Yampolsky I V. A tale of two luciferins: fungal and earthworm new bioluminescent systems [J] . Accounts of Chemical ResearchAccount of Chemical Research, 2016, 49(11): 2372–2380.

[21] Hastings J W. Biological diversity, chemical mechanisms, and the evolutionary origins of bioluminescent systems [J] . Journal of Molecular EvolutionJournal of Molecular Evolution, 1983, 19, 309–321.

[22] Profijth P S, Sanden M V D, et al. Plasma-assisted atomic layer deposition: basics, opportunities, and challenges [J] . Journal of Vacuum Science & Technology A, 2011, 29(5): 050801.

[23] Kimh O. Review of plasma-enhanced atomic layer deposition: technical enabler of nanoscale device fabrication [J] .Japanese Journal of Applied Physics, 2014, 53(3S2): 41–100.

[24] Cheng N, Sun X. Single atom catalyst by atomic layer deposition technique [J]. Chinese Journal of Catalysis, 2017, 38, 1508–1514.

[25] Saito T, Nishiyama H, Kawakita K, et al. Reduction of t-BuN$=$NbCl$_3$(py)$_2$ in a salt-free manner for generating Nb(IV) dinuclear complexes and their reactivity toward benzo [c] cinnoline [J] . Inorganic Chemistry, 2015, 54(12): 6004–6009.

[26] Klesko J P, Thrush C M, Winter C H. Thermal atomic layer deposition of titanium films using titanium tetrachloride and 2-methyl-1,4-bis(trimethylsilyl)-2,5-cyclohexadiene or 1,4-bis(trimethylsilyl)-1,4-

dihydropyrazine［J］. Chemistry of Materialsials, 2015, 27(14): 4918–4921.

[27] Pramanik S, Rej S, Kando S, et al. Organosilicon reducing reagents for stereoselective formations of silyl enol ethers from α-halo carbonyl compounds［J］. Journal of Organic Chemistry,Journal of Organic Chemistry 2018, 83(4): 2409–2417.

[28] Barros M T, Phillips A M F. Chiral piperazines as efficient catalysts for the asymmetric michael addition of aldehydes to nitroalkenes［J］. European Journal of Organic Chemistry European Journal of Organic Chemistry, 2007, 178–185.

[29] Huang W X, Liu L J, Wu B, et al. Synthesis of chiral piperazines via hydrogenation of pyrazines activated by alkyl halides［J］.Organic Letters Organic Letters, 2016, 18(13): 3082–3085.

[30] Correia J. Synthesis of 2,4,6-triphenyl-1,4-oxazine［J］. Journal of Organic ChemistryJournal of Organic Chemistry, 1973, 38: 3433–3434.

[31] Claveau E, Noirjean E, Bouyssou P, et al. Access to novel bicyclic fused-butyrolactone using［3,3］-sigmatropic rearrangement and acid-lactonization sequence as key transformation［J］. Tetrahedron LettersTetrahedron Letters, 2010, 51: 3130–3133.

[32] Abdou W M, Salem M A I, Barghash R F. A facile access to condensed and spiro-substituted pyrimidine phosphor esters［J］. Arkivoc, 2007, 45–60.

[33] Charushin V N, Krasnov V P, Levit G L, et al. Kinetic resolution of (±)-2,3-dihydro-3-methyl-4H-1,4-benzoxazines with (S)-naproxen［J］. Tetrahedron: Asymmetry 1999, 10, 2691–2702.

[34] La D S, Belzile J, Bready J V, et al. Novel 2,3-dihydro-1,4-benzoxazines as potent and orally bioavailable inhibitors of tumor-driven angiogenesis［J］. Journal of Medicinal ChemistryJournal of Medicinal Chemistry, 2008, 51(6): 1695–1705.

[35] Hernandez-Olmos V, Abdelrahman A, El-Tayeb A, et al. N-substituted

phenoxazine and acridone derivatives: structure–activity relationships of potent P2X4 receptor antagonists [J]. Journal of Medicinal Chemistry Journal of Medicinal Chemistry, 2012, 55, 9576–9588.

[36] Hirata K, Ozeki H. Preparation of nitrogenated fused ring compounds as inhibitors of urate transporter 1 (URAT1) [P]. WO 2008062740.

[37] Muchowski J M, Greenhouse R J, Guzman A. Preparation and formulation of 4–monosubstituted and 4,6–disubstituted phenoxazines as antiinflammatory agents [P]. US 4707473.

[38] Kristensen J B, Johansen S K, Valsborg J S, et al. Ragaglitazar [14C] and [3H] –labeling of ragaglitazar: A dual acting PPAR and PPAR agonist with hypolipidemic and anti–diabetic activity [J]. Journal of Labelled Compounds and Radiopharmaceuticals, 2003, 46: 475–488.

[39] Prinz H, Ridder A K, Vogel K, et al. N–heterocyclic (4–phenylpiperazin–1–yl)methanones derived from phenoxazine and phenothiazine as highly potent Inhibitors of tubulin polymerization [J].Journal of Medicinal Chemistry Journal of Medicinal Chemistry, 2017, 60(2): 749–766.

[40] Tanner L, Evans J C, Seldon R, et al. In vitro efficacies, ADME , and pharmacokinetic properties of phenoxazine derivatives active against mycobacterium tuberculosis [J]. Antimicrobial Agents and Chemotherapy, 63(11): e01010– e0101019.

[41] Jana A K, Singh J, Ganesher A, et al. Tyrosine–derived novel benzoxazine active in a rat syngenic mammary tumor model of breast cancer [J].Journal of Medicinal ChemistryJournal of Medicinal Chemistry, 2021, 64(21): 16293–16316.

[42] Fox B M, Sugimoto K, Iio K, et al. Discovery of 6–Phenylpyrimido[4,5–b][1,4] oxazines as potent and selective acyl coA: diacylglycerol acyltransferase 1 (DGAT1) Inhibitors with in vivo efficacy in rodents [J]. Journal of Medicinal Chemistry Journal of Medicinal Chemistry, 2014, 57(8): 3464–3483.

[43] Aicher T D, Van Huis C A, Hurd A R, et al. Discovery of LYC-55716: a potent, selective, and orally bioavailable retinoic acid receptor-related orphan receptor-γ (RORγ) agonist for use in treating cancer [J]. Journal of Medicinal ChemistryJournal of Medicinal Chemistry, 2021, 64(18): 13410-13428.

[44] Morgans G L, Ngidi E L, Madeley L G, et al. Synthesis of unsaturated 1,4-heteroatom-containing benzo-fused heterocycles using a sequential isomerization-ring-closing metathesis strategy [J]. Tetrahedron, 2009, 65: 10650-10659.

[45] Kristensen J B, Johansen S K, Valsborg J S, et al. Ragaglitazar [14C] and [3H] -labeling of ragaglitazar: a dual acting PPAR and PPAR agonist with hypolipidemic and anti-diabetic activity [J]. Journal of Labelled Compounds and Radiopharmaceuticals, 2003, 46: 475-488.

[46] Stransky Z. Gruz J. Nitrophenoxazines as neutralization indicators in acetone and pyridine determination of derivatives of malonic acid [J]. Chemical Papers-Chemicke Zvesti Chemical papers-Chemicke zvesti, 1972, 26: 507-515.

[47] Klein C, Von der Eltz H, Herrmann R, et al. N-acyldihydroresorufin derivatives and their use for determination of hydrogen peroxide, peroxidatively active compounds, or peroxidase [P]. DE 3526566.

[48] Zhu Y, Kulkarni A P, Jenekhe S A. Phenoxazine-based emissive donor-acceptor materials for efficient organic light-emitting diodes [J]. Chemistry of Materials Chemistry of Materials, 2005, 17: 5225-5227.

[49] Cheng J, Huang L, Xiao H, et al. One-Pot transformation of hypervalent iodines into diversified phenoxazine analogues as promising photocatalysts [J]. Journal of Organic ChemistryJournal of Organic Chemistry, 2021, 86(21): 15792-15799.

[50] Chorvat R J, Rorig K J. Synthesis of 4-Aryl-3,5-bis(alkoxycarbonyl)-1,4-dihydropyrazines [J]. Journal of Organic Chemistry Journal of Organic

Chemistry, 1988, 53: 5779–5781.

[51] Sit S Y, Huang Y, Antal–Zimanyi I, et al. Novel dihydropyrazine analogs as NPY antagonists ［J］. Bioorganic & Medicinal Chemistry Letters, 2002, 12: 337–340.

[52] 谭芝琳 . 1,4– 二氢吡嗪和 4H–1,4– 噁嗪的合成及［2+2］光反应研究［D］. 北京 : 北京工业大学， 2007.

[53] Zhang X Q, Sui Z H. Application of carbenoid –N–H insertion in the synthesis of the tricyclic 1,4–dihydropyrazines ［J］. Tetrahedron Letters Tetrahedron Letters, 2006, 47: 5953–5955.

[54] Popov II. Transformations of 2–(α –chloroalkyl)benzimidazoles ［J］. Khimiya Geterotsiklicheskikh Soedinenii, 1993, 664–672.

[55] Fourrey J L, Beauhaire J, Yuan C W. Preparation of stable 1,4–dihydropyrazines ［J］.Journal of the Chemical Society, ransaction , 1987, (1972–1999): 1841–1843.

[56] Chen S J, Fowler F W. Synthesis of the 1,4–dihydropyrazine ring system ［J］. Stable 8–electron heterocycle. Journal of Organic Chemistry Journal of Organic Chemistry, 1971, 36: 4025–4028.

[57] Li G, Kates P A, Dilger A K, et al. Manganese–catalyzed desaturation of N–acyl amines and ethers ［J］. Acs Catalysis,, 2019, 9, 9513–9517.

[58] Song X, Tan H, Yan H, et al. Structural analysis of N,N–diacyl–1,4–dihydropyrazine by variable temperature NMR and DFT calculation ［J］. Journal of Molecular Structure, 2017, 1134, 606–610.

[59] Wolfbeis O S. Methylene–active nitro compounds. 2. Synthesis of 4–nitro–3–oxo–2,3–dihydropyrazoles ［J］. Synthesis, 1977, 136–138.

[60] Zhang L, Sun G, Bi X. Rhodium/silver–cocatalyzed transannulation of N–sulfonyl–1,2,3–triazoles with vinyl azides: divergent synthesis of pyrroles and 2H–Pyrazines ［J］. Chemistry–An Asian Journal Chemistry–an Asian Journal, 2016, Chem. Asian J. 2016, 11, 3018–3021.

[61] Peytam F, Adib M, Shourgeshty R, et al. A one-pot and three-component synthetic approach for the preparation of asymmetric and multi-substituted 1,4-dihydropyrazines [J] . Tetrahedron LettersTetrahedron Letters. 2019, 60(47): 1-5.

[62] Bartsch H. Chemistry of 1,4-oxazines. VII. Synthesis of 1,4-oxazines from 3-oxa-1,5-dioxo compounds [J] . Archiv Der Pharmazie, 1982, 315: 684-691.

[63] Claveau E, Noirjean E, Bouyssou P, et al. Access to novel bicyclic fused c-butyrolactone using [3,3] -sigmatropic rearrangement and acid-lactonization sequence as key transformation [J] . Tetrahedron Letters Tetrahedron Letters, 2010, 51(23): 3130-3133.

[64] Guillaumet G, Loubinoux B, Coudert G. Synthesis of 1,4-benzoxazines [J] . Tetrahedron Letters Tetrahedron Letters, 1978, 2287-2288.

[65] Bartsch H, Kropp W, Pailer M. Studies on the synthesis of 1,4-oxazines, 2. effect of nitrogen substituents in the synthesis of 3-methyl-1,4-benzoxazines [J] . Monatshefte Fur ChemieMonatshefte Fur Chemie, 1979, 110: 267-278.

[66] Buon C, Chacun-Lefe`vre L, Rabot R, et al. Synthesis of 3-Substituted and 2,3-Disubstituted-4H-1,4-Benzoxazines [J] . Tetrahedron, 2000, 56, 605-614.

[67] Grande F, Occhiuzzi M A, Ioele G, et al. Benzopyrroloxazines containing a bridgehead nitrogen atom as promising scaffolds for the achievement of biologically active agents [J] . European Journal of Medicinal Chemistry Journal of Medicinal Chemistry, 2018, 151, 121-144.

[68] Turpin G S. The action of picric chloride on amines in presence of alkali [J] . Journal of the Chemical Society 1891, 59: 714-725.

[69] Nyrkova V G, Gortinskaya T V, Shchukina M N. Synthesis of a new heterocyclic system 3,4-diazaphenoxazine [J] . Zhurnal Organicheskoi Khimii, 1965, 1: 1688-1691.

[70] Wojciechowski K. Aza-ortho-xylylenes in organic synthesis［J］. European Journal of Organic Chemistry, 2001, 3587–3605.

[71] 张明哲，曹立伟，含杂原子共轭双烯和亲双烯体系的 Diels–Alder 反应研究进展［J］. 化学通报，1998,(12):23–28.

[72] Chen Y S, Fowler F W. Diels–Alder reaction of 1–azadienes［J］. Journal of The American Chemical SocietyJournal of the American Chemical Society, 1981, (103): 2090–2091.

[73] Weinreb S M. Alkaloid total synthesis by intramolecular imino Diels–Alder cycloadditions［J］. Account of Chemical Research, 1985, 18: 16–21.

[74] Fishwick C W G, Gupta R C, Storr R C. The reaction of benzyne with imines［J］.Journal of the Chemical Society Jouranl of the Chemical Society , Perkin Transactions I, 1984, 2827–2829.

[75] Sugita T, Koyama J, Tagahara K, Suzuta Y. Diels–Alder reaction of 1,2,3–triazines with Enamines［J］. Heterocycles, 1985, 23: 2789–2791.

[76] Boger D L. Diels–Alder reactions of heterocyclic aza dienes. Scope and applications［J］. Chemical ReviewsChemical Reviews, 1986, 86: 781–789.

[77] Wong M K, Leung C Y, Wong H N C. Regiospecific synthesis of polysubstituted furans from silylated furans: Expedient syntheses of rosefuran［J］. Tetrahedron, 1997, 53: 3497–3512

[78] Maggiora L, Mertes M P. Diels–Alder reactions of azadienes. A facile approach to the synthesis of pyridine– and pyridazine–substituted pyrimidine nucleosides［J］. Journal of Organic ChemistryJournal of Organic Chemistry, 1986, 51: 950–951.

[79] Seitz G. Goerge L, Dietrich S. Intramolecular Diels–Alder reactions of substituted 1,2,4,5–tetrazines and 1,2,4–triazines［J］. Tetrahedron Letters Tetrahedron Letters, 1985, 26: 4355–4358.

[80] Tanaka K, Toda F, Solvent–Free organic synthesis［J］. Chemical Reviews Chemical Reviews, 2000, 100: 1025–1074.

[81] Rodriguez B, Bruckmann A, Rantanen T, et al. Solvent-free carbon-carbon bond formations in ball mills [J]. Advanced Synthesis & CatalysisAdvanced Synthesis & Catalysis, 2007, 349: 2213-2233.

[82] Toda F, Tanaka K, Iwata S J. Oxidative coupling reactions of phenols with iron(III) chloride in the solid state [J]. Journal of Organic ChemistryJournal of Organic Chemistry, 1989, 54, 3007-3009.

[83] Toda F, Yagi M, Kiyoshige K. Baeyer-Villiger reaction in the solid state [J]. Journal of the Chemical Society, Chemical Communications, 1988, 14: 958.

[84] Morey J, Saa J M. Solid state redox chemistry of hydroquinones and quinones [J]. Tetrahedron, 1993, 49: 105-112.

[85] Toda F, Mori K. Enantioselective reduction of ketones in optically active host compounds witha borane-ethylenediamine complex in the solid state [J]. Journal of the Chemical Society, Chemical Communications 1989, 1245-1246.

[86] Toda F, Tanaka K, Hamai K. Aldol condenstations in the absence of solvent: acceleration of the reaction and enhancement of the stereoselectivity [J]. Journal of the Chemical Societyaction I, 1990, 3207-3209.

[87] Li X L, Wang Y M, Tian B, et al. The solid-state michael addition of 3-methyl-1-phenyl-5-pyrazolone [J]. Journal of Heterocyclic Chemistry Journal of Heterocyclic Chemistry, 1998, 35: 129-134.

[88] Suslick K S, Hammerton D A, Clinee R E. The sono-chemical hot spot [J]. Journal of the American Chemical SocietyJournal of the American Chemical Society, 1986, 108: 5641-5642.

[89] Suslick K S, Casadonate D J. The effect of ultrasound on nickel and copper powders [J]. Solid State Ionics, 1989, 444-452.

[90] Suslick K S, Casadonate D J. Heterogeneous sonocatalysis with nickel powder [J]. Journal of the American Chemical SocietyJournal of the American Chemical Society, 1987, 109: 3459-3461.

[91] Li J T, Liu X F, Yin Y, et al. Synthesis of 2,3-epoxy-1-phenyl-3-aryl-1-

propanone by combination of phase transfer catalyst and ultrasound irradiation [J] . Organic Communications Organic Communications, 2009, 2: 1–6.

[92] Yamawaki J, Sumi S, Ando T, et al. Ultrasonic acceleration of oxidation with solid potassium permanganate [J] . istryers Chemistry Letters, 1983, 379–380.

[93] Mohmed K, Anwer M, Spatola A. Intramolecular cyclizations of allyl– and propargylsilanes [J] . Tetrahedron Letters Tetrahedron Letters, 1985, 1381–1384.

[94] Nagaraja D, Pasha M A. Reduction of aryl nitro compounds with aluminum/NH4Cl: effect of ultrasound on the rate of the reaction [J] . Tetrahedron Letters, 1999, 40: 7855–7856.

[95] Ando T, Bauchat P, Foucaud A, et al. Sonochemical switching from ionic to radical pathways in the reactions of styrene and trans– β –methylstyrene with lead tetraacetate [J] . Tetrahedron Letters, 1991, 32: 6379–6382.

[96] Tomoda S, Usuki Y. Fluoroselenenylation of alkenes [J] . Chemistry Letters, 1989, 1235–1236.

[97] Repic O, Vogt S. Ultrasound in organic synthesis: cyclopropanation of olefins with zinc–diiodomethane [J] . Tetrahedron Letters, 1982, 2729.

[98] Etemad M G, Rifqui M, Layrolle P. Sonochemistry in the diphosphirane series [J] . Tetrahedron Letters Tetrahedron Letters, 1991, 32: 5965–5968.

[99] Lee J, Snyder J K. Ultrasound–promoted Diels–Alder reactions: syntheses of tanshinone IIA, nortanshinone, and (±)–tanshindiol B [J] . Journal of The American Chemical SocietyJournal of the American Chemical Society, 1989, 111: 1522–1524.

[100] Thibaud P C, Jacques R J. On sonochemical effects on the Diels–Alder reaction [J] . Journal of Organic Chemistry, 1996, 61: 2547–2548.

[101] Borthakur D R, Sandhu J S. Ultrasound in cycloaddition reactions. Sound–promoted dipolar cycloadditions of nitrones with unactivated alkenes [J] .

Journal of the Chemical Society, Chemical Communications 1988, 1444–1445.

[102] Ando T, Sumi S, Kawate T, et al. Sonochemical switching of reaction pathways in solid–liquid two–phase reactions ［J］.Journal of the Chemical Society, Chemical Communications 1984, 439–440.

[103] Kitazume T, Ishikawa N. Ultrasound–promoted selective perfluoroalkylation on the desired position of organic molecules ［J］. Journal of the American Chemical Society, 1985, 107: 5186–5191.

[104] Didier V, Abdelkrim B A. Potassium fluoride on alumina: oxidative coupling of acidic carbon compounds with diiodine ［J］. Synthetic CommunicationSynthetic Communications, 1992, 22: 3169–3179.

[105] Boudjouk P, Han B H, Anderson K R. Sonochemical and electrochemical synthesis of tetramesityldisilene ［J］.Journal of the American Chemical Society, 1982, 104: 4992–4993.

[106] Trost B M, Coppola B P. 2–Bromo–3–trimethylsilylpropene. An annulating agent for five–membered carbo– and heterocycles ［J］.Journal of the American Chemical SocietyJournal of the American Chemical Society, 1982, 104: 6879–6881.

[107] Boualem O, Mohammed S, Bernald G. The atherton–todd reactions under sonochemical activation ［J］. Synthetic Communications, 1995, 25: 871–875.

[108] 邢其毅，徐瑞秋，周政．基础有机化学：2 版，下册［M］. 北京：高等教育出版社，1994.

[109] 邵玉田．几种芳香族化合物光化学重排反应的研究［D］. 哈尔滨：哈尔滨工业大学, 2012.

[110] 卢建平, 洪啸吟．具有广阔前景的光化学［J］. 国际学术动态, 1997(7): 34–37.

[111] Roth H Z，陈英奇．有机光化学的起源［J］. 世界科学，1990(11): 50–53.

[112] 丁奎岭, 肖文精, 吴骊珠．有机光化学——辉煌之路［J］. 化学学报. 2017, 75(1): 5–6.

[113] 张宝文, 程学新, 刘颓颚, 等．有机合成光化学及其研究现状［J］. 感光科

学与光化学 , 2001(2): 139–155.

[114] 刘庆俭 . 芳香二酰亚胺光化学反应及其合成应用的研究进展 [J] . 2003, 26 (3): 278–284.

[115] 高振衡. 有机光化学：1 版 [M] . 北京：人民教育出版社，1980.

[116] 黄宪 , 王彦广 , 陈振初. 新编有机合成化学：1 版 [M] . 北京：化学工业出版社，2003.

[117] 张建成，王夺元. 现代光化学：1 版 [M] . 北京：化学工业出版社，2006.

[118] Suginome H, Yamada S. Photoinduced transformation 73 transformations of five–(and six–)membered cyclic ethers. A new method of a tow–step transformation of hydroxyl steroid into oxasteriods [J] . Journal of Organic Chemistry, 1984, 49(20): 3753–3762.

[119] Suginome H, Satoh G, Wang J B, et al. Photoinduced, molecular transformation part 106. The formation of cylic anhydrides via regioselective β –scission alkoxyl radicals generated form 5– and 6–membered σ –hydroxyl cyclic ketones [J] . Journal of the Chemical Society Perkin Transactions I, 1990, (5): 1239–1245.

[120] Schulte–Elte K H, Ohloff G. Photolyse of cyclodecanone(I) [J] . Chimia, 1964, (18): 183.

[121] Mikami T, Harada M, Narsaka K. Photochemical generation of radical species from σ –stannyl ethers and their reaction with conjugate enones [J] . Chemistry Letters, 1999, 28(5):425–426.

[122] Ono I, Kitamura S, Kuroda A, et al. Photochemical reaction of N–(phenylalkyl, 2–pyradyl, or 2–pyridylmethyl)–o–sulfobenzonic imides [J] . Chemical Society of Japan, 2000, (1): 13–18.

[123] 谭成权 . 取代喹琳新化合物的光化学合成 [J] . 化学通报，1998(6): 30–33.

[124] Howard E Z, Alexei P. Synthesis of a highly reactive heterocylic reactant and its unusual photochemistry; mechanistic and exploratory organic photochemistry [J] . Organic Letters, 2004, 6(21): 3779–3780.

[125] Benjamin D A H, Wolfgang D, Paul R H C. Pratical flow reation for continous

oganic photochemistry ［J］. Journal of Organic ChemistryJournal of Organic Chemistry, 2005, 70(19): 7558–7564.

[126] Lucas P, Tomas S, Jakob W, et al. Photochemistry of 2–alkoxylmethyl–5–methylphenacyl chloride and benzoate ［J］. Journal of Organic Chemistry, 2006, 71(21): 8052–8058.

[127] Takeshi H, Liu S Y, Akihiko O. Facile photochemical transformation of alkyl aryl selenides to the corresponding carbonyl compounds by molecular oxygen: use of selenides as masked carbonyl groups ［J］. Journal of Organic Chemistry, 2008, 73(22): 8861–8866.

[128] Padwa A. A chemistry cascade: from physical organic studies of alkoxy radicals to alkaloid synthesis ［J］. Journal of Organic ChemistryJournal of Organic Chemistry, 2009, 74(17): 6421–6441.

[129] 谢如刚 . 现代有机合成化学 ［M］. 上海：华东理工大学出版社，2007.

[130] 辛红兴 . 1,4- 二氢吡嗪的合成及光化学性质的研究 ［D］. 北京：北京工业大学 , 2014.

[131] 柯维再 . 功能卟啉衍生物有机 / 无机复合材料的设计、合成及光化性质研究 ［D］. 合肥：安徽大学 , 2012.

[132] Pagacz–Kostrzewa M, Mucha K, Gul W, et al. FTIR spectroscopic evidence for new isomers of 3–aminopyrazine–2–carboxylic acid formed in argon matrices upon UV irradiations ［J］. Spectrochimica Acta Part A, 2021, 263, 1–11.

[133] 李瑾 , 李楠 , 李晓琴 , 等 . 姜黄素立方液晶制备工艺过程中的光稳定性研究 ［J］. 中国抗生素杂志 , 2017, 42(5): 396–400.

[134] 邓英立 , 丁燕 , Nigel G J Richards, 等 . 天然除虫菊酯化学成分制备分离及光稳定性研究 ［J］. 世界农药 , 2020,42(5): 28–35.

[135] 曹有龙 , 刘兰英 , 李晓莺 , 等 . 枸杞鲜果类胡萝卜素超声提取工艺优化及光稳定性 ［J］. 食品研究与开发 , 2014,35(5): 20–22.

[136] 展宗城 , 任学昌 , 陈学民 , 等 . 系列滤光液的光吸收特性及其在光催化实验中的应用［J］. 兰州交通大学学报 , 2008,(3): 55–58.

[137] 祁晓炜，张小朋，刘佳，等．滤光溶液的制备及光催化反应对滤光效果的研究［J］．化学研究与应用，2008(5): 565–568.

[138] 吕文波，许强，杜为民，等．一种高透过率深截止的波段有机材料的研究［J］．光谱学与光谱分析，2003(2): 209–212.

[139] 何敬宇．1,4– 杂环己二烯的合成及光化学性质研究［D］．北京：北京工业大学，2011.

[140] Lahmanif I N. Photoisomerization of pyrazine and of its methyl derivatives［J］. Tetrahedron Letters, 1967, 8(40): 3913–3917.

[141] Lahmanif I N. Mercury sensitization of the isomerization of diazines［J］. The Journal of Physical Chemistry, 1972, 76(16): 2245–2248.

[142] Pavlik J W, Vongnakorn. Vapor phase phototransposition of pyrazine deuterium labeling studies［J］. Tetrahedron Letters, 2007, 48(39): 7015–7018.

[143] Ikekawa N, Honma Y, Kenkyusho R. Photochemical reactions of pyrazine–N–oxides［J］. Tetrahedron Letters, 1967, 8(13): 1197–1200.

[144] Kawta H, Niizuma S, Kokubn H. Studies on the photoreaction of heterocyclic N–dioxides: photoreaction of pyrazine N–dioxide in aqueous solution［J］. Journal of photochemistry, 1980, 13(3): 261–264.

[145] Nagy J, Madarasz Z, Rapp R, et al. Light induced reductive ring contractions of sixmembered cyclic iminium ions［J］. Journal für praktische Chemie, 2000, 342(3): 281–290.

[146] Tsuchiya T, Kurita J, Takayama K. Studies on diazepines. XIII. Photochemical behavior of pyrazine, pyrimidine, and pyridazine N–imides［J］. Chemical & Pharmaceutical Bulletin, 1980, 28(9): 2676–2681.

[147] Beak P, Miesel J L. The photorearrangement of 2, 3–Dihydropyrazines［J］. Journal of the American Chemical Society, 1967, 89(10): 2375–2384.

[148] Watanabe T, Nishiyama J, Hirate R, et al. Synthesis of some alkyl– and arylimidazoles［J］. Journal of Heterocyclic Chemistry, 1983, 20(5): 1277–1281.

[149] Matsuura T, Ito Y. Photoinduced reactions. Lxxvii. On the applicability of

excited acetone to induce photoaromatization of dihydroheteroaromatics [J]. Bulletin of the Chemical Society of Japan, 1974, 47(7): 1724–1726.

[150] Gollnick K, Koegler S. Photosensitized oxygenation of 2, 3–dihydropyrazines: unexpected synthesis of isonitriles [J]. Tetrahedron Letters, 1988, 29(10): 1127–1130.

[151] Bhat V, George M. Photooxygenation of aziridines and some potential azomethine ylides [J]. The Journal of Organic Chemistry, 1979, 44(19): 3288–3292.

[152] Yamada K, Katsuura K, Kasimura H, et al. The photoreaction of pyrazine derivatives [J]. Bulletin of the Chemical Society of Japan, 1976, 49(10): 2805–2810.

[153] Tan H, Zhong Q, Yan H. Studies on the photochemical oxidation of N,N–diacyl–1,4–dihydropyrazine derivatives [J]. Synthetic Communications, 2016, 46(2):118–127.

[154] Lown J, Akhtar M. Stable 1, 4–dialkyl–1, 4–dihydropyrazines [J]. Journal of the Chemical Society, Chemical Communications, 1972, (14): 829–830.

[155] Lown J W, Akhtar M H. Suprafacial [1,3]–sigmatropic benzyl shift in 1,4–dibenzyl–1,4–dihydro–2,6–diphenylpyrazine [J]. Journal of the Chemical Society, Chemical Communications, 1973, (15): 511–513.

[156] Hori Y, Shimada S, Kashiwabara H. et al. Electron–spin–resonance evidence for the pyramidal structure of methylcyclohexyl radical [J]. Journal of Chemical Physics, 1988, 92(89): 340–342.

[157] Qin X Z, Williams F. Electron–spin–resonance evidence for the formation of the trimethylene padical cation –CH2CH2CH+ from cyclopropane [J]. Chemical Physics Letters,Chemical Physics Letters, 1984, (112): 79–83.

[158] Takemuray U, Shida T. An ion—molecule reaction in gamma–irradiated CCl_4 solids containing acetals: production of the $\cdot CCl_3$ radical as a sole paramagnetic species [J]. Chemical Physics Letters, 1984, (107): 565–567.

[159] Iwasaki M, Muto H, Toriyama K. A 4 k matrix electron-spin-resonance study of the radical cations of methyl formate: The primary radical cation and its rearrangement [J]. Chemical Physics Letters,Chemical Physics Letters, 1984, (105): 586-591.

[160] Janzen E G. Spin trapping [J].Accounts of Chemical Research,Accounts of Chemical Research, 1971, (4): 31-40.

[161] Lagercra C. Spin trapping of some short-lived radicals by nitroxide method [J]. Journal of Physical Chemistry,Journal of Physical Chemistry, 1971, 75(22): 3466-3475.

[162] Harbour J R, Chow V, Bolton J R. An electron spin resonance study of the spin adducts of OH and HO_2 radicals with nitrones in the ultraviolet photolysis of aqueous hydrogen peroxide solutions [J].Canadian Journal of Chemistry,Canadian Journal of Chemistry, 1974, 52(20): 3549-3553.

[163] 闫红，邢光建，周丽丽，等. 立方烷和高立方烷类衍生物的合成及应用 [J]. 有机化学，2000, 20(5): 649-654.

[164] Toda F. Solid state organic chemistry: efficient reactions, remarkable yields, and stereoselectivity [J]. Accounts of Chemical Research, 1995, 28(12): 480-486.

[165] Zouev I, Lavy T, Kafory M. Solid-state photodimerization of guest molecules in inclusion compounds [J]. European Journal of Organic Chemistry, 2006,(18): 4164-9.

[166] Lavy T, Kaftory M. Channels formation through photodimerization of guest molecules within solid inclusion compounds [J]. CrystEngComm, 2007, 9(2): 123-127.

[167] Moorthy J N, Venkatesan K. Stereospecific photodimerization of coumarins in crystalline inclusion complexes. Molecular and crystal structure of 1:2 complex of (S, S)-(−)-1,6-bis (o-chlorophenyl)-1,6-diphenyl-hexa-2,4-diyne-1,6-diol and coumarin [J]. The Journal of Organic Chemistry, 1991, 56(24): 6957-6960.

[168] Scaiano J, Abuin E B, Stewart L C. Photochemistry of benzophenone in

micelles. Formation and decay of radical pairs [J]. Journal of the American Chemical Society, 1982, 104(21): 5673–5679.

[169] Casal H, DE Mayo P, Miranda J, et al. Photodecomposition of alkanones in urea inclusion compounds [J]. Journal of the American Chemical Society, 1983, 105(15): 5155–5156.

[170] Berenjian N, Mayo P D, Sturgeon M E, et al. Biphasic photochemistry: micelle solutions as media for photochemical cycloadditions of enones [J]. Canadian Journal of Chemistry, 1982, 60(4): 425–436.

[171] Muthuramu K, Ramnath N, Ramamurthy V. Photodimerization of coumarins in micelles: limitations of alignment effect [J]. The Journal of Organic Chemistry, 1983, 48(11): 1872–1876.

[172] Pattabiraman M, Natarajan A, Kallappan R, et al. Template directed photodimerization of trans–1,2–bis(n–pyridyl) ethylenes and stilbazoles in water [J]. Chemical Communications, 2005, (36): 4542–4544.

[173] Bassani D M. Templating photoreactions in solution [J]. Supramolecular Photochemistry: Controlling Photochemical Processes, 2011, 53–86.

[174] Yoshizawa M, Takeyamay Y, Okano T, et al. Cavity–directed synthesis within a self–assembled coordination cage: Highly selective [2+2] cross–photodimerization of olefins [J]. Journal of the American Chemical Society, 2003, 125(11): 3243–3247.

[175] Schultheiss N, Newman A. Pharmaceutical cocrystals and their physicochemical properties [J]. Crystal Growth and Design, 2009, 9(6): 2950–2967.

[176] Schmidt G M J. Solid state photochemistry [M]; Ginsberg, D., Ed. Verlag Chemie: New York, 1976.

[177] Bhogala B R, Captain B, Parthasarathy A, et al. Thiourea as a template for photodimerization of azastilbenes [J]. Journal of the American Chemical Society, 2010, 132(38): 13434–13442.

[178] Jayasankar A, Somwangthanaroj A, Shao Z J, et al. Cocrystal formation during

cogrinding and storage is mediated by amorphous phase [J] . Pharmaceutical Research, 2006, 23(10): 2381–2392.

[179] Fri ŠČIĆ T, Trask A V, Jones W, et al. Screening for inclusion compounds and systematic construction of three–component solids by liquid–assisted grinding [J] . Angewandte Chemie, 2006, 118(45): 7708–7712.

[180] Sanphui P, Goud N R, Khandavilli U R, et al. Fast dissolving curcumin cocrystals [J] . Crystal Growth & Design, 2011, 11(9): 4135–4145.

[181] Takata N, Shirankik, Takano R, et al. Cocrystal screening of stanolone and mestanolone using slurry crystallization [J] . Crystal Growth and Design, 2008, 8(8): 3032–3037.

[182] Trask A V, Motherwell W S, Jones W. Solvent–drop grinding: green polymorph control of cocrystallisation [J] . Chemical Communications, 2004, (7): 890–891.

[183] Musso H. Phenoxazines, X I. Transformation of 3–nitrophenoxazine to 3–phenoxazone [J] . Chemische Berichte Chemische Berichte, 1978, 111: 3012–3014

[184] Tan H B, Xin H X, Yan H. Synthesis and photochemical properties of 2,4,6,–triaryl–4H–1,4–oxazines [J] . Heterocycles, 2014, 89(2): 359–373.

[185] Lewis G N, Bigeleisen J. Photochemical reactions of leuco dyes in rigid solvents. Quantum efficiency of photoxidation [J] . Journal of the American Chemical Society, 1943, 65: 2419–2423.

[186] Gegiou D, Huber J R, Weiss K. Photochemistry of phenoxazine. Flash–photolytic study [J] . Journal of the American Chemical Society, 1970, 92: 5058–5062.

[187] Prostota Y, Coelhoa P J, Pina Jo ã o, et al. Fast photochromic sterically hindered benzo [1,3] oxazines [J] . Journal of Photochemistry and Photobiology A–chemistry, Journal of Photochemistry and Photobiology A–chemistry, 2010, 216, 59–65.

[188] Marubayashi N, Ogawa T, Kuroita T, et al. A novel photochemical transformation of methyl 6–chloro–3,4–dihydro–4–methyl–3–oxo–2H–1,4–benzoxazine–8–

carboxylate to β-lactams [J]. ers, 1992, 33(32): 4585-4588.

[189] Ueno, K. The photochemical reactions of 10-methyl-5H-benzo [a] phenoxazin-5-one with aldehydes [J]. Pharmazie. 1982, 37(3): 223-223.

[190] Gottlieb R, Pfleiderer W. Organische Elektrochemie, Ⅲ. Chemische und elektrochemische synthese von 1,4-diacyl-1,4-dihydropyrazinen [J]. Liebigs Annalen der Chemie, 1981, 1981(8): 1451-1456.

[191] 孟祥国，徐晨钦，田佩川，等. 药物研发中的微波辅助有机合成技术 [J]. 化学研究与应用，2019, 31(9): 1578-1592.

[192] Gedye R, Smith F, Westaway K, et al. The use of microwave ovens for rapid organic synthesis [J]. Tetrahedron Letters, 1986, 27(3): 279-282.

[193] Giguere R J, Bray T L, Duncan S M. Application of commercial microwave ovens to organic synthesis [J]. Tetrahedron Letters, 1986, 27(41): 4945-4948.

[194] 黄乃聚，尤晨，章道道. 环糊精在有机合成中的应用 [J]. 有机化学，1987(6): 482-488.

[195] Rideout D C, Breslow R. Hydrophobic acceleration of Diels-Alder reactions [J]. Journal of the American Chemical SocietyJournal of the American Chemical Society, 1980, 102(26): 7816-7817.

[196] Takahashi M, Miyahara H, Yoshida N. Reaction of 1, 4-diaza-1,3-butadienes with cyanotrimethylsilane. synthesis of 2, 3-Bis (arylamino) propenenitriles and their cyclization to 1, 4-diaryl-2, 3-dioxo-5-pyrazinecarbonitriles [J]. Heterocycles, 1988, 27(1):155-160.

[197] Chen Z, Kende A S, Colson A O, et al. Ketopiperazines: conformationally constrained peptidomimetic of arginine amides [J]. Synthetic Communications, 2006, 36(4): 473-479.

[198] Suarez D V I, Gradillas A, Pérez-Castells J. Synthesis of 2-azabicyclo [4.1.0] heptanes through stereoselective cyclopropanation reactions [J]. european Journal of Organic Chemistry, 2010, 2010(30): 5850-5862.

[199] Gigant N, Claveau E, Bouyssou P, et al. Diversity-oriented synthesis of

polycyclic diazinic scaffolds ［J］. Organic Letters, 2012, 14(3): 844–847.

[200] Li J L, Han B, Jiang K, et al. Organocatalytic enantioselective hetero–diels–alder reaction of aldehydes and O–benzoquinone diimide: synthesis of optically active hydroquinoxalines ［J］. Bioorganic & Medicinal Chemistry Letters Bioorganic & Medicinal Chemistry, 2009, 19(14): 3952–3954.

[201] Garner P, Arya F, Ho W B. Complex pyrrolidines via a tandem michael reaction/1, 3–dipolar cycloaddition sequence. A novel method for the generation of unsymmetrical azomethine ylides ［J］. The Journal of Organic Chemistry, 1990, 55(2): 412–414.

[202] Desiraju G R, Parshall G W. Crystal engineering: the design of organic solids［J］. Materials Science Monographs, 1989, 54: 312–326.

[203] Nair V, Sheeba V, A facile CAN–mediated transformation of acetoacetamides to oxamates ［J］. Journal of Organic ChemistryJournal of Organic Chemistry, 1999, 64: 6898.

[204] Kliegman J, Barnes R. Glyoxal derivatives– Ⅰ –conjugated aliphatic diimines from glyoxal and aliphatic primary amines ［J］. Tetrahedron, 1970, 26(10): 2555–2560.

[205] Zettlitzer M, Tom D H, Haupt E T K, et al. Synthesis of 2–functionalized N,N–dialkylimidazolium salts from glyoxal and alkylamines ［J］. Chemische Berichte, 1986, 119(6): 1868–1875.

[206] Herrmann W A, Bohm V P W, Gstottmayr C W K, Ttmayr C W K, et al. Synthesis, structure and catalytic application of palladium(II) complexes bearing N–heterocyclic carbenes and phosphines ［J］. Journal of Organometallic Chemistry, 2001, 617–618: 616–628.

[207] Herrmann W A, Koecher C, Goossen L J, et al. Heterocyclic carbenes: a high–yielding synthesis of novel, functionalized N–heterocyclic carbenes in liquid Ammonia ［J］. Chemistry–A European Journal, 1996, 2(12): 1627–1636.

[208] Dixon D, Arduengo III A. Electronic structure of a stable nucleophilic carbene

［J］. The Journal of Physical Chemistry, 1991, 95(11): 4180–4182.

[209] Mistryukov E A. Facile and scalable synthesis of imidazolium halides using dimethylmethyleneammonium salts as ring closing reagents ［J］. Mendeleev Communications, 2006, 16(5): 258–259.

[210] Arduengo A J, Krafczyk R, Schmutzler R, et al. Imidazolylidenes, imidazolinylidenes and imidazolidines ［J］. Tetrahedron, 1999, 55(51): 14523–14534.

[211] Hintermann L. Expedient syntheses of the N–heterocyclic carbene precursor imidazolium salts IPr.HCl, IMes.HCl and IXy.HCl ［J］. Beilstein Journal of Organic Chemistry, 2007, 3(1): 22.

[212] Tzirakis M D, Orfanopoulos M. Photochemical addition of ethers to C60: Synthesis of the simplest ［60］fullerene/crown ether conjugates ［J］. Angewandte Chemie International Edition, 2010, 49: 5891–5893.

[213] Brown S H, Crabtree R H. Alkane functionalization on a preparative scale bymercury–photosensitized cross–dehydrodimerization ［J］. Journal of the American Chemical Society, 1989, 111: 2946–2953.

[214] Zaragoza D F. Side reactions in organic synthesis ［M］. 田伟生，彭逸华，译. 上海：华东理工出版社. 2006.

[215] Stoeck V, Schunack W. Syntheses of imidazoles with liquid ammonia. 4. N–Substituted imidazoles from aldehydes, 1,2–diketones, primary amines, and liquid ammonia ［J］. Archiiv Der Pharmazie, 1974, 307: 922–925.

[216] Ravindran G, Muthusubramanian S, Selvaraj S, et al. Synthesis of novel 3,5,7–triaryl–5,6–dihydro–4H–1,2,5–triazepines ［J］. Journal of Heterocyclic Chemistry, 2007, 44: 133–136.

[217] Werner W. Reactions with formic acid. Part 3. azeotropic synthesis of formanilides ［J］. Journal of Chemical Research–S, 1981, 120.

[218] Kropp P J. Photochemical behavior of cycloalkenes ［J］. Journal of the American Chemical SocietyJournal of the American Chemical Society, 1966, 88: 4091

[219] Schaap A P, Gagnon S D, Zaklika K. Substituent effects on the decomposition of 1, 2–dioxetanes: a Hammett correlation for substituted 1, 6–diaryl–2,5,7,8–tetraoxabicyclo［4.2.0］octanes［J］. Tetrahedron Letters, 1982, 23(29): 2943–2946.

[220] Richardson W H, Stiggal–estberg D L, Chen Z, et al. Substituent effects upon efficiency of excited–state acetophenones produced on thermolysis of 3, 4–diaryl–3, 4–dimethyl–1, 2–dioxetanes［J］. Journal of Organic ChemistryJournal of Organic Chemistry, 1987, 52(14): 3143–3150.

[221] Murphy S, Adam W. The elusive 1, 4–dioxy biradical: revised mechanism for the formation of diol from 3,3–dimethyldioxetane in cyclohexadiene［J］. Journal of the American Chemical SocietyJournal of the American Chemical Society, 1996, 118(51): 12916–12921.

[222] Scalano J C, Stamplecoskik K G, Hallett–tapley G L. Photochemical norrish type I reaction as a tool for metal nanoparticle synthesis: importance of proton coupled electron transfer［J］. Chemical Communications, 2012, 48(40): 4798–4808.

[223] Adam W, Peters E M, Peters K, et al. Synthesis, thermal stability, and chemiluminescence properties of the dioxetanes derived from 1, 4–dioxins［J］. Journal of Organic Chemistry, 1984, 49(21): 3920–3928.

[224] Cunningham M, Lim L S N, Just G. Photochemistry of oximes Ⅲ. The photochemical beckmann rearrangement［J］. Canadian Journal of Chemistry, 1971, 49(17): 2891–2896.

[225] Sokolov A N, Bu Č ar D K, Baltrusaitis J, et al. Supramolecular catalysis in the organic solid state through dry grinding［J］. Angewandte Chemie–international Edition, 2010, 49(25): 4273–4277.

[226] Ramamurthy V, Venkatesan K. Photochemical reactions of organic crystals［J］. Chemical Reviews, 1987, 87(2): 433–481.

[227] Ali M A, Saha P, Punniyamurthy T. Efficient copper–catalyzed N–arylation of amides and imidazoles with aryl iodides［J］. Synthesis, 2010(6): 908–910.